水上搜救与
应急抢险技术

中国石油天然气集团有限公司质量健康安全环保部
中国石油天然气股份有限公司冀东油田分公司 | 编

石油工业出版社

内 容 提 要

本书以水上搜救理论为主线，以企业应急抢险内容为重点，系统介绍了水上搜救与应急抢险的专业知识和实用技术，对涉水企业水上搜救和应急抢险工作中存在的问题提出了对策和建议，有助于提高涉水企业安全管理水平。

本书可作为水上搜救应急抢险工作人员的培训教材，也可作为安全环保监督管理人员、研究机构的研究人员制定有关内河水上监督制度、加强现场管理的参考资料。

图书在版编目（CIP）数据

水上搜救与应急抢险技术／中国石油天然气集团有限公司质量健康安全环保部，中国石油天然气股份有限公司冀东油田分公司编．— 北京：石油工业出版社，2021.9

ISBN 978–7–5183–4820–6

Ⅰ．①水… Ⅱ．①中… ②中… Ⅲ．①水上救护–救援 Ⅳ．① G861.17

中国版本图书馆 CIP 数据核字（2021）第 168605 号

出版发行：石油工业出版社
（北京安定门外安华里 2 区 1 号　100011）
网　　址：www.petropub.com
编辑部：（010）64523552　　图书营销中心：（010）64523633
经　　销：全国新华书店
印　　刷：北京晨旭印刷厂

2021 年 9 月第 1 版　2021 年 9 月第 1 次印刷
787×1092 毫米　开本：1/16　印张：13.75
字数：310 千字

定价：60.00 元
（如出现印装质量问题，我社图书营销中心负责调换）
版权所有，翻印必究

《水上搜救与应急抢险技术》

编委会

主　　　任：邱少林
副 主 任：赵邦六　吕文军　薛国星　常学军
委　　　员：刘景凯　孙德坤　倪　银　黄山红　曲天煜
　　　　　　陶　辉　王铁刚　赵绍祯　绪　军　张彦明

编写组

主　　　编：孙德坤
副 主 编：赵绍祯　王　驰
编写人员：管成栋　王秀川　史光宝　王亚锋　汪永刚
　　　　　　王泽征　孙红涛　单亚峰　蒲子芳　尹冬冬
　　　　　　王云龙　刘　方　张　池　代　宁　于福波
　　　　　　尹兆航　李国柱　孙伟博　陈　昊　张炳路
　　　　　　刘凤君　苗文成　栾国华　张金明

前 言
PREFACE

随着社会经济发展，涉海、涉水活动日益增多，面临的风险逐渐增大，水上搜救工作与人民群众生产生活愈来愈密切，已成为当今各界普遍关注的一个重要课题。对国家而言，水上搜救是国家突发事件应急体系的重要组成部分，对保障人民群众生命财产安全、保护海洋生态环境、服务国家发展战略、提升国际影响力具有重要作用。从企业来看，水上搜救应急工作是企业应急管理的重要组成部分，考量着企业危机处理能力，也是促进企业发展的客观需要。

目前，水上搜救能力和水平有了长足进步。但与此同时，水上搜救工作仍存在一些突出问题。因此，如何准确把握水上搜救工作新要求，扎实推进水上搜救能力现代化建设，不断完善水上搜救体系显得日益重要。为了配合涉水企业水上搜救工作的开展，全面提高相关人员的应急抢险能力，由中国石油天然气集团有限公司质量健康安全环保部牵头组织中国石油天然气股份有限公司冀东油田分公司等单位编写了本书，旨在为水上搜救提供指导，提升企业水上应急救援能力。

本书以水上搜救理论为主线，以企业应急抢险内容为重点，在充分吸收国内外水上搜救技术的基础上，通过梳理现行法律法规及有关要求，系统介绍了水上搜救与应急抢险的专业知识和实用技术，针对涉水企业水上搜救和应急抢险工作中存在的问题提出了对策和建议，有助于提高涉水企业安全管理水平。本书既可作为水上搜救应急抢险工作人员的培训教材，也可作为安全环保监督管理人员、研究机构的研究人员制定有关内河水上监督制度、加强现场管理的参考资料。

　　本书编写过程中，得到了有关单位及同行业专家的支持和热心帮助，在此表示诚挚的谢意。由于编写时间仓促，加之编者水平有限，书中难免存在疏漏，敬请读者予以指正。

编者

2021 年 7 月

目 录
CONTENTS

绪论 ··· 1

第 1 章　水上搜救现状 ··· 3
   1.1　国内水上搜救管理现状 ·· 3
   1.2　国内内河水上搜救现状 ·· 4
   1.3　国内企业水上搜救管理现状 ··· 5
   1.4　国外水上搜救管理现状 ·· 7

第 2 章　水上搜救应急体制 ·· 11
   2.1　水上搜救的类型 ··· 11
   2.2　水上搜救应急体制的基本内容 ··· 11
   2.3　水上搜救管理的程序 ·· 12

第 3 章　水上搜救系统 ··· 13
   3.1　水上搜救系统的建立 ·· 13
   3.2　水上搜救中心和分中心 ··· 15

第 4 章　水上交通安全系统 ·· 22
   4.1　中国内河航道概况 ·· 22
   4.2　内河航道网分布特点 ·· 22
   4.3　主要通航河流 ·· 23
   4.4　通航环境特征 ·· 25
   4.5　内河船舶船员 ·· 29
   4.6　船舶安全结构与设备 ·· 30
   4.7　船舶交通管理 ·· 34

第 5 章　水上搜救应急预案 ·· 40
   5.1　应急预案的概念和管理 ··· 40

5.2 水上突发事件应对工作原则 ································· 46
5.3 水上监测与预警机制 ····································· 48
5.4 水上事故报告与处置机制 ································· 48
5.5 典型水上搜救应急预案简介 ······························· 52

第 6 章 船舶遇险报警
6.1 船舶遇险报警方法 ······································· 57
6.2 遇险报警程序 ··· 58

第 7 章 水上搜寻与救助计划
7.1 事故发现与初始行动 ····································· 61
7.2 搜寻区域的确定 ··· 62
7.3 水上搜寻方法 ··· 65
7.4 救助计划 ··· 68

第 8 章 搜救协调
8.1 协调层次与职责 ··· 70
8.2 通信 ··· 72
8.3 协调行动 ··· 73

第 9 章 水上人命救助
9.1 本船人落水应急反应 ····································· 77
9.2 用艇拖带时人落水 ······································· 80
9.3 回航旋回方法 ··· 81
9.4 与航空器协同救助 ······································· 83
9.5 营救水面漂浮人员 ······································· 91
9.6 营救救生艇筏上人员 ···································· 101
9.7 转移遇险人员 ·· 103
9.8 从失火船上营救人员 ···································· 111
9.9 群体人命救助 ·· 112

第 10 章 遇险人员自救
10.1 水中自救的一般原则 ··································· 118
10.2 水上求生的要素 ······································· 118
10.3 水上自救方法 ··· 119

| 10.4 | 水上自救的技巧 | 119 |

第 11 章　水上应急抢险 ... 125
11.1	内河水上突发事件	125
11.2	船舶碰撞应急	127
11.3	大风浪中船舶操纵	129
11.4	河流溢油应急抢险	133

第 12 章　企业水上搜救和应急抢险工作的对策与建议 ... 143
12.1	强化合规性管理	143
12.2	强化内河交通安全风险识别	148
12.3	规范安全操作规程	151
12.4	规范船员管理	151

第 13 章　水上事故案例分析 ... 153
13.1	采油厂内陆河套水上抢险船只航行事故	153
13.2	肇庆轮船碰撞事故	155
13.3	长寿滚装船与客渡船碰撞事故	158
13.4	九江渡船与货轮碰撞事故	162
13.5	武汉快艇触损事故	166
13.6	长江客轮翻沉事故	169

附录 ... 176
附录 1	内河船舶最低安全配员标准	176
附录 2	内河船舶操作规程	177
附录 3	内河船舶航行作业指导书	180
附录 4	内河船舶靠泊作业指导书	191
附录 5	内河船舶离泊作业指导书	195
附录 6	内河船舶锚泊、起锚作业指导书	199
附录 7	公司船员管理办法	200

参考文献 ... 207

绪 论

（1）水上搜救的概念：

"水上搜救"目前主要是海上搜救，指国家或者部门针对海上事故等做出的搜寻、救援等工作。"内河水上搜救"尚无明确的定义，可理解为对在内河通航水域发生的水上突发事件的搜寻救援工作。由于内河通航水域通常离岸较近，水域范围相对较小，船舶密度较大，发现和定位遇险事件相对容易，故内河主要强调救助。

（2）水上搜救的意义：

① 内河水上搜救是现代内河交通运输体系发展的需要。

我国河流纵横，湖泊众多。流域面积 $100km^2$ 以上的河流五万余条，$1000km^2$ 以上的河流 1500 余条，大小湖泊 900 多个，发展内河航运，条件得天独厚。特别是近几年，随着内河水运的发展，内河航道通航里程逐年增长，船舶交通流量日益增加，现通航河流已有 5600 多条，2016 年内河航道里程达 $1.271 \times 10^5 km$，约占全国河流长度的 1/4，等级航道 $6.64 \times 10^4 km$，其中三级及以上航道 $1.21 \times 10^4 km$。已形成种类比较齐全，设备基本配套，具有一定规模和水平的内河水运体系。

② 企业建立完善的内河水上搜救机制，是保障水上人命、财产安全的需要。

内河运输市场日益发展、繁荣的同时，其带来的安全隐患也在逐渐显现。虽然不断改进的航行设备和技术、持续提高的航道等级使内河运输更加快速、安全，但是船舶安全事故仍时有发生。根据交通运输部安全委员会发布的《2014 年交通运输安全生产事故报告》，2014 年在沿海和内河水域，全国共发生 1582 起船舶事故，包括碰撞、搁浅和着火等。

根据调研，目前国内企业，特别是国有企业在内河水运方面存在小型船舶、船员管理制度及程序不规范，安全管理制度和水上搜救应急预案及抢险体系不完善等诸多问题，亟待改进与完善。以中国石油天然气集团有限公司（以下简称"集团公司"）为例，目前下属四十余家涉水企业，涉及的水体覆盖长江水系、珠江水系、黑龙江水系等我国主要内河航道及各内陆河流湖泊，下属的用于内河运输的各类小型船舶一百余艘，且数量持续增长，随之而来就是发生水上事故的风险相应增加。近年来，集团公司所属企业水上事故时有发生，给国家和人民的生命财产造成较大的损失。2018 年 9 月 27 日，吉林油田英台采油厂在组织处理水淹区域漏失的掺输管线时，抢险船只在行驶过程中发生水上意外交通事件，船只沉没、多人落水，受伤，造成严重经济损失。

近年来，国家高度重视内河航运的发展，不断规范内河小型船舶及船员管理，交通运输部、国家海事局、各地方政府纷纷出台或完善《中华人民共和国内河海事行政处罚规定》《中华人民共和国小型船舶安全检查规定》《内河运输船舶标准化管理规定》《中华人民共和国船员条例》《中华人民共和国内河船舶船员适任考试和发证规则》等相关法律法规。

　　水上搜救应急工作是企业应急管理的重要组成部分，考量着企业的危机处理能力。做好水上搜救应急工作，创造良好的水上安全环境，是保护航运生产力，促进企业发展的客观需要，是以人为本、落实科学发展观，维护社会稳定的必然要求。

第1章　水上搜救现状

1.1　国内水上搜救管理现状

经过数十年的建设发展，特别是近十年来，我国已经基本建立功能较为完善的水上搜救系统，通过政府领导、海事机构组织实施、社会力量参与，已能够实现对水上突发事件的监测与预警、应急反应与处置，水上人命救助具有较高的成功率。

（1）水上搜救应急机制日趋完善。

我国在1973年成立了全国海上安全指挥部，1989年国务院、中央军委将原全国海上安全指挥部更名为中国海上搜救中心。2005年12月，根据国务院领导的批示精神，国家成立由交通部牵头国务院相关部委及军队有关部门等15个单位组成的国家海上搜救部际联席会议。同时，交通部调整了中国海上搜救中心的结构，成立了由交通部领导及海事局、救捞局主要领导为主任的中国海上搜救中心。至此，我国海上搜救机构形成了由国家海上搜救部际联席会议统一领导，中国海上搜救中心负责组织与协调，海事、救捞等专业救助力量、部际联席会议各成员单位及社会各方面力量共同参与的"专群结合、军地结合"的海上搜救新格局。

中华人民共和国海事局下设中国海上搜救中心，下属14个海事局又下设当地的省市海上搜救中心，如广西海上搜救中心、福建省海上搜救中心等。每个省市海上搜救中心都有数个下设地区性的海上搜救分中心，如广西壮族自治区海上搜救中心下设北海市海上搜救中心、梧州市水上搜救中心等。中国海上搜救中心的职责是统一组织协调搜救工作，为海上遇险人员、船舶及航空器提供搜寻救助服务。

至此，我国三级的水上搜救应急机制已经形成，水上搜救行动有序开展。正如贺俊程在《水上搜救有关问题的比较分析》所说：中央政府管理水域，包括全部沿海水域、长江干线（宜宾以下2700km）、珠江、黑龙江水系等主要通航水域等，其水上人命救助以交通运输部专业救助系统和直属海事部门为主，军队、地方海事、公安、消防等部门负责配合，中央管理水域以外的内河、湖泊和水库救助工作则以地方海事管理机构为主。

（2）水上搜救法律法规体系逐步完善。

从国家层面来看，1984年1月1日起施行《中华人民共和国海上交通安全法》、1993年7月1日施行《中华人民共和国海商法》（其第九章为海难救助），这是指导我国海上搜救的重要法律。中国海上搜救中心于2002年8月27日颁布《中国海上搜救中心水上险情应急反应程序》并于同日施行，2002年颁布实施《中华人民共和国内河交通安全管理条例》，2005年颁布实施了《国家海上搜救应急预案》，2007年颁布实施了《中华人民共和国突发事件应对法》，同时还相继颁布了《中华人民共和国海上搜救条例》《国家水上交通安全监管和救助系统布局规划》《中国海事发展纲要（2006—2020年）》《交通部关于全面加强交通应急管理工作的指导意见》等法律法规。

从地方层面看，一些有关水上搜救的部门规章和地方法规相继出台，尤其是广西、广东、天津、山东、海南、江苏等省（自治区）制定了海（水）上搜寻救助条例和工作规定，以及一系列水上搜救工作制度，给水上搜救工作指明了方向。各级水上搜救预案纷纷制订，从国家突发公共事件总体应急预案，到国家海上搜救应急专项预案，再到省市水上搜救中心应急预案，基本覆盖了各层面的水上搜救工作，同时与其相配的相关程序和制度一一制定，如交通部海上突发公共事件应急反应程序、中国海上搜救中心水上险情应急反应程序、省市水上搜救中心工作规程等，使水上搜救工作基本做到有章可循。

1.2 国内内河水上搜救现状

经过数十年的建设，特别是近十年来，我国已经基本建立功能较为完善的水上搜救系统，通过政府领导、海事机构组织实施、社会力量参与，已能够实现对水上突发事件的监测与预警、应急反应与处置，水上人命救助具有较高的成功率。

（1）水上搜救法规体系正在逐步建立和完善。

虽尚无国家层面的专业性水上救助法律，但海上救助条例正在制定中。各省、自治区、直辖市通过地方性法规和政府规章不断建立健全的水上救助法律制度，如广东、江苏、重庆均建立了相关条例。一些省、市制定的水上搜救应急预案在实际上发挥了政府规章的作用，如山西、湖北的相关预案。

（2）水上搜救组织体系日趋完善。

各地区根据《中华人民共和国突发事件应对法》的规定，按照"当地政府领导、海事组织实施、社会力量参与"的原则，建立了水上搜救中心，明确了水上搜救的领导决策机构、组织协调机构、救助力量和支持保障设施。

（3）编制了较为全面的水上搜救应急预案。

近十年来，国家及各省、市编制了内容较为全面的水上突发事件应急预案，成为国家突发事件应急预案体系的组成部分。除上述省级水上搜救应急预案外，还有市级预案，如无锡、清远、九江等市的应急预案等。

（4）专业水上救助力量从无到有，内河海事巡航救助一体化。

以长江干线为例，2004年以前，长江干线没有设置专门的救助机构，也未配备专业救助力量，主要是按照"当地政府领导、海事组织实施、社会力量参与"的原则，以抢救遇险人员的生命为首要任务的指导思想，海事管理机构在当地人民政府的领导和相关部门的支持配合下，协调、指挥并利用当时所有的设备和力量，为遇险船舶和人员提供救助服务。该搜救体制尽管取得了一定的效果，但由于缺乏专业的救助力量，而社会救助力量又存在其局限性,所以难以有效应对日益复杂的水上搜救局面。2004年,交通运输部下发《关于实行长江干线海事巡航与救助一体化管理的通知》(交海发[2004]395号),明确规定"长江救助力量的建设以'海事巡航与救助一体化'为主要目标,不再另设专业救助机构",实行"海事巡航与救助一体化",建立长江干线水上巡航执法与应急动态待命制度,执行水上监管、执法和应急任务。

(5)水上搜救支持保障系统逐步建立并发挥作用。

随着通信与信息技术的发展,水上无线电通信得到较快发展,甚高频无线电话(VHF)在船上普遍安装使用,船舶自动识别系统(AS)逐步推广配置,重要干线港口和航道建立船舶交通管理系统(VTS),长江海事建立并运行电子巡航系统,有力地支持了水上突发事件信息接收和应急协调通信。一些水上应急训练基地、培训中心得到立项建设并投入使用,促进了内河水上搜救人员应急知识和技能的提高。水上搜救案例得到采写、编撰和出版,总结了水上突发事件的应对经验和教训,丰富了水上救助培训素材,提高了政府和社会的水上突发事件应急意识。

1.3 国内企业水上搜救管理现状

通过对国内企业,特别是国有企业水上搜救管理现状进行调研,发现国内企业在水上搜救及抢险,特别是内河水上搜救及抢险工作主要存在以下问题。

(1)对内河小型船舶法律法规的解读不清。

目前国内各项法律法规对于小型船舶的定义各不相同,按照《中华人民共和国船舶登记条例》关于船舶的定义,船舶是指各类机动、非机动船舶及其他水上移动装置,但是船舶上装备的救生艇筏和长度小于5m的艇筏除外。《中华人民共和国内河交通安全管理条例》附则船舶的定义是"指各类排水或者非排水的船、艇、筏、水上飞行器、潜水器、移动式平台以及其他水上移动装置"。结合《内河小型船舶检验技术规则(2016)》的相关规定,除了船舶上装备的救生艇筏之外,长度大于或等于5m的船舶(艇筏)均应按照规定进行船舶登记和船舶检验。

虽然国家海事局、交通运输部等机关部门相关的法律法规中并未明确要求小于5m的船舶进行船舶检验,但根据实际调研的情况来看,部分省、自治区、直辖市为了保障内河运输安全,出台了地方性政策法规,如京津冀地区,联合出台了《五米以下小型船舶检验技术规范》(DB11/T 3025—2020),明确了京津冀地区小于5m的船舶检验规范及要求。

依据《中华人民共和国内河交通安全管理条例》《中华人民共和国内河船舶船员适任考试和发证规则》《内河船舶最低安全配员标准》的相关规定,所有内河船舶(包括小于5m的内河船舶)均应按照要求配备取得相应的适任证书或者其他适任证件的船员。

法律法规中对小型船舶的定义和要求的不同,造成国内企业对法律法规的解读不同,因此在小型船舶管理方面缺乏统一管理标准，导致部分涉水企业的小型船舶在船舶登记、检验、船员配置等方面存在不合规的现象。

（2）内河水上搜救法律法规不够完善。

各地虽然都有自己的港口章程，但在法律地位和执行力方面明显表现不够。有些虽然上升到了法律、条例的层次，但考虑到各地实际情况和差异性，我国在水上立法方面还存在一定的欠缺，往往存在立法者对实际情况或全国整体情况不甚了解，而对实际情况非常熟悉、迫切需要立法的部门却没有立法权。结果造成法律体系不够完善，制定的法律适用性与可操作性不强，条例、规章的约束力不够。

《中华人民共和国内河交通安全管理条例》是目前我国内河搜救工作唯一能给予参考的国家行政法规，但是该条例只是在第七章原则性地明确了四个条款，对内河搜救工作具有指导性作用，但是在具体实施过程发生问题需要进行调整时，该条例无法起到具体调整作用。该条例对于各级政府和水上交通主管部门的职责没有明确的规范，造成了政府有关部门职权界限不清，出现重大问题后责罚不明，导致各方力量积极参与搜救工作的压力和动力不足。

由于现行法律法规中对水上搜救的专门法律尚未出台，因此在实际搜救工作中常常出现无法可依的尴尬局面。

（3）专业救助机构的缺位导致搜救主体责任落实不清。

在中国沿海水域，交通运输部目前设有北海、东海和南海三个救助局和四个飞行服务队，下辖数十艘专业救助船艇和二十余架快速响应救助直升机。然而在内河水域，目前仍然没有成立专业的救助机构，唯一承担其职责的就是在各市设立的水上搜救中心，且实际履行运作职责的是并不具备专业救助能力的海事管理机构。同时，部分搜救中心没有及时转变思想观念，没有发挥政府层面的领导和协调搜救的作用，在面对水上险情时，往往习惯于直接调派海事执法队伍执行搜救任务，却忽视了应当在政府层面协调利用地方各方力量参与救援行动的重要性。

（4）应急预案针对性不强且难以得到有效执行。

近十年来，虽然国家及省、自治区、直辖市都编制了内容较为全面的水上突发事件应急预案，成为国家突发事件应急预案体系的组成部分。然而，该类预案往往采用千篇一律的格式。尽管预案明确了反应程序和行动步骤，但在可能危及重大人员伤亡和社会影响的情况下，因考虑应急响应速度，实际操作中难以完全按照预案步骤执行，使得针对重大突发事件发生而制订的、用以开展快速应急救援行动的预案失去意义。另外，因水上突发事件应急预案仅仅是当地政府属地管理众多专项应急预案之一，各部门因其管理职能里有水上突发应急事件方面的职责，所以被动纳入其他部门和行业专项预案，导致无论是地方政府还是职能部门在领导或执行水上应急预案中难以做到积极主动。

针对这种情况，推进各企业水上搜救应急预案建设是国内企业水上搜救应急管理体系建设的首要任务，各涉水企业应在国家及各地市水上搜救预案的总体架构下，制订并及时修订企业自身水上搜救应急预案。同时制订有针对性的分类预案，理顺预案之间的关系，形成上下对接、覆盖全面、操作性强、简明实用的预案体系。

（5）搜救通信网络建设严重滞后。

搜救通信是搜救指挥协调的基本手段，同时也是各级领导了解搜救情况，指挥搜救行动的纽带。目前国内内河搜救通信系统比较单一，通信系统建设比较落后。内河重点港区、航段 VTS、VHF、CCTV、AIS 还在建设中，未能实现全水域覆盖。虽然各级搜救中心都已开通"12395"水上搜救专用电话，由于缺少对水上搜救专用求救电话的宣传，有些船员不清楚"12395"这门电话的作用，也有的船员对水上搜救专用求救电话进行恶意骚扰，这些情况都影响了正常的搜救通信。一旦发生水上交通事故，如不能进行正常的搜救通信，必将影响到搜救工作的正常开展，也会延误搜救的时机。

1.4 国外水上搜救管理现状

1.4.1 国外水上搜救应急体制及管理模式

世界发达国家政府都非常重视水上搜救工作，制定了完整的法律法规，建立了海事事故救援的管理体系。其中，英国、德国、美国等国家在这方面做得比较好，下面简要介绍一下这 3 个国家的搜救管理模式。

1.4.1.1 英国水上搜救管理模式

英国海上搜救实行战略委员会统一领导、主管机构负责协调，各搜救组织紧密合作的运行模式。英国搜救委员会是应急反应机构，由英国搜救战略委员会、英国搜救执行委员会和地方搜救委员会组成。成员单位由国防部、英国内阁、苏格兰行政机关、威尔士国家议会、公安部门、消防部门、医疗部门等政府部门组成，运输部下属的英国海事和海岸警卫厅作为主管机关负责组织协调，社会组织主要有皇家救生艇协会、皇家救生协会等非政府组织。

英国海事和海岸警卫厅（Maritime and coastguard agency，简称 MCA）是英国运输部下的一个职能机构，主要负责英国政府海事安全的发展及战略实施工作，使得英国的运输系统适应经济、环境和社会的发展。MCA 的主要职能包括制定海上安全与防污染标准、船舶安全和防污、船舶搜寻和救助、船员管理培训、船舶登记检验和发证及实施国际海事公约等。

MCA 承诺会持续不断地改进客户服务质量，并始终坚持将客户的意见、需求和建议放在首要位置考虑。与此同时，对于英国海洋安全及环境保护也责无旁贷。MCA 希望持续通过改进客户服务，保障自己的核心价值观，减少人员与物资的损失，使得船舶更安全、海洋更清洁。在实际工作中，制定了清晰、明确而又可操作的服务理念和标准，并严格参照执行。

英国目前搜寻和救助组织分两个层次三个方面。三个方面主要是指海上搜救、陆上和海上航空器搜救、陆上搜救；两个层次分别为委员会和协调组织。委员会负责制定搜寻和救助方面的政策、战略、义务和标准工作，提供相应资源和操作手册，为搜救行动提供有效合作，制定英国搜救组织体系框架，确定参与搜救力量标准；操作组织负责具体实施搜寻和救助工作。

英国皇家海岸警卫队是英国海上救助的主体，负责英国海事搜救工作的组织协调和指挥，下设苏格兰和北爱尔兰搜救区域、威尔士和英格兰西部搜救区域、英格兰东部搜救区域等3个搜寻区域，在每个搜救区域，都设有海上搜救协调中心和海上救助子中心。全国共有6个海上救助协调中心和13个海上救助子中心，另外还设有4个直升机基地。

英国搜救体制的特点：

（1）覆盖英国所有的内水和海上水域。

（2）作为主管全国水上搜救工作的英国皇家海岸警卫队编制人员少。

（3）参与水上搜救的志愿者人员多，约6440人。

（4）政府对搜救中心的经费提供足够的保障。

1.4.1.2 德国水上搜救管理模式

德国海上应急处置和海上搜救工作分别由联邦政府交通部航运管理局所属的德国水上应急中心（CCME）和隶属交通部的德国海上搜救中心（DGZRS）负责。

CCME主要工作任务包括：

（1）水上交通管理。

（2）德国水域内的危机管理。

（3）水上医疗应急救助。

（4）水上溢油应急处理。

（5）公共关系处理。

DGZRS主要工作任务包括：

（1）海上遇险人员的搜救。

（2）海上医疗救助。

（3）船舶消防。

（4）实施海上船舶紧急牵引。

（5）为中央应急机构提供突发事件应急辅助支持。

德国是联邦制国家，交通部和内政部是联邦政府的下设机构，除渔船由内政部负责管理外，交通部负责水上、公路、铁路及民航的统一管理，下设有船舶与航运管理局、海图与应急管理中心、巡航搜救与应急处理中心、联邦航运警察等机构，分布全国各地，直属交通部管理。全国共有16个州（包括3个直辖市），州下面设市，每个州、市除有自己相应的水上警察机构外（属当地政府管理，负责辖区内水上日常监管），还设有港口管理当局（辖区内有公共码头，也有业主码头）。联邦政府的交通部、州、市都有自己明确的水域管辖范围,各自的职能分工非常明确,原则上互不干预。

1.4.1.3 美国水上搜救管理模式

美国海上搜救机构主要由国家搜救委员会和美国海岸警卫队二级体系组成,第一级体系为领导机构是国家搜救委员会,不承担实际搜救事务,负责国家搜救政策的制定和协调国家各联邦机构的搜救事务。第二级体系由国土安全部及其下属美国海岸警备队和联邦紧急事务管理局、运输部及其下属联邦航空局、海事管理局、国防部、商务部、联邦通信委员会、国家航空航天局等政府机构组成,直接参与海上搜救。

美国海岸警卫队是美国海上搜救应急体制的执行主体,隶属国土安全部,下设太平洋和大西洋两个司令部、11个救助协调中心(RCC)、41个基地和191个救助站,救助协调中心负责组织协调在本搜索区域内开展的搜救工作,指派搜救任务协调员来负责具体的搜救工作。

美国海上搜救工作包括三个方面:内水、近海区域、远海区域等。

(1)内水:包括内河及大湖区,由国防部派空军的航空救难队承管,国防预备队、海军小型舰队也参与搜救。

(2)近海区域:由美国海岸警卫队承管。

(3)远海区域:由国防部责成海、空军的驻外司令官指挥管理。

对于以上3种水域的搜救工作,除了由区域内承管部门协调外,美国联邦航空局、交通安全委员会、国家搜救委员会、海洋气象局、联邦通信委员会等12个机构作为协作单位参与海难救助工作。

美国海岸警卫队自身具备拥有强大的海、陆、空等专业化的搜救力量,但仍有许多社会组织和大量的志愿者参与海上搜救工作。如一些商业机构和协会组织也会积极参与海上搜救行动,美国海岸警卫队志愿者队伍和参加辅助工作的志愿义务人员将近35000人。

1.4.2 国外水上搜救应急体制建设借鉴与启示

交通部科学研究院总结美国的水上搜救特点为:美国海上搜救具有完善的搜救指挥系统、良好的搜救装备建设、健全的人员培训体系、广泛参与的社会力量,这些都是我国海上搜救体系建设过程中值得学习和借鉴的。英国和德国的水上搜救也具有上述特点,可见西方发达国家水上搜救的模式和特点大同小异。

1.4.2.1 水上搜救组织机构健全和政府组织协调能力强

以英国为例,英国的海上救助由政府部门、应急反应机构和一些其他社会组织组成,皇家海岸警卫队代表政府部门是英国海上救助的主体,下有为3个搜寻区域,在每个搜救区域,都设有海上搜救协调中心和海上救助子中心,其应急反应机构是英国搜救委员会,由英国搜救战略委员会、英国搜救执行委员会和地方搜救委员会组成,非政府组织有皇家救生艇协会和皇家救生协会。

再如美国,海上搜救机构主要由国家搜救委员会和美国海岸警卫队二级体系组成。国家搜救委员会不承担实际搜救事务，负责国家搜救政策的制定和协调国家各联邦机构的搜救事务。美国海岸警卫队是美国海上搜救政策的执行机构，主要负责开发、建设、维护和使用国家搜救资源，加强国际水域和美国管辖水域的水上、水面和水下的安全。美国海岸警卫队设立了波士顿、诺福克、迈阿密等共11个救助协调中心，组织开展协调水上搜救工作。

1.4.2.2　水上搜救公众参与度高和政府公共服务能力强

如美国，海岸警卫队是世界上最优秀的海上搜救专业队伍，但其志愿者队伍和参加辅助工作的志愿义务人员将近35000人，占总数的41%。一旦收到遇险定位信息5min内，海岸警卫队会制订出详细的搜救计划，在计划制订出15min内做出具体搜救方案，包括确定搜救行动的中心区域、人员和装备部署。在计划制订出后1.5h内，各类搜救力量都根据指定计划开展搜救行动，直至将遇险人员救出。

1.4.2.3　水上搜救人员注重培训和政府营造搜救文化强

德国的海事管理人员全部直属交通部管理，岗位分工明确，人员专业性较强，并且具备相应的基层实践经验（如VTS人员入门，必须经过一年培训，且每两年要进行一次综合测试）；船员本身的待遇、素质较高，安全意识较强；内河船舶的船况较好，船上能自觉配备必要的航行安全设施和官方指定的航海文书。在沿海和内河都建立了VTS雷达站、AIS岸基，基本实现了所有通航水域全覆盖。在内河设立了船舶报告网点，且所有报告点均已联网，船舶进港或出港只需就近报告一次。所有管理船舶都配有最新的电子海图，应急船艇具备巡逻、设标、应急救助及清污等多功能，大型船舶还具有消防功能，巡航飞机无论白天还是黑夜均可探测海面油污，并通过计算机进行自动分析（在无风情况下，3000m高空可测定海面油污情况）。

英国MCA18个的雷达站、沿海AIS地面站以及各个港口的VTS覆盖了整个英国沿海水域，MCA专用收音机19频道覆盖了150n mile以内的英国水域，此外MCA还正在开发卫星在海上搜救领域的使用研究，为将来引入高端搜救技术打下良好基础。

虽然英国MCA目前除了从事海上搜救的政府人员外，还拥有很大数量的其他民间组织和搜救志愿者队伍，政府海事搜救人员都经过专门培训和定期训练，确保具备各项搜救技能，志愿者队伍也参加了MCA或民间搜救组织的专业化培训，培训合格后方可参加搜救任务，且对志愿者进行定期的训练和考核，以保证志愿者海上搜救的适任能力。所以，英国的海上搜救队伍专业化程度相对较高。

第 2 章　水上搜救应急体制

水上搜寻是指在政府建立的专业机构协调下,确定水上遇险人员位置的行动。水上救助是指由任何可以利用的救助力量营救遇险人员,为其提供初步医疗或其他所需要的服务,并将其转移到安全地点的行动。由于水上搜寻和救助在工作时间和内容上的连续性,通常将这两项工作合并称为水上搜寻与救助(以下简称"水上搜救")。从公共管理的层面上讲,水上搜救属于政府处理应急突发公共事件的范畴。

2.1　水上搜救的类型

水上搜救是海事法律中特有的一项法律制度,按照搜救的对象划分,水上搜救主要分为以下 3 种:

(1)人命救助,是一种人道主义行为,也是一种法律约束行为。
(2)财产救助,如船舶、货物、运费等的救助,是一种民事性救助行为。
(3)环境救助,是一种政府和水上交通安全主管机关控制下的强制行为。

水上搜救应急工作广义上涉及的范围很大,包括人命救助、财产救助、水域环境保护、应对灾害性天气、应对地质性灾难、船舶港口保安等;从狭义上来说,水上应急是内河应急与海上应急的统称,主要包括人命安全、船舶安全和船舶污染存在的危险和应急,即海上搜寻救助应急、船舶载运危险货物事故及船舶溢油事故应急两大方面。

2.2　水上搜救应急体制的基本内容

《国家海上搜救应急预案(2005)》中建立了"政府领导,社会参与,依法规范;统一指挥,分级管理,属地为主;防应结合,资源共享,团结协作;以人为本,科学决策,快速高效"的工作原则。

参照丁巧仁、祝尧平、张同斌主编的《〈江苏省水上搜寻救助条例〉释义》,将水上搜救应急体制的四方面内容进行了解释:

(1)"统一领导"是指在水上突发事件应急反应的各项工作中,必须坚持由县级以上地方人民政府统一领导,成立应急指挥机构,对水上搜寻救助工作实行统一指挥。

(2)"综合协调"是指由于参与水上突发事件应对的主体多样,既有政府及其部门,也有国家垂直管理的相关单位,以及社会组织、企事业单位、基层自治组织、公民个人,甚至还有国家军事力量,或者国际援助力量;既有专业搜寻救助力量,也有被确定的水上搜寻救助力量，以及其他社会救助力量和志愿者队伍。

（3）"分级负责"是指《国家海上搜救应急预案》按照人员伤亡、水污染程度等，建立了相应的响应机制，明确了各级政府在应对水上突发事件中的责任。

（4）"属地管理为主"是指水上突发事件发生的当地政府是发现突发事件苗头、预防发生、首先应对、防止扩散的第一责任人，赋予其统一实施应急处置的权力。

简言之，水上搜救体制，就是按照"统一领导、综合协调、分类管理、分级负责、属地管理为主"的原则，科学设置和合理配置应急指挥机构、日常运行机构、现场指挥等机构及其职能，能有效协调水上搜救力量与咨询机构，进行分类分级应急响应，及时组织快速有效水上搜救行动的水上应急组织指挥体系。

2.3 水上搜救管理的程序

水上搜救管理的程序包括：
（1）信息的报告。
（2）遇险信息的核实与分析。
（3）险情的评估。
（4）先期处置。
（5）分级响应。
（6）行动的终止。
（7）信息发布。
（8）后期处置。

第 3 章 水上搜救系统

建立和运行水上搜救系统,是实施水上救助的基础。水上搜救系统的主要构成要素包括搜救中心和分中心、搜救协调、通信、搜寻救助设施及支持设施。对各要素的分析和应用构成了建立水上搜救系统的主要内容。

3.1 水上搜救系统的建立

3.1.1 水上搜救系统的组成

搜寻救助系统是具有接收、确认和转发遇险信息,协调和开展搜寻救助行动,提供初步医疗移送基本功能的系统。该系统具有不同分工的组成部分,这些组成部分相互配合和支持,共同工作,全面实现搜寻救助目标。一个特定区域的水上搜寻救助系统应能实现以下基本职能:接收、确认和转发遇险信息;协调搜寻救助反应;开展搜寻救助行动。

一个搜寻救助系统一般应包括一个或多个搜寻救助区,每个搜寻救助区都具有接收报警、进行协调及提供搜寻救助服务的能力。搜寻救助区域(Search and rescue region)是指与某一个救助协调中心相关联的、并在其中提供搜救服务的划定明确范围的区域。每个搜寻救助区对应着一个救助协调中心,我国习惯上称为海(水)上搜救中心。

每个搜寻救助区都有各自独特的交通运输、气候、地形和物理特性,这些因素对每个搜寻救助区的搜寻救助行动带来了一系列不同的问题,影响着搜寻救助系统对功能、设施、设备和人员方面的选择与构成。考虑上述因素,搜寻救助系统的主要组成部分应包括:

(1)搜寻救助区内的通信及与外部搜寻救助服务之间的通信。
(2)一个协调搜寻救助行动的救助协调中心。
(3)一个或多个在本搜寻救助区内支持救助协调中心的救助分中心。
(4)搜寻救助设施,包括拥有专门设备和专业人员的专业搜寻救助力量,也包括可以执行搜寻救助任务的其他资源。
(5)必要时需要指定一个现场协调人,协调所有现场参与搜寻救助活动的设施。
(6)为支持搜寻救助行动提供服务的支持设施。

3.1.2 特定搜救区域的水上搜救系统的建立

关于特定搜救区域的搜救系统的构建,可参照国家层面的搜救系统构建的思路进行,主要内容包括：关于搜寻救助服务的地方立法；搜救组织如搜救协调中心或分中心的建立；搜救设施的指定；搜救支持设施，包括信息系统建设和人员培训与演练；足够的、有效的通信能力。

如江苏省通过地方性法规和政府公共管理，推进了水上搜救中心的建立。江苏省于2003年9月正式成立江苏省水上搜救中心，在省政府领导下，负责组织、指挥和协调水上遇险的预防和应急处理。省水上搜救中心由省交通厅、民政厅、财政厅、海洋与渔业局等二十多个单位组成，其办公室设在江苏海事局。省水上搜救中心下设海洋与渔业分中心和内河搜救分中心。2009年江苏省第十一届人民代表大会常务委员会第十一次会议通过《江苏省水上搜寻救助条例》，自2010年1月1日起施行。在搜救组织建立方面，该条例规定县级以上地方人民政府根据需要设立水上搜救中心，负责组织、协调、指挥水上搜寻救助工作。经省水上搜救中心批准，水上搜救中心可以按照水域联合设立或单独设立搜救分中心。在资源保障方面，县级以上地方人民政府整合水上搜寻救助应急资源，建立或者确定水上搜寻救助力量并配备水上搜寻救助的设施、设备；鼓励社会力量组织建立水上搜寻救助志愿者队伍；鼓励具备水上搜寻救助能力的单位和个人参加水上搜寻救助。在训练和演习方面，水上搜救中心组织开展应对不同险情的水上搜寻救助训练和演习。在通信方面，水上搜救中心配备符合规定要求的通信设施，设置并公布水上遇险求救专用电话，保持24h连续值班。县级以上地方人民政府有关部门和相关单位，以及从事专业搜寻救助和被确定为搜寻救助力量的单位，应建立健全的应急值班及通信联络制度，确保通信畅通。江苏省还编制了《江苏省水上搜救应急预案》（苏政办函[2020]55号），自2010年12月10日起实施。

3.1.3　水上搜救系统的运行管理

水上搜救系统的运行管理，包括对搜寻救助的自我评估、制订计划程序、改进搜救系统、采取措施使搜救系统实现效益最大化及立法支持等。

每个国家或地区都应对自身搜寻救助责任和能力进行自我评估，找出需要改进的方面。在自我评估的内容上，《国际航空和海上搜寻救助手册》提供了一份国家或地区自我评估表，用来评估国际或国家搜寻救助系统，主要评估内容包括加入公约、搜救组织、搜寻救助区或搜寻救助分区的设立、搜救协调中心或搜救分中心履职、搜寻救助事件记录、搜救培训和演习、通信、导航等方面。

各级搜寻救助系统都应有相应明确的计划程序。制订搜寻救助管理计划的程序包括：评估正出现的技术、环境变化及机遇；评价整个系统，包括利用搜寻救助的统计数字来确定遇险事件再次发生的原因；对事故的调查结果和建议进行分析并做出反应；促进立法、规则、条约或协议的制定以改善安全状况；在各计划和各机构间共享信息；参加救助协调委员会和国际及跨部门间的搜寻救助会议。搜寻救助管理人员应定期对计划进行评估并更新。

在对搜救系统进行改进时，可利用目标来改进搜救系统。一些典型的搜寻救助目标有：将人员伤亡和财产损失减少到最低限度；通过使用科技、研究、教育、规章制度及强制执行等手段，将搜寻遇险人员的时间减少至最低程度；改善安全状况以减少遇险事故的数量；加强航空和海事主管部门之间的协作。同时还需制定支持搜寻目标的指标，其一般表述为"规定的反应时间、救助有死亡危险的人员或有损毁可能的财产的百分比"，一般包括救助遇险人员的百分比和使货物免遭损坏的百分比。搜寻救助管理人员还应制订相关责任区内的长远规划（一般为5年），这些规划应载明目标、指标及拟采取的行动。

为使搜寻救助系统实现效益最大化，必须采取一定的措施。主要包括：

（1）保持高度的待命状态。人员、设备各部分、通信线路等必须经常进行检查和操作，以保证在发生紧急情况时能够正常运作。

（2）对搜寻救助系统中的不同组成部分进行定期培训和演习，以保持搜寻救助的高效性和安全性。

（3）所有的搜寻救助系统都应旨在预防和减少搜寻救助事件的发生，如巡航、安全检查及安全意识宣传活动可预防搜救事件发生或减小其影响。

（4）除实际的搜寻救助行动外，所有其他工作的中心应是针对搜救系统来不断改进。

在立法支持上，国家或地方政府都应有适当的法令和相关规定，来作为建立搜寻救助机构及其资源、政策和程序的法律基础。搜寻救助管理人员应该对国内法和国际法的搜寻救助政策和程序进行法律咨询。

有关内河救助的规定、规章应起到以下作用：

（1）承认搜寻救助职责是政府责任，并明确规定政府职责，包括人员与资源投入。

（2）指定搜寻救助机构及其一般职责。

（3）制定有关搜救的要求和标准。

3.2 水上搜救中心和分中心

3.2.1 水上搜救组织体系

目前我国的水上应急组织体系分为三级，即中国海上搜救中心、省级海（水）上搜救中心和市级海（水）上搜救中心。中国海上搜救中心在国务院和中央军委的领导下，负责统一组织和协调全国海上搜救工作。省级海（水）上搜救中心在本省人民政府的领导下，在中国海上搜救中心的指导下，负责本省（市、区）区域内的水上搜救工作。市级海（水）上搜救中心是省级海（水）上搜救中心根据需要在管辖地、市设立的海上搜救分支机构，负责指定搜救区域内搜救行动的指挥协调工作或指定搜救任务的协调工作。分中心的模式不一，多数具有搜救区域，并承担本搜救区域内的搜救任务。

为满足我国内河水上交通安全工作的需要，我国内河主要流域也先后成立了"水上搜救中心"。以长江干线为例，长江干线水上搜救组织设置如下：沿江县级以上地方人民政府是本行政区域水上搜救的领导机构，负责对水上救助工作进行领导和协调，并动员各方力量积极参与救助。长江水上搜救中心在地方政府的领导下，实行三级机构管理模式，即长江干线水上搜救协调中心、区域性长江水上搜救中心和长江水上搜救分中心。长江干线水上搜救协调中心是协调机构，区域性长江水上搜救中心和长江水上搜救分中心则是具体实施搜救工作的办事机构。

水上搜救组织体系由水上应急领导机构、应急指挥机构、运行管理机构、咨询机构、搜寻救助力量组成。

应急领导机构由水上搜救应急领导小组及各成员单位（部门）承担。其职责一般包括：

（1）建立和完善水上搜救应急救援工作制度。

（2）负责全局辖区的水上搜救行动和水域污染应急处置的领导、组织、指挥和协调工作。

（3）负责全局应急资源储备、危险源及危险区域识别、应急基础设施建设等应急保障工作。

（4）领导全局应急工作评估、考核、奖惩和水上搜救应急演练与演习。

（5）承担上级部门交办的其他水上搜救和水域污染应急处置工作。

水上搜救应急领导小组由具有相关职能的部门组成。各成员单位（部门）根据各自职责发挥相应作用，并承担水上搜救组织协调、应急处置、支持保障等应急工作。其中，海事管理机构负责辖区水上搜救行动和水域污染应急处置工作，实施水上突发事件安全预防预警，组织开展应急行动评估及水上搜救应急演练与演习，负责辖区搜救资源保障工作。

应急指挥机构由水上搜救中心实施。其职责一般包括：

（1）编制水上搜寻救助应急预案。

（2）对本地水上搜寻救助力量进行业务指导。

（3）组织水上搜寻救助训练、演习及相关培训。

（4）组织、协调、指挥水上搜寻救助行动。

（5）相关法律、法规、规章规定和本级人民政府确定的其他职责。

水上搜救中心应当制定工作规程，完善内部工作机制，加强成员单位之间的协调配合，组织成员单位履行水上搜寻救助职责。

水上搜救组织体系一般分为以下三种：

（1）垂直设置搜救领导机构和各级工作机构。某市成立水上交通突发事件应急反应领导小组作为应急领导机构。其下依次设有市水上搜救中心和县级水上搜救中心作为应急指挥机构，在市地方海事局设市水上搜救中心办公室，成立市水上搜救专家组作为咨询机构。

搜救力量包括政府专业力量、军队武警力量、政府公务力量、社会力量，在应急领导小组和搜救中心的领导、指挥下实施现场救助，组织体系如图3.1所示。

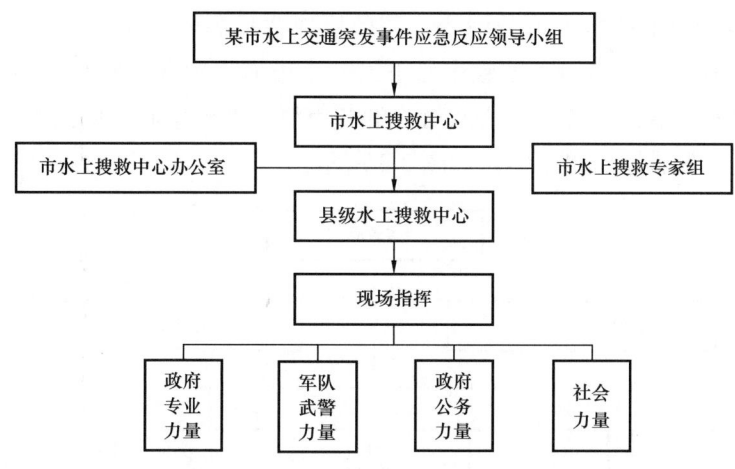

图 3.1　某市成立的应急领导小组的搜救组织体系

（2）按不同水域分设搜救协调中心。以湖北省为例，湖北省设立水上交通突发事件应急反应领导小组及成员单位作为应急领导机构，同时在长江海事局设有长江干线水上搜救协调中心，在省交通厅设有水上搜救协调中心。长江干线水上搜救协调中心主要指挥长江干线的水上搜救工作，下设市水上搜救中心，市水上搜救中心办公室设在长江分支海事局；水上搜救协调中心主要指挥支流等水域的水上搜救工作，下设市水上搜救中心，市水上搜救中心办公室设在市地方海事局，市水上搜救中心下设市水上搜救分中心。搜救力量包括政府专业力量、军队武警力量、政府公务力量、社会力量，在应急反应领导小组、搜救中心和分中心的领导、指挥下实施现场救助，组织体系如图3.2所示。

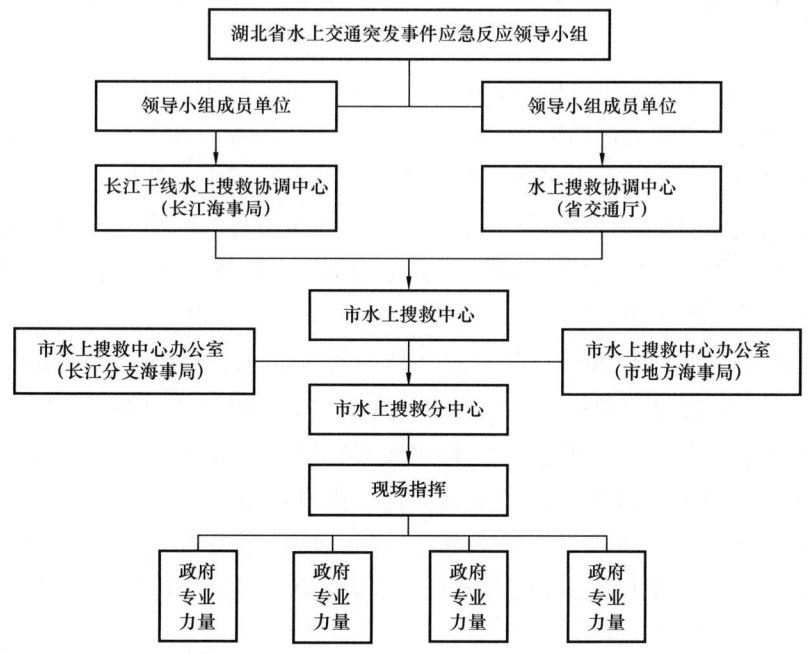

图 3.2　湖北省政府成立应急领导机构的搜救组织体系

（3）设置多个海上或水上搜救中心。省政府作为应急领导机构，下设省海上搜救中心，并成立应急专家组。省海上搜救中心下设多个市海上搜救中心和内河水上搜救中心，搜救力量在省政府、省海上搜救中心及对应的各市海上搜救中心和内河水上搜救中心的领导、指挥下实施现场救助。组织体系如图3.3所示。

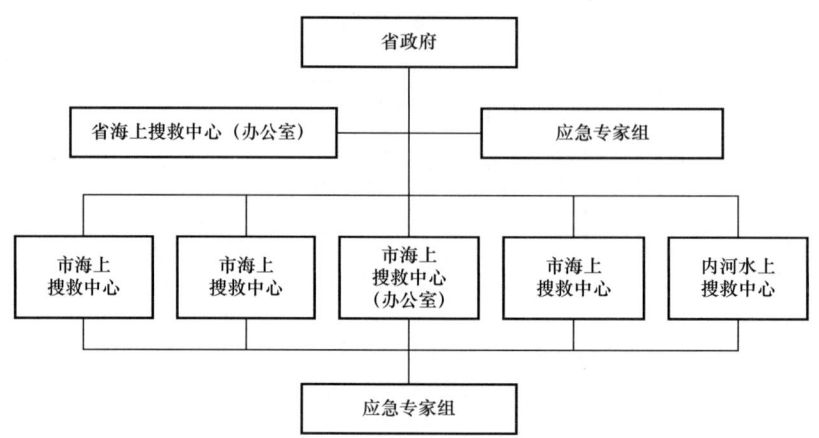

图3.3　省政府作为应急领导机构的搜救组织体系

3.2.2　水上搜救中心

水上搜救中心是指在一个搜寻救助区域内负责促进有效的组织搜寻救助服务和协调执行搜寻救助行动的单位，国际上称为救助协调中心（RCC）。水上搜救中心是一种工作机构，负责提高搜寻救助服务的有效组织，并对搜寻救助责任区内搜寻救助行动的执行进行协调。

搜寻救助区域内的搜救协调中心设立在能有效执行其职能的地方，也可以利用现有的合适设施中的场所。通常负责通信、国防、执法、空中和海上服务或者其他任务的机构都拥有一个业务中心，这个中心也可随时被改造兼作搜救协调中心使用。为了最大限度地降低对额外的通信设施的需求，搜救协调中心也可设在装备良好的业务中心附近。除通信设施及一般的办公设备，搜救协调中心还需配备办公桌、绘图室、标绘有搜救协调中心责任区域及其临近区域的图表和档案室。

搜救协调中心承担管理和运行的双重职能。管理职能负责维护搜救协调中心处于连续的待命状态，对于搜寻救助行动少的区域，这些职责可由搜救协调中心负责人或兼职的搜寻救助值班人员履行；运行职能负责有效地实施搜寻救助行动或搜寻救助演习，因此具有临时性，它可由搜寻救助任务协调员负责，也可由搜救协调中心负责人或其他训练有素的搜救协调中心职员承担，如果搜寻救助行动使用来自军队、警察或消防队等单位的设施，可能需要这些单位的人员参与协调；搜救协调中心必须保持有人员24h不间断值班。

搜救协调中心的职能由搜救协调中心负责人、搜救协调中心职员、搜寻救助任务协调员行使。搜救协调中心负责人制订适当的计划、预案和安排，同时监督搜救协调中心的日常运转，保证事件发生时能迅速采取搜寻救助行动；搜救协调中心职员由能够制订计划和协调搜寻救助行动的人员组成，需要的人数由当地需要、交通密度、季节条件、气象条件和搜寻救助区的其他条件决定；搜寻救助任务协调员是指临时指定的对实际发生的或明显的遇险情况做出协调反应的官员，每一次搜寻救助行动都应指定一个搜寻救助任务协调员，这是一项临时性职能，可由搜救协调中心负责人或其他指定的搜寻救助值班官员承担，并由足够的人员协调。在一次搜寻救助行动中，搜寻救助任务协调员一直负责搜救行动，直至完成搜救或确定没有搜救结果。搜寻救助任务协调员负责制订搜寻计划，并负责各搜寻救助单元的现场协调，通常不参与搜寻救助行动的执行，指定搜寻救助任务协调员的人数取决于以下内容：

（1）搜救协调中心以外的地方可能需要协调的行动、援助，如来自现有通信设施的需求。

（2）搜寻救助事件预期发生的频率，包括同时发生超过一起事故的可能性。

（3）区域大小和当时的环境。

（4）可能允许的休假、培训课程、疾病、换班等。

搜救协调中心负责人、搜救协调中心职员、搜寻救助任务协调员需要经过培训、资格认定和发证。在值守和协调不同的搜救设施、制订搜寻计划和救助计划方面需要经过特殊的培训。但培训本身仅能提供基本的知识和技能，还需通过资格认定和考试发证确保其有足够的经验、成熟程度和判断力。在资格认定过程中，通过能力演示个人必须表现出能够承担自己岗位工作的心理上和生理上的能力，发证是机构对个体的正式认可，认为其能够运用这些技能。

每个搜救协调中心对应有搜寻救助责任区。搜寻救助责任区是对应于某一搜救协调中心的划定范围的区域。搜救协调中心在该区域内提供搜寻救助服务，负责制订综合搜寻救助实施计划及相邻的搜寻救助区内的综合协作反应计划。

我国水上搜救中心分为中国海上搜救中心、省级海（水）上搜救中心、地（市）级海（水）上搜救中心这三级应急组织体系。中国海上搜救中心承担海上搜救的运行管理工作，负责日常管理和相关协调工作，并负责国家海上搜救部际联席会议的日常工作。省级海上搜救机构承担本省（自治区、直辖市）海上搜救责任区的海上应急组织指挥工作。地市级或县市级海上应急组织指挥机构是海上搜救机构的分支，其职责由省级海上搜救机构确定。

为满足我国内河水上交通安全工作的需要，我国内河主要流域也先后成立了水上搜中心。以长江干线为例，长江干线将长江干线水上搜救协调中心设在长江海事局。长江干线水上搜救协调中心的职责如下：

（1）贯彻执行国家水上搜救和水域污染应急处置工作的法律、法规和方针、政策。

（2）组织、指挥、协调责任区域内水上搜救行动和水上污染应急处置及评估，检查、指导分支海事局水上搜救工作，负责Ⅰ级、Ⅱ级水上搜救应急处置及评估。

（3）负责与省级水上搜救机构相关的协调工作。

（4）组织水上搜救演习、人员培训和搜救业务交流，表彰先进单位和个人。

（5）负责预案的运行水、更新和管理工作。

（6）完成国家海（水）上搜救中心和沿江省级水上搜救机构交办的其他水上搜救任务。

长江海事局各分支海事局各设有水上搜救中心，其职责是：

（1）负责搜救责任区内水上突发事件的信息收集、分析、评估、传递等处置工作。

（2）根据突发事件信息级别，决定启动预案或提出启动预案的建议，并按照指挥长或副指挥长的指令实施预案的启动工作。

（3）制订应急预案，组织应急响应，跟踪、报告应急响应进展与效果，提出应急行动中止或终止建议。

（4）负责与同级水上搜救机构和相关部门的联系沟通及有关事宜的处置。

（5）总结、评估应急行动效果。

3.2.3 水上搜救分中心

搜救分中心（RSC）是指根据主管当局的特别规定建立的，隶属于一个搜救协调中心并作为其补充的单位，我国内河称为水上搜救分中心。长江海事局各海事处通常设有搜救指挥分中心，其职责如下：

（1）承担责任区内水上搜救值班任务，负责水上突发事件的信息收集、分析、评估、传递等处置工作。

（2）负责搜救责任区内任何级别的水上突发事件的先期应急处置工作，负责Ⅳ级水上突发事件的应急处置工作。

（3）组织、动员并指挥本地搜救成员部门及社会力量参加搜救应急救援。

（4）制订、提出现场应急方案，跟踪、报告应急响应进展及效果。

（5）开展水上搜救演习、演练。

3.2.4 搜救机构人员

在搜救系统内，应根据不同的救助要求配备有承担不同职位的人员。人员配备的目标是用合格的人才担任机构中的各种职务。搜救系统人员包括搜寻救助协调人员和管理人员，在国家管理机构中的行政管理人员和保障人员，在报警台和搜救协调中心的通信值班人员，得到搜救协调中心或搜救分中心的工作人员支持下的搜寻救助协调人员，搜寻救助单元和其他移动搜寻救助设施上的人员，后勤保障管理人员，行政和培训人员等。搜救系统人员配备如表3.1所示。

表 3.1 搜救系统人员配备表

职能范围	搜寻救助要求	职位
建立国家或地区性搜寻救助系统作为全球搜寻救助系统的一部分	进行立法、安排使用资源、建立搜寻救助区和搜救协调中心、建立搜救分区和搜救分中心、配备人员、培训人员、确保充分的通信设施、制订计划和协议、成立搜寻救助委员会	搜寻救助协调人员和管理人员，在国家管理机构中的行政管理人员和保障人员
接收遇险报警	监听设施报警、确认遇险报警、将遇险报警传送给搜救协调中心	在报警台和搜救协调中心的通信值班人员
协调搜寻救助服务	必要时传送遇险报警、必要时确认报警、协调反应、计划搜寻（报警和派遣搜寻救助设施、指定现场协调人员并确定其职责、准备搜寻救助行动计划、提供医疗咨询）、将每次行动制成文件	得到搜救协调中心或搜救分中心的工作人员支持下的搜寻救助协调人员
实施搜寻救助行动	现场协调、搜寻、救助、医疗转移	搜寻救助单元和其他移动搜寻救助设施上的人员
支持搜寻救助服务	支持搜寻救助设施和人员、培训、通信、供给、设施维修	后勤保障管理人员、行政和培训人员、供应商、维修人员、计算机操作人员、通信提供者等

对搜寻救助人员所要求的个人特性包括：

（1）持之以恒。搜寻救助人员对搜救工作具有奉献精神，耐性、韧性和坚定是搜寻救助队伍成员共有的品质。

（2）献身救助。在搜救行动中，搜寻救助人员经常冒极大的风险，在搜救人员的头脑中，遇险者的安全可能高于个人的安全。

（3）用情感沟通的能力。关于搜寻救助的报告、信件、演讲和讨论要求清楚和准确，但也要理解他人的感情，处理好沟通中的情感问题。

（4）正直与诚信。对搜寻救助的参数和结果要诚实，随时让上级了解情况，在任何时候都要实事求是。

（5）经验。曾经经历过的各种不同搜寻救助经验非常有价值，可以用来指导未来的工作。

3.2.5 水上搜救咨询机构

水上搜救咨询机构由水上搜救咨询专家组承担。水上搜救咨询专家组一般由安全管理、海事、航运、船检、打捞、消防、环保、危化、气象、医疗卫生等行业专家和专业技术人员组成，负责提供水上搜救技术咨询。其职责主要有：

（1）提供水上应急行动的技术咨询和建议。

（2）参与相关水上应急救援体系建设的研究工作。

（3）提供应急法制建设、体系建设和发展规划的咨询。

第4章 水上交通安全系统

水上交通安全系统由通航环境、船舶、交通规则等要素构成，是保障水上交通安全的系统。与海上交通安全系统相比，内河交通安全系统在水文、气象、交通规则等方面具有自身的特点，内河水上突发事件风险也因此具有自身特点。

4.1 中国内河航道概况

2016年末，全国内河航道通航里程1.271×10^5km。等级航道6.64×10^4km，其中三级及以上航道1.21×10^4km，占总里程的9.5%，比上年提高0.4个百分点。各等级内河航道通航里程分别为：一级航道1342km，二级航道3681km，三级航道7054km，四级航道10862km，五级航道7485km，六级航道18150km，七级航道17835km。等外航道60700km。各水系内河航道通航里程分别为：长江水系64883km，珠江水系16450km，黄河水系3533km，黑龙江水系8211km，京杭运河1438km，闽江水系1973km，淮河水系17507km。国内企业所属涉水企业基本上涉及了国内目前主要的内河航道。

内河航道等级，是按照河流所能通行船只大小所做的等级分类。根据《内河通航标准》（GB 50139—2014），分为7个等级。

航运等级如下：
（1）一级航道：可通航3000t。
（2）二级航道：可通航2000t。
（3）三级航道：可通航1000t。
（4）四级航道：可通航500t。
（5）五级航道：可通航300t。
（6）六级航道：可通航100t。
（7）七级航道：可通航50t。

4.2 内河航道网分布特点

（1）主要航道干线呈纬向分布。

由于我国地形分布总趋势为西高东低，因此，除京杭人工运河外，长江、珠江、淮河和黑龙江等各主要内河航道干线均呈纬向分布。这一分布特点，与我国资源和经济的分布格局在空间上有较好的呼应关系，因而也具有很大的发展潜力。

（2）绝大部分航道网都分布在南方各地。

因受水系分布及其水文特征的影响，中国内河航道主要密布于南方各省区。其中航道里程在2000km以上的省区共有12个，除黑龙江外，均位于长江及其以南地区，该11个省区的航道合计里程为9.52×10^4km，已占全国航道总里程的87.1%。在上述省区中，以江苏省的航道里程为最长，约达2.4×10^4km，占全国总里程的22%，其次为广东、浙江和湖南三省，其里程都在1×10^4km以上。再从航道密度看，平均每千平方千米国土拥有10km以上航道的省区共有15个，其中除山东和黑龙江西省外，也都分布在长江及以南地区，它们又以上海的密度为最大（412km/10^3km^2），其次为江苏（240km/10^3km^2）和浙江（106km/10^3km^2）。

（3）通航条件较好的航道集中于"三江两河"水系。

若以可通航百吨以上船舶的航道为通航条件较好的内河航道，那么这类航道绝大部分都集中分布在长江、珠江、黑龙江、淮河和京杭运河五大水系（简称"三江两河"水系）之中，其合计里程近3×10^4km，约占全国该类航道总里程的80%多，其中仅长江水系的这类航道里程长度，就已占到全国相应总里程数的42%。"三江两河"水系的货运量和货物周转量，也都分别占到了全国内河水运相应总量的80%以上。其中也以长江水系所占的比重为最大，其次为珠江水系和京杭运河。

4.3 主要通航河流

中国内河重要航道主要集中在"三江两河"水系，而其中的京杭运河和淮河同长江又有一定的连通性，故可将两河视同长江的支流，因而以下只分别介绍长江、珠江和黑龙江三大河系的通航状况。

4.3.1 长江（包括京杭运河和淮河）

（1）通航状况。长江是世界上第二大河，也是内河航运最发达的河流，被称为中国的黄金水道，共有通航支流3600多条，其干支流合计通航里程约为7×10^4km（含京杭运河和淮河）。

长江干流从其宗开始可以通航，通航里程为3639.5km。宜宾以上至玉树称为金沙江，因流经高山峡谷，险滩众多，仅有825.5km可通航，通航船舶吨级为30～150t，其中约700km只可季节性通航。宜宾至长江口称长江干流，全长2813km，全部终年通航。其中宜宾至宜昌段一般被称为长江上游，长1044km，因为航道内江心洲和险滩发育，有控制单行航道40多处，总长约135km，宜宾至重庆可通航200到800吨级船舶，重庆至宜昌可通航1500吨级船舶。宜昌至汉口626km河段称为中游，沿岸为冲积平原，地势平坦、湖泊众多，河网纵横，河道演变剧烈，水流较平稳，经过疏浚维护，航道可通行1500～3000吨级船舶。汉口至长江口1143km，航行条件最为优越，其中汉口至南京可通航 5000 吨级船舶，南京至长江口乘潮可通过 2.5×10^4 吨级海轮。

长江支流众多，主要有嘉陵江、湘江、汉江、赣江，以及京杭运河和淮河等。其通航能力千差万别，大体是：上游主要支流一般可通 200t 以下船舶；中游各主要支流，除湖区航道外，一般可通 300t 以下船舶；下游支流甚多，河道平缓，除京杭运河苏北段可通 500～1000 吨级驳船队及淮河干流可通航 200～300 吨级驳船队外，其他大部分支流只能通行 100t 级驳船队。但就其通航能力而言，因下游水系水量平稳，年际变化小，且航道也较稳定，因而年通过能力并不比中、上游河流小。

（2）航道系统的区域划分。长江水系支流、湖泊众多，主干航道与支流航道、支流航道与支流航道之间的关系较为复杂。根据相互沟通情况和相应的地区位置，可大体将整个长江水系划分为以下八个次一级的航道系统区：

① 以重庆为中心的西南航道系统区。包括干流金沙江和长江，以及岷江、大渡河、青衣江、沱江、嘉陵江、涪江、渠江、乌江、綦江、赤水河、南广河和关河等各个支流，其合计通航里程为 9574km。

② 以长沙为中心的洞庭湖水系航道系统区。包括湘水、资水、沅水、澧水以及洞庭湖湖区航道网，总计通航里程为 10252km（包括沅水在贵州省境内的 311km 航道）。

③ 以武汉为中心的江汉航道系统区。包括长江及汉水、堵河、丹江、唐白河、通顺河、汉北河、府河、清江、内荆河、陆水、金水、大冶湖等，总计通航里程为 9418km（包括汉水在陕西境内的 455km 航道）。

④ 以南昌为中心的鄱阳湖水系航道系统区。包括赣江、抚河、信江、饶河、修水、锦江、袁水、禾水、昌江，以及鄱阳湖湖区航道等。合计通航里程为 4937km。

⑤ 以合肥为中心的巢湖水系航道系统区。包括巢湖湖区航道、南淝河、丰乐河、杭埠河、派河、金牛河、塘串兆河、柘皋河、裕溪河、洲河等，总计通航里程为 1283km。

⑥ 以上海为中心的长江三角洲航道系统区。长江三角洲航道网系由苏北航道网、苏南航道网和杭嘉湖内河航道网组成，这里河网密布，互相穿插交织，形成了总里程达 29617km 的通航网络。

⑦ 淮河水系航道系统区。包括淮河干流航道及支流沙颍河、涡河、西淝河、茨淮新河、大潜山干渠、新汴河等等，总计通航里程达 2678km。

⑧ 钱塘江水系及浙东航道系统区。包括钱塘江干流及其支流新安江、金华江、浦阳江等，以及浙东的杭甬运河、曹娥江、奉化江等，总计通航里程为 1451km。

4.3.2 珠江

珠江是我国四大河流之一，由西江、北江、东江及珠江三角洲四大部分所组成，流域涉及六省区和越南部分地区，其中与航运关系密切的是广东、广西两省。

珠江航运条件比较优越，其多年平均径流量为 $3.38 \times 10^{12} m^3$，仅次于长江居全国第二位，珠江又属少沙性河流，多年平均含沙量仅 $0.27 kg/m^3$。全水系合计通航里程约为

1.4×10^4 km。

西江横贯两广，是珠江水系的主要航道。西江航运干线自南宁经东平水道至广州854km，其中南宁至贵县279km，可通航80～120吨级轮驳船队和200个客位的客轮；贵县至梧州275km，通航120～250吨级轮驳船队及300客位客轮；梧州至广州300km，可通航1000吨级轮驳船队和300～400客位的客轮。西江上游右江百色至南宁375km，可通航120吨级轮驳船队；支流柳江至桂平268km，通航120～250吨级轮驳船队和200客位客轮；红水河都安红渡以下可通航120吨级轮驳船。

北江和东江通航条件相对较差，通航船舶一般为50吨级，最大不超过100吨级。珠江三角洲水网纵横交错，有通航水道800多条，通过八个口门河海相通，通航里程约5300km，其中前山水道通航100吨级船舶；陈村水道通航300吨级船舶；莲沙蓉水道通航500吨级船舶。珠江干流一般能通航1000～20000吨级海轮。

4.3.3 黑龙江

黑龙江系中苏界河，干流长2820km，其中中苏界河自恩和哈达至伯力长1890km，全部可以通航。黑龙江水深条件较好，可通航500～1000吨级船舶；松花江是黑龙江的主要支流，也是黑龙江水系的水运干线，通航里程864km，可通行500～1000吨级船舶；中苏界河乌苏里江也有较好的水深条件，可通航500～1000吨级船舶；此外，嫩江也是黑龙江水系的一条主要通航河流。

4.4 通航环境特征

通航环境通常指船舶航行所处的外部条件，包括水文、气象、航道地理等自然环境，以及水上水下等助航和碍航设施。水上交通秩序和交通规则有时也纳入通航环境之中。

4.4.1 内河航道特征

根据地质地貌、水文特征和航行条件，通常将较大的河流划分为山区河流和平原河流两大类，对应的航道为山区河流航道和平原河流航道。此外，一些湖泊、运河、水库也可供船舶通航。

4.4.1.1 山区河流航道特征

山区河流流经航道地势特征陡峻、地形复杂的山区，河床狭窄、弯曲，多由原生基岩、乱石或砂卵石组成，抗冲性能强，且稳定少变；山区河流沿程多为开阔地段与峡谷段相间，平面形态复杂，两岸与河心常有巨石突出，岸线极不规则，急弯、卡口比比皆是；河床纵剖面陡峻，床面上礁石林立，河底起伏不平，急滩深槽上下交错，形态极不规则，且常出现台阶形。山区河流的峡谷段河床的横断面形态多呈"V"形，有的峡谷两岸岸壁垂直，横断面形态呈"U"形；在宽谷河段和宽浅形河段，横断面变化剧烈，有抛物线形、不对称三角形或"W"形。

由于山区坡面陡峻，降雨强度较大，汇流时间短，洪水猛涨猛落是山区河流重要的特点。

山区河流的纵比降一般较大，绝大多数均在0.1%以上，而且受河床形态的影响，绝大部分横流等不正常水流出现；山区河流还易受地震、滑坡或垮岩等强烈的外界因素的影响，能在极短时间内将大量的岩石滑入江中，堵塞河道，改变水流和河床形状，使其过水断面与上游来水量严重不相适应，从而形成崩岸急流滩。

总之，山区河流航道尺度小、比降大、流速大、水位变幅大、流态紊乱、航行条件差。

4.4.1.2 平原河流航道特征

平原河流流经地势平坦、土质松软的平原地区。河床的组成为深厚的堆积层，最深处为卵石层，其上为粗砂、中砂和黏土；平原河流的纵断面平均纵比降较小，没有明显的台阶状，但由于水流和河床相互作用，常出现波浪形的台阶状，沿程浅滩与深槽相互交错，呈起伏不平的缓波状曲线形式；平原河流具有广阔的河漫滩，在洪水时被淹没，在中枯水期时露出水面，在水流与河床的相互作用下，河流往往在广阔的河漫滩上左右摆动，形成一系列泥沙堆积体，如边滩、浅滩、沙嘴、江心洲等，平面形态主要表现为顺直微弯河段、蜿蜒河段、分叉河段和游荡性河段四种类型。

平原河流河床横断面形态视不同河段而异：在顺直过渡段多为对称抛物线形或矩形；在蜿蜒河段弯顶部分多为不对称三角形或抛物线形；在江心洲分叉河段呈"W"形；在散乱（游荡性）河段呈不规则形态。

平原河流由于集水面积大，坡度小，汇流时间长，洪水期没有猛涨猛落现象，水位变幅较小；由于河床纵向坡度小，水面纵比降小，多在0.1%以下，因而流速相应较小，一般在2～3m/s以下，水流较为平稳，不正常流态少且弱。

总之，平原河流相对山区河流而言，航道尺度较大，水位变幅小，流速小，流态平稳，航行条件较为优越。但河床演变剧烈，航道不稳定，有的河段在冲淤变化期出浅碍航。

4.4.1.3 其他航道特征

本书以湖泊、运河、水库为重点，分别介绍其航道特征。

湖泊是陆地上蓄水的天然洼地，按结构和通航特点分为过流湖、内流湖、外流湖和内陆湖四种类型。其中过流湖是船舶通航能力较大的湖泊，如洞庭湖、鄱阳湖等，它可视为河流的展宽段，对河流的水位、流量起调节作用。湖泊水位的变化随季节及各水源来水量而变化，雨季及汛期水位上涨，湖面宽广，航线四通八达；枯水季节洲滩毕露，航道弯曲浅窄，水流流向顺逆不定；受外流河影响的湖泊，由于外河水位的涨落，使湖泊内产生壅水、倒流或滞流现象；湖水流速一般较小，水流输沙能力较弱，泥沙淤积严重，河床不断抬高，尤其在湖口处冲淤变化较大，航道极不稳定，船舶航行受到一定影响和制约。

运河是人工开挖的渠道，满足船舶通航要求的人工渠道称为通航运河。运河河槽较为规则、航道尺度较小、障碍物较少，航行条件比天然河流优越；运河在长距离单线河段中，往往设有供船舶会让的加宽河段；运河流量稳定、流速均匀、流态平稳，只有在洪水期或泄洪时，局部河段的比降、流速稍大，在中枯水期，流速缓慢，几乎成静水。水库或称渠化河段，在天然河流上修建拦河建筑物和闸坝等设施以提高上游水位，坝上回水范围内的河段则称为水库。水库按水位变化可分为常年回水段和回水变动段两个区段，常年回水段指在坝前水位一定时，设计最大入库流量的回水河段，常年回水段比降小、流速小、航道尺度大，航行条件好，但泥沙淤积严重；回水变动段指在坝前蓄水位一定时，设计最大入库流量与最低入库流量之间的回水河段，当回水变动段处于坝前回水影响时，比降、流速减小，滩险河段碍航程度减弱；当处于坝前非回水影响时，即为天然河流。

4.4.2 内河水文与气象特征

长江干线是我国内河的主要通航水域，长江干线通航水域的水文、气象在内河通航水域具有典型性。长江上游干流河段自宜宾至宜昌，全长1045km，因绝大部分在四川省境内，故习惯称为"川江"。长江中游河段自宜昌至武汉，全长626km，流经湖北、湖南两省。长江下游河段自武汉至吴淞荷塘，全长1052km，流经湖北、江西、安徽、江苏和上海，是贯通华东与华中水利运输的大动脉。

4.4.2.1 长江上游水文气象特征

长江上游地处我国降水丰富的西部地区，沿途支流、溪沟众多，流域面积广，加上青藏高原的融化冰雪，使长江源头的水源得到补充，江水终年不竭。每年5月至10月，降水多以暴雨形式出现，使流量猛增，流速变大，水位变化急骤。同时受地质地貌的影响，河床形态复杂，具有典型的山区河流水文特征。流量与水位的变化具有周期性、水位涨落的区段性、高低差异悬殊性、水位日变幅大、水位差值的相关性等特征。

根据1954年至2004年的统计数据，在气温方面，年平均气温在1989年出现最小值（17.11℃），1998年出现最大值（18.59℃），1954年至2004年间气温呈现下降趋势，但变化幅度比较小。在降水方面，年降水量最大值出现在1998年（1364.82mm），最小值出现在1955年（870.66mm），1954年至2004年降水呈现略为增大的趋势。

4.4.2.2 长江中游水文气象特征

长江中下游水位按季节、月份分为枯、中、洪三个水季。航道部门根据历年水位的规律，按月份规定枯、中、洪水位，并相应地制定设标水深，如表4.1所示。在比降和流速上，长江中游平均纵比降为0.0421%，枯水期流速为1.0~1.7m/s，个别河段可能超过2.0m/s；洪水期流速一般可达3.0m/s，洪峰时可达5.0m/s。

表 4.1 水位划分及设标水深

水位期	月份	设标水深，m	
		宜昌—临湘	临湘—武汉长江大桥
枯水期	12、1、2、3	2.9	3.2
中水期	4、11	3.2	3.8
洪水期	5、10	3.5	4.0
高洪水期	6、7、8、9	4.2	4.5

在气象上，长江中游处于我国中部，绝大部分处于亚热带地区，气候温暖湿润。由于处于季风气候区域，年内温差较大，四季分明，夏季湿热，冬季干燥，年平均温度为16.5℃。

长江中游段四季温差较大，夏季最高可达42℃，冬季由于易受寒潮袭击，最低温度可降至−17℃。受季风影响，降水多集中在6至8月份，年平均降雨量可达1200。

大风季节多在冬季，北方冷空气南下或西伯利亚寒潮均多次侵入长江中游地区，引起较强的偏北风，该区域秋末乃至春初多为偏北风或东北风，风力5至6级，阵风可达7级，也能达到8级以上。由于受季风的影响，夏季多为偏南风或西南风，风力有时也可达6级，特点是白天风大，夜晚风小。

另外在台风季节，从东部沿海登陆深入内地的台风，也会影响到长江中游。

长江中游地区雾以冬季最多，夏季最少，起雾时间多在每天凌晨以后，时间一般持续几个小时，在10：00至11：00消失。

4.4.2.3 长江下游水文气象特征

长江下游水位变化与雨季分配一致，通常以汉口水位的高低来划分洪、中、枯三个水位期，当汉口水位10m以上为洪水期，一般是7、8、9月3个月，当汉口水位在4~10m之间时为中水期，一般是4、5、6、10、11月5个月，当汉口水位降至4m以下时为枯水期，一般是12月至翌年3月，共四个月。长江下游的流速一般是洪水期大于枯水期，上游段大于下游段，狭窄区大于宽敞区，主航道大于经济航道，落潮流速大于涨潮流速。

长江下游还受潮汐的影响，枯水期小潮汛时可到芜湖，大潮汛可到大通。吴淞至江阴段，随着潮汐的上涨，水流还会出现溯江上流的现象。感潮河段的潮差变化，是自上而下递增的，据1956年至1962年的资料，年最大潮差芜湖为1.16m，马鞍山为1.34m，南京为1.56m，镇江为2.05m，江阴为3.10m，吴淞为4.24m。各地涨落潮历时变化不大，涨潮历时自下而上递减，落潮时则相反，平均一个全潮历时约12.42h。

在气象上，长江下游地区地处亚热带，南京下游地区接近海洋性气候，南京上游地区渐趋大陆性气候。因地处季风区域，常受台风和寒潮的侵袭，气候温热，四季分明。夏季最高气温为40℃以上，一般约为35℃；冬季平均气温为2℃，最低气温为−10℃。

长江下游雨量充沛，年平均降水量为 1000～1300mm，其中夏季占 34%～43%，春季占 25%～37%，秋季 14%～25%，冬季占 9%～13%；各地降水天数平均为 120 天左右，春季约 40 天，夏季约 30 天，秋、冬两季一般均为 25～27 天。

冬、春两季有较强的北风或东北风，风力虽然不到 8 级，但常持续 2～3 天之久；夏季时有暴风，风向不定，风力有时大于 9 级。

长江下游地区雾以冬、春两季较多，尤其在 11 月和 12 月间最为频繁，月平均发雾 2～5 次，发雾的持续时间有的数十分钟，有的持续 1 到 2 天之久。一般春雾持续时间短，冬雾持续时间长。

4.5 内河船舶船员

4.5.1 船员

《中华人民共和国船员条例》将船员定义为"依照本条例的规定经船员注册取得船员服务簿的人员，包括船长、高级船员、普通船员"。其中船长指依照本条例的规定取得船长任职资格，负责管理和指挥船舶的人员。高级船员，是指依照该条例的规定取得相应任职资格的大副、二副、三副、轮机长、大管轮、二管轮、三管轮、通信人员及其他在船舶上任职的高级技术人员或者管理人员。普通船员，是指除船长、高级船员外的其他船员。

4.5.2 内河船舶船员培训

船员培训按照培训内容分为船员基本安全培训、船员适任培训和特殊培训三类，按照培训对象分为海船船员培训和内河船舶船员培训两类。

船员基本安全培训，指船员在上船任职前接受的个人求生技能、消防、基本急救及个人安全和社会责任等方面的培训，包含以下培训项目：海船船员基本安全、内河船舶船员基本安全。

船员适任培训，指船员在取得适任证书前接受的使船员适应拟任岗位所需的专业技术知识和专业技能的培训，包括船员岗位适任培训和船员专业技能适任培训。内河船舶船员岗位适任培训包含的培训项目有驾驶岗位和轮机岗位。船员专业技能适任培训项目有精通救生艇筏和救助艇、精通快速救助艇、高级消防、精通急救、船上医护及保安意识、负有指定保安职责船员、船舶保安员，但船员专业技能适任培训仅针对海船船员，内河船员尚未接受船员专业技能适任培训。

特殊培训，指针对在危险品船、客船、大型船舶等特殊船舶上工作的船员所进行的培训，分为海船船员特殊培训和内河船舶船员特殊培训。其中，内河船舶船员特殊培训包含的培训项目有油船、散装化学品船、液化气船、客船、高速船、滚装船、载运包装危险货物船舶、液化气燃料动力装置船。

4.6 船舶安全结构与设备

4.6.1 内河船舶的特点

内河船舶是指符合内河船舶建造规范,仅在内河通航水域航行的各类船舶,但不包括军事船舶、渔业船舶和体育运动船舶。近年来,随着内河运输需求的持续快速增长,内河船舶不断朝着标准化、大型化、专业化、运输方式多样化的方向发展。通过研发内河船舶标准船型,来最大限度地利用内河通航设施提高船闸和航道利用率。在船舶大型化方面,长江中下游货运船舶已达万吨级,长江上游已达 8000 吨级,川江及三峡库区航行的主力船型均在 3000 吨级以上;在船舶专业化方面,内河相继建造了 LPG(Liquefied petroleum gas,液化石油气)运输船、商品汽车运输船、载重汽车滚装船、矿砂船、散装水泥运输船、集装箱船、无舱盖集装箱江海直达运输船、特种化学品运输船、油船、重件运输船、豪华旅游船等多种专业运输船舶;同时在原有单船运输和船队运输基础上,发展了推驳船队运输等运输方式。

但内河船舶仍然存在一些问题,主要表现在:(1)船型杂乱、机型复杂。(2)平均吨位较小。(3)总体技术水平不高,船龄大、操作性能差、能耗高,营运效率低,且存在安全隐患。(4)部分船舶对油污水、生活污水和垃圾没有专门的回收和储存装置,对水环境造成了污染。(5)船舶未按规定进行船籍登记或检验。

4.6.2 救生设备与布置

4.6.2.1 内河船舶救生艇筏的种类与布置

内河船舶救生艇筏主要有救生艇和救生舢板、开敞式两面可用气胀式救生筏和多人用救生浮具。

救生艇和救生舢板应存放在船舶推进器之前足够远的地方,并应尽量避开危险区域,客船救生艇和救生舢板的尾端与船舶推进器之间的距离应大于该救生艇和救生舢板的长度。

船舷突出体不应妨碍放艇,救生艇体不得突出舷外。救生艇应安放在艇座上,艇座形状应和救生艇线型一致,且放艇操作便利。

开敞式两面可用气胀式救生筏的降落位置应与推进器保持一致,且便于人员登乘,其降落和存放位置不应干扰其他救生艇和救生舢板的操作。开敞式两面可用气胀式救生筏应存放于专用筏架上,首缆系牢在船上,并配有经认可的自由漂浮装置,使救生筏随船下沉时能脱离船舶并自动充气,浮出水面。

多人用救生浮具应均匀存放于船舶两舷和人员容易到达的地方,其存放方式应能保证在船舶沉没时,救生浮具能自由浮起,且便于脱离。

4.6.2.2 个人救生设备的种类与配备要求

个人救生设备主要有救生衣、救生圈、气胀式救生环、个人救生浮具等。

救生衣及个人救生浮具应按船员及乘客分布情况安放在附近显见易取处。救生圈应合理分散布置在船舶两舷和人员容易到达的地方，其悬挂装置应能保证在船舶沉没时，救生圈能浮离。带有救生浮索的救生圈应悬挂在驾驶室外的两舷，并能被迅速取用。气胀式救生环应悬挂在驾驶室内或附近，并能被迅速取用。

4.6.3 船载通信设备的配置要求

无线电通信设备是指使用无线电波进行空间通信的设备，不包含船内通信设备。无线电通信设备具有遇险与安全通信和一般无线电通信两种通信功能，并且在任何时间，能够优先确保遇险呼叫和通信。内河船舶配备的无线电通信设备主要有甚高频无线电话、对外扩音装置和航行安全信息接收装置。如果其他设备具有接收航行安全信息功能时，航行安全信息接收装置可免设。

无线电通信设备应安装在机械、电气或其他干扰源的有害干扰不会影响其正常工作的地方，除可携式外，均应安装在驾驶室内。在船舶发生倾斜、振动或受到撞击的情况下，设备不应产生位移且仍然能够进行正常通信。为了便于快速而准确地进行与遇险和安全通信的操作，无线电通信设备安装处均设有操作规程。

对外扩音装置适用于船舶向其周围的船舶及近岸进行有效的单向传话，一般由扩音机、扬声器、送话器及收音机和天线组成，扩音机可为船令广播装置的一个组成部分，或为一个独立的装置。对外扩音装置扬声器的安装应能保证向四周任一方位传递驾驶室的通话信息。

航行安全信息接收装置适用于船舶接收无线电发送的有关航行和气象警告、气象预报及其他与航行安全有关的紧急信息。航行安全信息接收装置通常为一台独立的单向无线电接收装置，也可与其他无线电通信设备组成一个整体，一般由天线、收信机、扬声器和电源等组成。

4.6.4 内河船舶稳性与抗沉性

4.6.4.1 内河船舶稳性

稳性是指船舶受倾斜力矩作用偏离其初始平衡位置，当倾斜力矩消除后能自行恢复初始位置的能力。船舶稳性包含两层含义：

（1）船舶稳定平衡的能力，系指船舶受倾斜力矩扰动小倾角地偏离其初始平衡位置，当倾斜力矩消除后能自行恢复其初始平衡位置的能力。

（2）船舶不致倾覆的能力，系指船舶倾斜后产生的稳性力矩抵御倾斜力矩而不至倾覆的能力。

船舶稳性按不同方式可分为以下几类：

（1）按倾角大小分为初稳性和大倾角稳性。初稳性是指船舶微倾时的稳性，倾角小于10°～15°；大倾角稳性是指倾角大于10°～15°时的稳性。

（2）按倾斜方向分为横稳性和纵稳性。横稳性是指船舶单纯绕纵向轴 x 横倾时的稳性；纵稳性是指船舶单纯绕横向轴 y 纵倾时的稳性。

（3）按其作用力矩的性质分为静稳性和动稳性。静稳性是指船舶在倾斜过程中不计角加速度和惯性矩的稳性，是倾斜力矩与稳性力矩之间的静平衡问题；动稳性是指船舶在倾斜过程中计入角加速度和惯性矩的稳性，它表述倾斜力矩及稳性力矩所做功之间的动平衡问题。

（4）按其船舱状态分为完整稳性和破舱稳性。完整稳性是指船舶的船舱为完整状态的稳性；破舱稳性是指船舶的船舱为破舱进水状态的稳性。

4.6.4.2 内河船舶的抗沉性

抗沉性指船舶在一舱或数舱进水后仍能保持一定的浮态和稳性的性能。船舶进水后的下沉情况根据进水量及其位置来确定。除位于船中的舱室进水外，其他位置进水均将产生新的纵倾。若船舶具有水密纵舱壁，则当一舷进水后还将产生横倾。船舶进水前具有一定的储备浮力，满载时以干舷高度 F 来表示，非满载时则实际干舷高度将大于 F。船舶进水后（经达到平衡状态后）其平衡水线以上水密船体容积所具有的浮力称为剩余储备浮力，为了保证船舶进水后不致沉没，必须保证船舶具有一定的剩余储备浮力。同时，为了保证船舶进水后不致倾覆，还须保证船舶具有一定的破舱稳性。

能否保证船舶进水后具有一定的剩余储备浮力和破舱稳性，除与进水前储备浮力和完整稳性有关外，还与船体内水密横舱壁设置的数量及位置有关。作为外在因素，还与破口大小及其位置有关（在同样破口条件下，当位于水密横舱壁时将引起更严重的后果）。

船舶进水的类型有三类：

（1）舱柜上部封闭，破口位于水线以下。例如双层底下部破舱进水，其特点是整个舱柜充满水，进水量不变且没有自由液面，由此可知设置双层底对船舶抗沉性是有利的。

（2）舱柜上部开敞，但与舷外水不相通。例如甲板上浪后因甲板开口漏水引起的进水，其特点是船壳和舱壁未破损，只是舱内因故进水，一般存在自由液面。

（3）舱柜上部开放，且与舷外水相通。例如水线以下船侧破舱进水，其特点是进水量随船舶下沉及倾斜而变化，舱内水平面与舷外水平面一致。

4.6.5 内河船舶消防系统与设备

4.6.5.1 内河船舶消防系统

内河船舶消防系统主要有探测和报警系统、水灭火系统、二氧化碳灭火系统、压力水雾灭火系统、固定式甲板泡沫灭火系统、灭火器和其他消防用品。

1）探测和报警系统

火灾探测与报警系统有固定式自动探火和失火报警系统及手动报警装置两种。自动探火和失火报警系统主要由探测器和报警器两大部分组成，探测器是火灾的自动探测设备，安装于被保护处所，能将发生火灾时产生的热量、烟气或是光谱信号转换成电信号，通过探测器与报警器的连接电线，将电信号在报警器上作声、光显示，发出火灾警报。手动报警装置的手动报警按钮遍及起居处所、服务处所、控制站。每一通道的出口装有一个手动报警按钮，在每一层甲板的走廊内，手动报警按钮位于便于到达处，走廊任何部位与手动报警按钮的距离不大于20m。

2）水灭火系统

水灭火系统主要由消防泵、消防管、消火栓、消防水带和水枪组成。消防泵可从船舶两舷的海底阀吸水，通过消防管输送至消火栓。消火栓由一只适用于连接消防水带的内扣式接头、一只截止阀和一只保护盖组成，其数目和布置能够保证至少能有两股不是同一消火栓射出的水柱到达保护处所的任何部位，并且其中一股仅用一根消防水带即可。各消防水带接头与各水枪能够互换使用，每根消防水带配有一支水枪和必需的接头，存放于供水消火栓附近的明显部位。

3）二氧化碳灭火系统

二氧化碳灭火系统由灭火站室、二氧化碳瓶、二氧化碳管路及操作系统组成。灭火站室是施放二氧化碳灭火系统的灭火剂的操纵处所，只用于存放灭火剂容器及与系统有关的部件和设备。二氧化碳瓶为无缝钢瓶，二氧化碳管路布置及喷嘴的设置能使二氧化碳均匀分布。

4）压力水雾灭火系统

压力水雾灭火系统能有效地熄灭被保护处所的油类火焰。机器处所固定的压力水雾灭火系统应保持所需要的压力，并当该系统内压力降低时，供水泵应立即自动向系统供水，在污水沟、舱柜顶部和燃油易于流散到的其他处所，以及在机器处所内其他具有较大失火危险处的上方，均应设置喷嘴。滚装处所固定的压力水雾灭火系统的水雾喷嘴应为全孔型，喷嘴距车顶的距离应不小于0.5m，但载运商品汽车的滚装货船上喷嘴距车顶的距离应不小于0.5m或压力水雾系统所要求的距离。喷嘴的布置应使水雾在滚装处所做到有效而均匀地分布。

5）固定式甲板泡沫灭火系统

300总吨及以上载运油类闪点不大于60℃和2000总吨及以上载运油类闪点大于60℃的油船的货油舱及甲板区域应配固定式甲板泡沫灭火系统。固定式甲板泡沫灭火系统由泡沫溶液、泡沫枪和泡沫炮组成，供给泡沫的装置能将泡沫输送到整个货油甲板区域，并且能送入甲板已经破裂的任何货油舱内。系统的主控制站布置在货物区域以外靠近起居处所的适当处，且在被保护区域失火时易于到达可操作的地点。泡沫溶液的供应能够保证产生泡沫的时间不小于30min。2000总吨及以上的油船设置有泡沫炮，小于2000总吨的油船可只设置泡沫枪。

6）灭火器和其他消防用品

灭火器和其他消防用品有手提式灭火器、大型泡沫灭火器、手提式泡沫枪、气体灭火器、消防水桶、沙箱、太平斧、手提防爆灯、铁钎和铁钩、消防员装备等。

4.6.5.2 内河船舶防火控制图

Ⅰ型客滚船、Ⅱ型客滚船、船长50m及以上的客船（包括车客渡船、餐饮趸船）、2000总吨及以上的货船、300总吨及以上的油船均应布置有固定展示的防火控制图。其他船舶应在船员处所固定展示包括灭火设备、各舱室和甲板通道及通风等消防设施的布置和数量的消防设备布置图。防火控制图除在船员处所固定展示外，还应有一套防火控制图永久性地置于甲板室外有醒目标识的风雨密闭盒子里，以助于岸上的消防人员查阅。

防火控制图应清楚地标明A级、B级分隔围蔽的各防火区域，灭火站室的布置，探火和失火报警系统、固定式灭火系统及灭火设备、各舱室和甲板出人通道等设施的细目，以及通风系统，包括风机控制位置、挡火闸位置和服务于每一区域通风机识别号码的细目。

防火控制图/消防设备布置图应采用国际海事组织A.952（23）决议规定的船舶防火控制图识别符号。

4.6.6　内河船舶防污染结构与设备

内河船舶防污染结构与设备主要有船舶防油污结构与设备、船舶防止生活污水污染结构与设备、防止船舶垃圾污染设备、船舶防污底系统等。

船舶防油污结构与设备有油水分离设备、污油水舱（柜）、管路和排放接头等，油水分离设备和防污油水舱（柜）设有吸入管路，油水分离设备前的吸入管还应设置有滤网和泥箱，排放管路用于排放含油舱底水或污油至接收设备。

船舶防止生活污水污染结构与设备有生活污水贮存舱（柜）、生活污水处理装置、打包收集设施等。

防止船舶垃圾污染设备主要有船舶垃圾收集装置和压制装置。船舶垃圾收集装置系指用于盛放船舶垃圾的容器，可为活动式结构或固定结构并成为船体结构的一部分。船舶垃圾压制装置系指用于减少船舶垃圾体积的装置。

船舶防污底系统系指用于船舶控制或防止不利生物附着的涂层和油漆、表面处理、表面装置。

4.7　船舶交通管理

船舶交通管理一般包括交通规则和交通控制两大方面。

4.7.1　船舶交通规则

实施交通规则属于宏观的、静态的管理，它是根据过去一段时间内船舶交通实况和水上交通事故实况所制定的原则,并借助水上交通标志来规范船舶交通运行,如船舶航行与避碰规则、船舶定线制。

4.7.1.1 内河船舶航行与避碰规则

现行的《中华人民共和国内河避碰规则(1991)》(简称《内规》)于1991年发布,2003年修订,共分5章48条,有三个附录51。制定《内规》的宗旨是维护水上交通秩序,防止碰撞事故,保障人民生命、财产的安全,其适用范围为在中华人民共和国境内江河、湖泊、水库、运河等通航水域及其港口航行、停泊和作业的一切船舶、排筏。

《内规》要求船舶随时用视觉、听觉及一切有效手段保持正规的瞭望,并在任何时候均应当以安全航速行驶。船舶决定安全航速时,应当考虑能见度、通航密度、船舶操纵性能、风、浪、流及航道情况和周围环境等主要因素;使用雷达的船舶,还应当考虑雷达设备的特性、效率和局限性。

1)航行和避让

机动船航行时,上行船应当沿缓流或者航道一侧行驶,下行船应当沿主流或者航道中间行驶,但在潮流河段、湖泊、水库、平流区域,任何船舶应当尽可能沿本船右舷一侧航道行驶。

船舶在避让过程中,让路船应当主动避让被让路船;被让路船也应当注意让路船的行动,并按当时情况采取行动协助避让。两机动船相遇,双方避让意图经声号统一后,避让行动不得改变。

机动船对驶相遇,上行船应当避让下行船,但在潮流河段,逆流船应当避让顺流船;在湖泊、水库、平流区域,两船中一船为单船,而另一船为船队时,则单船应当避让船队。在潮流河段、湖泊、水库、平流区域,两船对遇或者接近对遇,除特殊情况外,应当互以左舷会船。

《内规》将"一机动船正从另一机动船正横后大于22.5°的某一方向赶上、超过该船,可能构成碰撞危险时"认定为追越,并应当遵守下列规定:在狭窄、弯曲、滩险航段、桥梁水域和船闸引航道禁止追越或者并列行驶;在可以追越的航道中,追越船必须按规定鸣放声号,并取得前船同意后,方可以追越;在追越过程中,追越船应当避让被追越船,不得和被追越船过于逼近,禁止拦阻被追越船的船头;被追越船听到追越船要求追越的声号后,应当按规定回答声号,表示是否同意追越;在航道情况和周围环境允许时,被追越船应当同意追越船追越,并应尽可能采取让出一部分航道和减速等协助避让的行动。

机动船与人力船、帆船、排筏相遇时,应当遵守以下规定:机动船发现人力船、帆船有碍本船航行时,应当鸣放引起注意和表示本船动向的声号;人力船、帆船听到声号或者见到机动船驶来时,应当迅速离开机动船航路或者尽量靠边行驶;机动船发现与人力船、帆船距离逼近,情况紧急时,也应当采取避让行动;若人力船、帆船由于操作上的困难而不能按要求避让,应当按规定及早发出信号;机动船看见信号后,应当立即采取有利于防止碰撞的措施。

在能见度不良时，船舶应当以适合当时环境和情况的安全航速行驶，加强瞭望，并按规定发出声响信号。装有雷达设备的船舶测到他船时，应当判定是否存在着碰撞危险。若存在，应当及早地与对方联系并采取协调一致的避让行动。除已判定不存在碰撞危险外，每一船舶当听到他船雾号不能避免紧迫局面时，应当将航速减到能维持其航向操纵的最低速度。无论如何，每一船舶都应当极其谨慎地驾驶。直到碰撞危险过去为止，必要时应当及早选择安全地点锚泊。

2）号灯和号型

《内规》要求号灯从日落到日出期间都应当遵守规定，在白天能见度不良的情况下也可以显示有关号灯。有关号型的各条规定，在白天都应当遵守。机动船单船在航时，应当显示白光桅灯一盏，红、绿光舷灯各一盏，白光尾灯一盏。船舶长度为50m以上的机动船，还应当在后桅显示另一盏白光灯；除快速船外，船舶长度小于12m的机动船，条件不具备时，可以显示白光环照灯一盏和红、绿光并合灯一盏，也可以显示红、白、绿光三色灯一盏，以代替上述规定的号灯。人力船、帆船在航时，应当在船尾最易见处显示白光环照灯一盏。帆船遇见机动船驶来时，应当及早在船头显示另一盏白光环照灯或者白光手电筒，直到机动船驶过为止。

3）声响信号

《内规》要求机动船配备号笛一个、号钟一只。非自航船、人力船、帆船和排筏应当配备号钟或者其他有效响器一只。两机动船对驶相遇，下行船（潮流河段的顺流船）应当在相距1km以上处谨慎考虑航道情况和周围环境，及早鸣放会船声号。机动船发现人力船、帆船有碍本船航行，要求其让路时，应当鸣放声号一长声以引起注意，并鸣放一短声或者两短声表示本船动向。机动船驶经支流河口或者汊河口前，应当鸣放声号一长声以引起注意；进出干、支流或者汊河口前，向右转弯应当鸣放声号一长一短声，向左转弯应当鸣放声号一长两短声。机动船与在航施工的工程船对驶相遇，机动船应当在相距1km以外处鸣放声号一长声，待工程船发出会船声号后，机动船方可以回答相应的会船声号，并谨慎通过。

能见度不良时，在航的机动船应当每隔约1min鸣放声号一长声。在航的人力船、帆船、排筏应当每隔约1min急敲号钟或者其他有效响器约5s。锚泊的机动船、非自航船、排筏应当每隔约1min急敲号钟或者其他有效响器约5s。锚泊的人力船、帆船在听到来船声号后，应当不间断地急敲号钟或者其他有效响器，直到判定来船已对本船无碍时为止。

在甚高频无线电话的使用上，《内规》要求配有甚高频无线电话的船舶在航时，应当在规定的频道上正常守听，并按下列规定进行通话：一般先由被让路船呼叫，通话时用语应当简短、明确；一船发出呼叫后，未闻回答，应当认为另一船未设有无线电话设备；两船的避让意图经通话商定一致后，仍应当按规则规定鸣放声号；船舶驶近弯曲、狭窄航段及在能见度不良的情况下航行，应当用无线电话周期性地通报本船船位和动态。

4.7.1.2　船舶定线制

船舶定线制是一条或数条航路的任何制度或定线措施，旨在减少海难事故的发生，包括分道通航制、双向航路、推荐航线、避航区、禁锚区、沿岸通航带、环形道、警戒区及深水航路等。

船舶定线制的目的在于增进船舶会聚区域和交通密集区域及由于水域空间有限、存在航行障碍物、水深受限、气象条件不宜等而使船舶的行动自由受到限制的区域的航行安全，并防止或减少由于船舶在环境敏感区域或其附近发生碰撞、搁浅或锚泊而对海洋环境造成污染或其他损害的危险。任何定线制的确切目的将取决于想要改善的特定危险环境，但可能部分或全部包括下列各项：（1）分隔相反的交通流，以减少对遇局面的发生。（2）减少横越船舶和在已建立的通航分道内航行的船舶之间的碰撞危险。（3）简化会聚区域的交通流的模式。（4）在近海勘探或开发集中的区域内组织安全的交通流。（5）在对所有船舶或特定类型船舶的航行有危险或不理想的水域中或其周围组织安全的交通流。（6）在环境敏感区域内或距该区域一定安全距离的地方组织安全交通流。（7）通过为在水深不明或临界水深的区域内的船舶提供特殊指导，以减少搁浅的危险。（8）指导船舶让清捕鱼区或组织船舶通过捕鱼区。

船舶定线制包括分道通航制、分隔带或分隔线、通航分道、环形道、沿岸通航带、双向航路、推荐航路、推荐航线、深水航路、警戒区、避航区、禁锚区等定线措施，可根据实际需求单独或组合使用。

（1）分道通航制：通过适当方法建立通航分道，以分隔反向交通流的一种定线措施。

（2）分隔带或分隔线：分隔船舶反向或接近反向航行的通航分道，或分隔通航分道与相邻的海区，或分隔为同一航向的特定种类船舶而设定的通航分道的带或线。

（3）通航分道：一个在规定界限范围内只限单向通航的水域。自然障碍物，包括那些组成分隔带的，可作为通航分道的一条边界线。

（4）环形道：在规定界限内由一个分隔点或圆形分隔带和环形通航分道组成的一种定线措施。通过沿逆时针方向环绕分隔点或分隔带航行的方式分隔环形道内的船舶交通。

（5）沿岸通航带：由介于分道通航制靠岸一侧的边界和临近海岸之间的指定区域组成的一种定线措施。

（6）双向航路：在规定的界限具有双向交通的航路，旨在为通过航行有困难或危险的水域的船舶提供安全通道。

（7）推荐航路：为方便船舶通过而设置的未规定宽度的航路，往往以中线标作为标志。

（8）推荐航线：经专门检查以尽可能确保没有危险并建议船舶按此航行的航路。

（9）深水航路：在规定界限内，海底及海图上所标志的水下碍航物已经精确测量并已清晰的一种航路。

（10）警戒区：包含一个规定界限的区域，在此区域内，船舶必须特别谨慎地航行，并且可能有建议的交通流向的一种定线措施。

（11）避航区：包含一个规定界限的区域，在此区域内，航行特别危险或对避免造成事故异常重要，所有船舶或特定类型船舶避免进入该区域的一种定线措施。

（12）禁锚区：包含一个规定界限的区域，在此区域内，船舶锚泊危险或可能对海洋环境造成无法接受的损害。除非是在船舶或船上人员面临紧急危险的情况下，所有船舶或特定类型船舶应避免在禁锚区内锚泊。

（13）规定的交通流向：用于表明分道通航制内既定的船舶运动方向的一种交通流向模式。

（14）推荐的交通流向：当采用一个规定的交通流向不可行或不必要时，用于表明推荐的交通运动方向的一种交通流向模式。

为维护水上交通秩序，改善通航环境，保障船舶航行安全，促进航运发展，各航段依据《中华人民共和国内河交通安全管理条例》等有关法规，结合本航段自身特点，制定各自的定线制规定，如《长江江苏段船舶定线制规定（2013）》《长江安徽段船舶定线制规定（2010）》《长江三峡库区船舶定线制规定（2010）》。定线制规定对航路、航行与停泊、避让做出规定，并在附录中说明该航段通航分道、单向通行航路、推荐航路、深水航路等的设置标准及沿岸通航带、警戒区、停泊区、锚地等的划定。

4.7.2 船舶交通控制

船舶交通控制属于微观的、动态的管理，它是指采用能够与时刻变化的船舶交通状况相适应的设备和手段，随时搜集和交换各种有关的交通信息，以不同的方式影响和控制船舶动态，甚至指挥船舶交通。例如，巡逻船现场疏通船舶、引航员上船引航等都是基本和传统的交通控制；先进的交通控制如各种船舶交通管理系统，凭借其先进的监测、通信、数据处理手段和显示技术，通过收集、处理和评估交通数据并向船舶发出信息、建议或指示来进行，长江干线主要通过电子巡航系统对船舶交通进行控制。

4.7.2.1 电子巡航

电子巡航是独立或综合利用 VTS（船舶交通管理系统）、AIS（船舶自动识别系统）、雷达、CCTV（闭路电视监控系统）、VHF（甚高频无线电话）等海事信息化资源，以及利用海事业务数据系统对辖区水域实施安全监管，并可兼容北斗或 GPS 系统、RFID（射频识别）等技术的海事统一巡航监控系统。

建设完成的电子巡航系统将具备目标识别及电子巡查、跟踪、预警、指挥功能，打造智能化、标准化的监视、指挥、协调、服务综合平台。

系统可实现对进出辖区水域船舶和设施的识别、检查、跟踪，及信息数据的采集、比对，对违规行为进行自动识别、记录和报警。海事人员可据此提供各类服务、给予指令或调度要求，统计分析电子巡航数据，总结评估水上交通规律和安全风险。

电子巡航的目标是通过建立电子巡航系统平台，为在航船舶提供航行指导，对不正常的航行状态进行预警,及时消除事故隐患;减少海巡艇常规巡航频次,提高巡航针对性和巡航效率,完成对动态执法力量的指挥调度;合理利用监管资源,提高辖区水域通航船舶管控能力,促进船舶航行安全。

4.7.2.2 VTS 监管

VTS 系统是指实现船舶交通管理功能的技术系统,其基本组成为雷达站、雷达数据处理器、VTS 管理数据库、VHF 通信子系统、综合雷达数据处理平台(显示操作终端)、信息传输通道等。

基于 VTS 的动态监管模式最主要的技术系统是 VTS 系统,海事管理机构通过 VTS 系统开展海事监管工作。在海事管理机构内部设有 VTS 中心履行监管职能,VTS 中心所实施的动态监管依赖于其建设的 VTS 系统,该系统一般由雷达监控系统、VTS 通信系统、VHF-DF 系统、船舶数据处理系统等组成。部分 VTS 系统还将 CCTV 系统、AIS 系统、气象自动观测系统等纳入其中,并连接到搜救协调中心等外部组织,以扩大信息覆盖面,提高监管的准确性。

第5章　水上搜救应急预案

为使应急救援活动迅速、有序地按照计划进行，可针对可能发生的突发事件事先制定应急预案。水上突发事件应急预案包括水上监测与预警机制、事故报告与处置机制等内容。

水上突发事件可按其制定主体和内容分为不同类别。

5.1　应急预案的概念和管理

5.1.1　应急预案的概念

预案是在辨识和评估潜在的风险因素、事故类型、发生的可能性、事件后果的严重程度和影响范畴的基础上，对应急机构职责、人员、技术、装备、设施、物质、救援行动及其指挥与协调等方面预先做出的具体安排。应急预案是针对可能发生的重大事件或灾害，为保证迅速、有序、有效地开展应急与救援行动、降低事故损失而预先制订的有关计划或者方案，内容包括目标、依据、适用范围、组织与工作原则、适用条件、运行与监督机制等部分。

应急预案的主要内容包括总则、组织指挥体系及其职责、预警与报告机制、应急响应与处置程序和任务、后期处置、应急保障及附则。其中总则主要包括编制应急预案的目的、依据、适用范围、工作原则，附则包括术语的定义、预案评审、修订、奖励与责任追究方面的规定。

5.1.2　应急预案的编制过程

应急预案的编制过程可分为下面5个步骤：（1）成立预案编制小组。（2）危险分析和应急能力评估。（3）编制应急预案。（4）应急预案的评审与发布。（5）应急预案的实施。

5.1.2.1　成立预案编制小组

重大事故的应急救援行动涉及来自不同部门、不同专业领域的应急力量，需要应急各方在相互信任、相互了解的基础上进行密切的配合和相互协调，因此，应急预案的成功编制需要各个有关职能部门和团体的积极参与，并达成一致意见，尤其应寻求与危险直接相关的各方进行合作。成立预案编制小组是将各有关职能部门、各类专业技术有效结合起来的最佳方式，可有效地保证应急预案的准确性和完整性，而且为城市应急各方提供了重要的协作与交流机会，有利于统一应急各方的不同观点和意见。

预案编制小组的成员一般应包括：市长（企业主要负责人）或其代表，应急管理部门、下属区县（部门）的行政负责人，消防、公安、环保、卫生、市政、医院、医疗急救、卫生防疫、邮电、交通和运输管理部门、技术专家、广播电视等新闻媒体、法律顾问、有关企业及上级政府或应急机构代表等。预案编制小组的成员确定后，必须确定小组领导，明确编制计划，保证整个预案编制工作的组织实施。

5.1.2.2 危险分析和应急能力评估

1）危险分析

危险分析是应急预案编制过程中的基础性也是关键性的一步。危险分析的结果不仅有助于确定需要重点考虑的危险，提供划分预案编制优先级别的依据，而且也为应急预案的编制、应急准备和响应提供必要的信息和资料。

危险分析包括危险识别、脆弱性分析和风险分析。

（1）危险识别。

调查所有的危险并进行详细的分析工作量大，几乎不可能做到，危险识别的目的是要将其中可能存在的重大危险因素识别出来，作为危险分析的对象。危险识别应分析本地区的地理气象等自然条件，工业和运输、商贸、公共设施等的具体情况，总结本地区历史上曾经发生的重大事故，识别出可能发生的自然灾害和重大事故。危险识别还应符合国家有关法律法规和标准的要求。

（2）脆弱性分析。

脆弱性分析要确定的是：一旦发生危险事故，哪些地方容易受到破坏。脆弱性分析结果应提供下列信息：

① 受事故或灾害严重影响的区域及该区域的影响因素（如地形、交通、风向等）。

② 预计位于脆弱带中的人口数量和类型。

③ 可能遭受的财产破坏，包括基础设施（如水、食物、电、医疗）和运输线路。

④ 可能的环境影响。

（3）风险分析。

风险分析是根据脆弱性分析的结果，评估事故或灾害发生时造成破坏（或伤害）的可能性，以及可能导致的实际破坏（或伤害）程度，通常可能会选择对最坏的情况进行分析。风险分析可以提供下列信息：

① 发生事故和环境异常（如洪涝）或同时发生多种紧急事故的可能性。

② 对人造成的伤害类型（急性、延时或慢性的）和相关的高危人群。

③ 对财产造成的破坏类型（暂时、可修复或永久的）。

④ 对环境造成的破坏类型（可恢复或永久的）。

2）应急能力评估

依据危险分析的结果，对已有的应急资源和应急能力进行评估，明确应急救援的需求和不足。应急资源包括应急人员、应急设施（备）、装备和物资等；应急能力包括人员的技术、经验和接受的培训等。应急资源和能力将直接影响应急行动的快速、有效性。

制订预案时应当在评价与潜在危险相适应的应急资源和能力的基础上，选择最现实、最有效的应急策略。

5.1.2.3 编制应急预案

应急预案的编制必须基于重大事故风险的分析结果、应急资源的需求和现状及有关的法律法规要求。此外，编制预案时应充分收集和参阅已有的应急预案，尽可能减小工作量和避免应急预案的重复和交叉，并确保与其他相关应急预案的协调性和一致性。

预案编制小组在设计应急预案编制格式时则应考虑：

（1）合理组织。应合理地组织预案的章节，以便每个读者都快速地找到各自所需要的信息，避免从一堆不相关的信息中去查找。

（2）连续性。保证应急预案每个章节及其组成部分在内容上的相互衔接，避免内容出现明显的位置不当。

（3）一致性。保证应急预案的每个部分都采用相似的逻辑结构。

（4）兼容性。应急预案应尽量采取与上级机构一致的格式，以便各级应级预案能更好地协调和对应。

5.1.2.4 应急预案的评审与发布

1）应急预案的评审

为确保应急预案的科学性、合理性及与实际情况的符合性，预案编制单位或管理部门应依据我国有关应急的方针、政策、法律、法规、规章、标准和其他有关应急预案编制的指南性文件与评审检查表，组织开展预案评审工作，取得政府有关部门和应急机构的认可。

应急预案的评审包括内部评审和外部评审两类。

（1）内部评审。

内部评审是指编制小组成员内部实施的评审。应急预案管理部门应要求预案编制单位在预案初稿编写工作完成后，组织编写成员内部对其进行评审，保证预案语言简洁通畅、内容完整。

（2）外部评审。

外部评审是由本城市（企业）或外部同级机构、上级机构、社区公众及有关政府部门实施的评审。外部评审的主要作用是确保预案被各阶层接受。根据评审人员的不同，又可分为同级评审、上级评审、社区评议和政府评审。

① 同级评审。

同级评审是指预案编制单位邀请本域或外埠同级机构中具备与编制成员类似资格或专业背景的人员实施的评审。编制单位可通过同级评审收集本城或外埠应急专家有关应急预案的客观建议和意见。

② 上级评审。

上级评审是指由预案编制单位将所起草的应急预案交由预案管理部门或其上级机构实施的评审,其作用是确保有关责任人或机构对预案中要求的资源予以授权并做出相应承诺。

③ 社区(员工)评议。

社区(员工)评议是指由预案管理部门或其上级机构组织社会公众(企业员工)对应急预案实施的评议活动。社区(员工)评议的作用是促进公众对预案的理解和接受。预案编制单位可通过社区(员工)代表讨论会、发布评议公告、举行公开会议、邀请公众参与同级和上级评审等多种形式收集社会公众(员工)对预案的建议和意见。

④ 政府评审。

政府评审是指预案管理部门或其上级机构将预案呈送城市政府,并由政府组织有关部门,专家和应急机构实施的评审。政府评审的作用是确认该预案符合相关法律、法规、规章、标准和上级政府的有关规定,并与其他预案相互兼容,协调一致。

2)应急预案的发布

重大事故应急预案经评审通过后,应由城市最高行政官员(企业主要负责人)签署发布,并报送上级政府有关部门和应急机构备案。

5.1.2.5 应急预案的实施

实施应急预案是应急管理工作的重要环节。应急预案经批准发布后,城市(企业)所有应急机构应做好以下工作:

1)应急预案宣传、教育和培训

各应急机构应广泛宣传应急预案,使普通公众了解应急预案中的有关内容。同时,积极组织应急预案培训工作,使各类应急人员掌握、熟悉或了解应急预案中与其承担的职责和任务相关的工作程序、标准等内容。

2)应急资源的定期检查落实

各应急机构应根据应急预案的要求,定期检查落实本部门应急人员、设施、设备、物资等应急资源的准备状况,识别额外的应急资源需求,保持所有应急资源的可用状态。

3)应急演习和训练

各应急机构应积极参加各类重大事故应急演习和训练工作,及时发现应急预案、工作程序和应急资源准备中的缺陷与不足,澄清相关机构和人员的职责,改善不同机构和人员之间的协调问题,检验应急人员对应急预案、程序的了解程度和操作技能,评估应急培训效果,分析培训需求,并促进公众、媒体对应急预案的理解,争取他们对重大事故应急工作的支持,使应急预案有机地融入城市公共安全保障工作之中。

4)应急预案的实践

各应急机构应在重大事故应急的实际工作中,积极运用应急预案,开展应急决策,指挥和控制相关机构和人员的应急行动,从实践中检验应急预案的实用性,检验各应急机构之间协调能力和应急人员的实际操作技能,发现应急预案、工作程序、应急资源准备中的缺陷和不足，以便修订、更新相关的应急预案和工作程序。

5）事故回顾

应急预案管理部门应积极收集本城市或外埠各类重大事故灾害应急的有关信息，积极开展事故回顾工作，评估应急过程中的不足和缺陷，吸取经验和教训，为预案的修订和更新工作提供参考依据。

5.1.3 应急培训与演习

5.1.3.1 应急培训

对应急培训，《国家海上搜救应急预案》规定海上搜救机构工作人员应通过培训，掌握相关知识；专业救助力量的相关人员应取得应急指挥机构颁发的相应证书；被指定为海上救援力量的相关人员的应急技能和安全知识培训，由各单位自行组织，海上搜救机构负责相关指导工作。

《长江海事局水上突发事件应急预案》规定分支海事局组织海事执法人员开展上岗前应急知识培训，并经考试合格后方可开展工作；分支海事局、海事处、巡航救助执法大队分别按年度、季度、月度组织一次应急知识集中学习；长江海事局每三年、分支海事局每两年组织一次应急知识更新培训，主要内容包括：（1）船舶航行基础知识。（2）船舶操作技能。（3）求生与救助。

5.1.3.2 应急预案演习

应急预案演习是指来自多个机构、组织或群体的人员，根据编制的预案，针对假设事件来执行实际紧急事件发生时各自职责和任务的排练活动。

《国家海上搜救应急预案》规定中国海上搜救中心应每两年组织一次综合演习。并不定期与周边国家、地区的海上搜救机构举办联合演习；每年举行一次海上搜救项目的单项演习，并将海上医疗咨询和医疗救援纳入演习内容；每半年举行一次由各成员单位和各级海上搜救机构参加的应急通信演习。

《长江海事局水上突发事件应急预案》规定演练与演习可采取实战演练、模拟演练、单项训练（演练）等多种形式。海事处每月组织所属巡航救助执法大队举行一次以"153040"［报警后5min内出发，值班海巡艇（执法车）应急到达水上险情现场时间港区内不超过15min、库区及安徽段不超过30min、其他区域不超过40min］为建设目标的快速反应演练，不断提高应急反应能力。分支海事局每年组织开展一次水上搜救综合演练，海事处每半年、巡航救助执法大队每季度开展一次水上救生、消防、防污应急处理等应急演练，并做好演练记录和小结。

5.1.4 《突发事件应急预案管理办法》简介

2013年10月25日，国务院办公厅印发《突发事件应急预案管理办法》（国办发［2013］101号，以下简称《办法》）。《办法》分为总则，分类和内容，预案编制，审批、备案和公布，应急演练，评估和修订，培训和宣传教育，组织保障，附则共 9 章 34 条，自印发之日起施行。

5.1.4.1 《突发事件应急预案管理办法》的内容及分类

《办法》所称的应急预案，是指各级人民政府及其部门、基层组织、企事业单位、社会团体等为依法、迅速、科学、有序地应对突发事件，最大程度减少突发事件及其造成的损害而预先制定的工作方案。应急预案管理遵循统一规划、分类指导、分级负责、动态管理的原则。

《办法》按照制定主体，将应急预案划分为政府及其部门应急预案、单位和基层组织应急预案两大类。政府及其部门应急预案由各级人民政府及其部门制定，包括总体应急预案、专项应急预案、部门应急预案等。总体应急预案是应急预案体系的总纲，是政府组织应对突发事件的总体制度安排，由县级以上各级人民政府制定，主要规定突发事件应对的基本原则、组织体系、运行机制，以及应急保障的总体安排等，明确相关各方的职责和任务。专项应急预案是政府为应对某一类型或某几种类型的突发事件，或者针对重要目标物保护、重大活动保障、应急资源保障等重要专项工作而预先制定的涉及多个部门职责的工作方案，由有关部门牵头制订，报本级人民政府批准后印发实施。部门应急预案是政府有关部门根据总体应急预案、专项应急预案和部门职责，为应对本部门（行业、领域）突发事件，或者针对重要目标物保护、重大活动保障、应急资源保障等涉及部门工作而预先制定的工作方案，由各级政府有关部门制定。同时鼓励相邻、相近的地方人民政府及其有关部门联合制定应对区域性、流域性突发事件的联合应急预案，联合应急预案侧重于明确相邻、相近地方人民政府及其部门间信息通报、处置措施衔接、应急资源共享等应急联动机制。《办法》还指出政府及其部门、有关单位和基层组织可结合本地区、本部门和本单位的具体情况，编制应急预案操作手册，内容一般包括风险隐患分析、处置工作程序、响应措施、应急队伍和装备物资情况，以及相关单位联络人员和电话等。

5.1.4.2 《突发事件应急预案管理办法》的编制

预案编制，应当在开展风险评估和应急资源调查的基础上进行。风险评估指针对突发事件特点，识别事件的危害因素，分析事件可能产生的直接后果及次生、衍生后果，评估各种后果的危害程度，提出控制风险、治理隐患的措施。应急资源调查指调查本地区、本单位第一时间可调用的应急队伍、装备、物资、场所等应急资源状况和合作区域内可请求援助的应急资源状况，必要时对本地居民应急资源状况进行调查，为制定应急响应措施提供依据。

应急预案审核内容主要包括预案是否符合有关法律、行政法规，是否与有关应急预案进行衔接，各方面意见是否一致，主体内容是否完备，责任分工是否合理明确，应急响应级别设计是否合理，应对措施是否具体简明、管用可行等。必要时，应急预案审批单位可组织有关专家对应急预案进行评审。地方人民政府总体应急预案报送上一级人民政府备案，地方人民政府专项应急预案抄送上一级人民政府有关主管部门备案，部门应急预案报送本级人民政府备案，涉及需要与所在地政府联合应急处置的中央单位应急预案，应当向所在地县级人民政府备案。自然灾害、事故灾难、公共卫生类政府及其部门应急预案，应向社会公布。对需要保密的应急预案，按有关规定执行。

应急预案编制单位应当建立应急演练制度，根据实际情况采取实战演练、桌面推演等方式，组织人员参与联动性强、形式多样、节约高效的应急演练。专项应急预案、部门应急预案至少每三年进行一次应急演练。应急演练组织单位应当组织演练评估，评估的主要内容包括：演练的执行情况，预案的合理性与可操作性，指挥协调和应急联动情况，应急人员的处置情况，演练所用设备、装备的适用性，对完善预案、应急准备、应急机制、应急措施等方面的意见和建议等。

应急预案编制单位应当建立定期评估制度，分析评价预案内容的针对性、实用性和可操作性，实现应急预案的动态优化和科学规范管理。有关法律、行政法规、规章、标准、上位预案中的有关规定发生变化，应急指挥机构及其职责发生重大调整，面临的风险发生重大变化，重要应急资源发生重大变化，预案中的其他重要信息发生变化，在突发事件实际应对和应急演练中发现问题需要做出重大调整等情形时，应及时修订应急预案。修订涉及组织指挥体系与职责、应急处置程序、主要处置措施、突发事件分级标准等重要内容时，修订工作应参照本办法规定的预案编制、审批、备案、公布程序组织进行。仅涉及其他内容时，修订程序可根据情况适当简化。

应急预案编制单位应当通过编发培训材料、举办培训班、开展工作研讨等方式，对与应急预案实施密切相关的管理人员和专业救援人员等组织开展应急预案培训。各级政府及其有关部门应将应急预案培训作为应急管理培训的重要内容，纳入领导干部培训、公务员培训、应急管理干部日常培训内容。对需要公众广泛参与的非涉密的应急预案，编制单位应当充分利用互联网、广播、电视、报刊等多种媒体进行广泛宣传，制作通俗易懂、好记管用的宣传普及材料并向公众免费发放。

5.2　水上突发事件应对工作原则

水上突发事件应对工作原则是贯穿水上应急的总规则，能指导各项具体的应急管理工作。

2007年实施的《中华人民共和国突发事件应对法》提出突发事件应对工作原则为"预防为主、预防与应急相结合"。该原则对突发事件应对提出了宽泛的规定，但尚未完整体现应对工作的特点。

5.2.1　搜救组织原则

2006年《国家海上搜救应急预案》规定海上搜救应急工作原则为以下四点：

（1）政府领导，社会参与，依法规范。

政府对海上搜救工作和船舶污染防治工作进行统一领导，形成有效应急反应机制，及时、有效地组织社会资源，形成合力，并依法规范各相关部门、单位、个人的责任、权利和义务以及应急行动的组织、协调、指挥。

（2）统一指挥，分级管理，属地为主。

搜救中心对海上搜救与船舶污染应急行动统一指挥，保证搜救机构和船舶污染应急机构等各方应急力量行动协调；根据海上突发事件所发生的区域、程度与实施救助投入的力量所需，实施分级管理；根据海上突发事件发生地，按照属地为主的原则，实施应急指挥，便于指挥的方便、快捷和对形势的正确判断与决策，保证应急反应行动的及时性和有效性。

（3）防应结合，资源共享，团结协作。

做好自然灾害的预警工作，减少自然灾害引发突发事件的可能性，但在突发事件发生后，要及时对海上遇险人员进行救助，减少损失。要充分利用日常资源和广泛调动各方资源，充分发挥参与救助各方力量的自身优势和整体的效能。

（4）以人为本，科学决策，快速高效。

以挽救人命为首要任务，发挥政府公共服务职能；运用现代科学技术，依靠专家咨询系统，果断决策，保证应急指挥的权威性；形成预案，储备力量，使应急资源能够及时调动，形成政令畅通、快速反应的应急机制。

这些应急工作原则较为全面地提出了搜救组织原则，对实际指导我国水上搜救工作具有重要意义，但是它仅强调了应急组织原则，尚未充分体现水上应急特点。

5.2.2 水上突发事件应对工作原则

2009年《江苏省水上搜寻救助条例》提出水上搜寻救助实行统一领导、综合协调、分级负责、属地管理为主的体制，坚持预防与搜寻救助相结合、专业搜寻救助与社会搜寻救助相结合，遵循统一指挥、就近快速的原则。该原则区分了水上搜救组织和搜救原则。

水上突发事件应对的主要目标是提高水上救助成功率，最大限度地挽救人命、财产损失。作为水上突发事件应对工作原则，应围绕实现突发事件应对的目标展开，则水上突发事件应对工作原则归纳为：

（1）政府领导、分级负责、属地管理为主，专业力量与社会力量相结合。

（2）预防与搜救相结合。

（3）统一指挥、科学决策，快速高效。

在政府的统一领导下，根据水上突发事件发生的区域、性质和程度及所需的救助力量，实施分级管理，由水上突发事件发生地的水上搜救机构就近实施应急指挥，以专业救助或被确定的搜救力量为主，综合协调其他社会力量参与水上突发事件救助行动，确保应急行动的针对性、及时性和有效性；预防与搜救相结合要求平时做好自然灾害、恶劣气象的预警和事故的预防预控工作，确保水上突发事件发生后能及时开展应急反应行动；统一指挥、科学决策要求救助行动由专门的机构或部门进行指挥，科学地协调、调用各方救助资源及救助力量，保证信息畅通和应急救助力量能够快速抵达现场，有效展开救助行动。

5.3 水上监测与预警机制

5.3.1 水上突发事件的监测项目与手段

预警信息包括气象、海洋、水文、地质等自然灾害预报信息及可能造成水上突发事件发生的其他信息。预警信息监测部门按照各自的职责，根据可能引发水上突发事件的紧迫程度、危害程度和影响范围，及时向有关方面发布预警信息。

获取水上险情信息是启动水上搜救程序和成功搜救的基础。水上搜救值班机构可通过甚高频电话呼叫、公共通信网（"12395"专用搜救电话和各级搜救机构值班电话）、GPS监控系统报警等方式获得船舶、设施的报警信息，其他遇险信息来源还包括船舶交通管理系统（VTS、CCTV、AIS、GPS等监控系统）、目击者或知情者的报告、其他接获报警部门转接等。

5.3.2 水上突发事件预警级别与发布

水上突发事件预警级别按照严重性和紧急程度，分为特别严重（Ⅰ级）、严重（Ⅱ级）、较重（Ⅲ级）和一般（Ⅳ级）四个预警级别，并依次用红色、橙色、黄色和蓝色预警表示。

预警信息要及时通过广播电台、电视台等新闻媒体发布，必要时可以利用手机短信向社会发布。预警解除后，发布预警信息的部门应当宣布警报解除，终止预警期，并解除已启动的应急预案或应急措施，立即恢复当地正常的生活和生产秩序。

5.4 水上事故报告与处置机制

5.4.1 水上事故报告方式及内容

在事故报告方面，2007年6月1日起施行的《生产安全事故报告和调查处理条例》（国务院令第493号）规定，生产安全事故发生后，事故现场有关人员应当立即向本单位负责人报告；单位负责人接到报告后，应当于1h内向事故发生地县级以上人民政府安全生产监督管理部门和负有安全生产监督管理职责的有关部门报告。安全生产监督管理部门和负有安全生产监督管理职责的有关部门接到事故报告后，根据事故等级逐级上报至上级相关部门及本级人民政府，每级上报的时间不得超过2h，必要时可以越级上报。报告的主要内容包括事故发生单位的概况，事故发生的时间、地点以及事故现场情况，事故的简要经过，事故已经造成或者可能造成的伤亡人数（包括下落不明的人数）和初步估计的直接经济损失，已经采取的措施及其他应当报告的情况。

对内河交通事故报告，2007 年 1 月 1 日起施行的《中华人民共和国内河交通事故调查处理规定》（中华人民共和国交通部令 2006 年第 12 号）要求船舶、浮动设施发生内河交通事故，必须立即采取一切有效手段向事故发生地的海事管理机构报告。海事管理机构接到事故报告后，应当做好记录，如果接到事故报告的海事管理机构不负责该事故发生地，应当及时通知事故发生地的海事管理机构，并告知当事人。发生内河交通事故的船舶、设施，除按规定进行报告外，还必须在事故发生后 24h 内向事故发生地的海事管理机构提交《内河交通事故报告书》和必要的证书、文书资料。《内河交通事故报告书》应当包括船舶、浮动设施概况（包括其名称、主要技术数据、证书、船员及所载旅客、货物等），船舶、浮动设施所属公司情况（包括其所有人、经营人或者管理人的名称、地址、联系电话等），事故发生的时间和地点，事故发生时水域的水文、气象、通航环境情况，船舶、浮动设施的损害情况，船员、旅客的伤亡情况，水域环境的污染情况，事故发生的详细经过（碰撞事故应当附相对运动示意图），船舶、浮动设施沉没的情况，其沉没概位等与事故有关的内容。

5.4.2　水上事故信息接收与核实

5.4.2.1　水上事故信息接收

搜救值班人员收到船舶碰撞、火灾（爆炸）、触礁（浅）、失控、不可抗力等突发事件的报告后，应尽可能详细地了解报告人姓名、单位地址、联系电话、事故发生的时间、事故发生的地点、现场气象、现场海况、事故当事方及与其联系的方式、事故的现状和发展态势等情况，将以上内容和报告时间、接报时间、接报人等在值班日志上进行记录。搜救值班人员除了解上述事项外，还应根据不同险情类别尽可能地了解下列情况：

1）船舶碰撞险情

（1）船舶的受损部位、受损程度（包括船舶操纵设备的受损程度）。

（2）航行能力及危险程度。

（3）人员伤亡情况（原有、死亡、失踪、重伤、轻伤人数）。

（4）碰撞原因初步认定。

（5）船舶现状（靠泊、锚泊、搁浅、下沉、沉没）、所采取的自救措施。

（6）对于客船（旅游船）还应了解在船旅客人数。

（7）对于危险品船、油船、化学品船、液化气船等，还应了解货物的名称、货物的性质、泄漏数量、造成水域污染的情况及潜在危险（爆炸、火灾）。

2）船舶火灾（爆炸）险情

（1）船舶的受损情况、火灾（爆炸）发生的部位、操纵能力受到的影响程度、人员伤亡情况（原有、死亡、失踪、重伤、轻伤人数）、火灾（爆炸）原因的初步认定。

（2）船舶的现状（靠泊、锚泊、搁浅、触岸、下沉、沉没、逃离现场）、所采取的自救措施、是否需要援助。

（3）如果是客船（旅游船），还应了解在船旅客人数。

（4）如果是油船，还应了解所载货油的吨数、品种、舱数。

（5）如果是化学品船，还应了解所载化学品的名称、联合国编号、数量、舱位、舱数，及火灾是否产生了有害气体。

（6）如果是液化气船，还应了解所载液化气的数量、舱位、舱数、是否靠码头，对码头和储气罐的威胁程度，及采取的紧急措施。

3）船舶触礁（搁浅）险情

（1）搁浅的部位、船体受损程度、操纵能力受到的影响及碍航情况。

（2）搁浅船舶吃水情况（首吃水、尾吃水）、搁浅后周围水深情况、压载情况。

（3）搁浅原因的初步认定、当事船舶的现状（翻沉、坐底、进水、倾斜程度）、搁浅的程度、已经采取的自救措施。

（4）船方和所有人的救助请求、附近水域是否有其他可参与救助的船舶、是否需调集拖轮。

（5）如果是客船（旅游船），还应了解在船旅客人数。

（6）如果是油船或化学品船，还应了解造成水域污染的情况。

（7）如果是液化气船，还应了解气体泄漏及是否可能产生连带事故（火灾、爆炸）。

4）船舶失控险情

（1）船舶失控事故发生的时间、地点，导致系统（主机、电机、操舵系统）失控原因的初步断定。

（2）当事船舶的现状（漂航、搁浅、触礁、翻沉等）。

（3）预计当事船舶对通航环境和港区、油区及其他水上设施的影响或威胁程度。

（4）船方已采取或准备采取的救助措施，附近是否有其他可参与救助的船舶。

（5）如果是客船（旅游船），还应了解在船旅客人数。

（6）如果是油船、化学品船或液化气船，还应了解载货种类、数量，以及是否有可能产生连带事故（污染、火灾、爆炸）。

5）船舶风灾险情

（1）船舶总吨、载重吨、所载货物种类、最大吃水、平均吃水及事故发生地点。

（2）到不可抗拒的自然力的种类：台风、龙卷风，以及当事船舶遭受的损害及处境。

（3）和船舶所有人已经采取或准备采取的救助措施，附近是否有其他可参与救助的船舶。

5.4.2.2 险情信息的核实

接到水上险情信息后，水上搜救机构值班人员应立即对报警信息进行核实，主要通过以下途径进行：

（1）直接与遇险或事故船舶、设施进行联系。

（2）与遇险或事故船舶、设施的所有人、经营人、承运人、代理人联系。

（3）向遇险或事故船舶、设施始发港或目的港查询或核实相关信息或资料。

（4）查核船舶卫星应急示位标数据库信息。

（5）通过向现场附近的过往船舶、人员或知情者核实。

（6）向中国船舶报告中心核实。

（7）向船舶交通管理系统（VTS、CCTV、AIS、GPS等）核实。

（8）派出海巡艇、船舶等应急力量到现场核实。

（9）向北京海事卫星地面站核实。

（10）其他途径。

5.4.3 内河水上事故处置流程

对内河水域，以长江海事局辖区为例来说明内河水上事故处置流程。

根据长江海事局应急组织体系（图5.1），应急处置流程如下：当发生事故或险情时，相关人员首先向巡航救助执法大队报送；巡航救助执法大队再向海事处（海事处水上搜救指挥分中心）报送，海事处根据事故险情的严重程度，参照水上突发事件险情分级标准，选择向分支海事局（分支海事局水上搜救指挥中心）报送或者自行成立应急处置专家组来处置；如果海事处（海事处水上搜救指挥分中心）报送分支海事局，分支海事局根据事故险情的严重程度选择向长江海事局报送或者自行成立应急处置专家组来处置；遇到重大事故险情，长江海事局需向长江航务管理局以及交通运输部（中国海事搜救中心）报送。

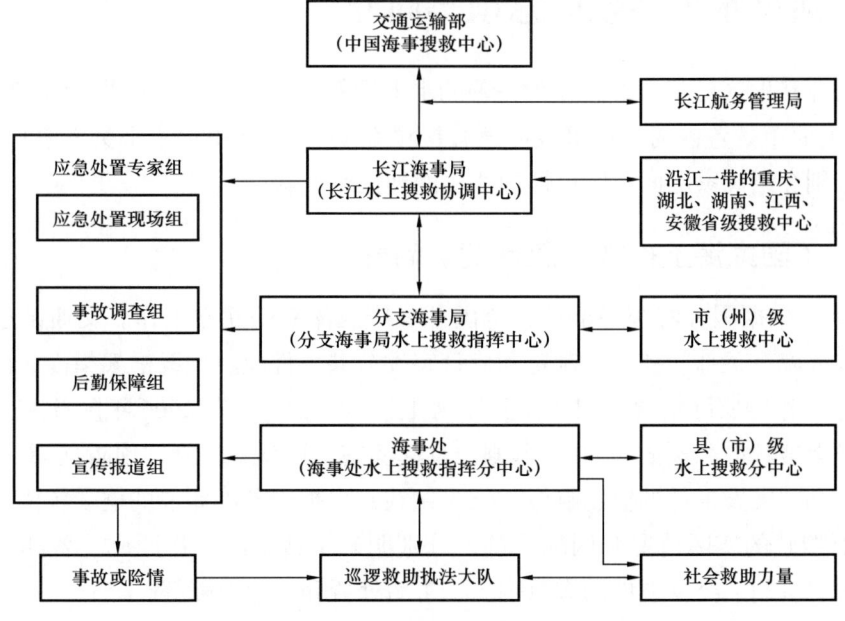

图5.1 长江海事局应急组织体系框架图

应急处置专家组由以下四部分构成：

5.4.3.1　应急处置现场组（现场工作组）

现场工作组是由应急指挥中心按照交通运输部要求，或根据长江航运突发事件应急处置工作需要，或发布航运突发事件Ⅱ级及以上预警和响应时，或根据局属单位的请求，制定、成立并派往事发地的临时组织、协调机构。

现场工作组的职责为：

（1）按照海事局的统一部署，参与突发事件应急处置工作，并及时向应急指挥中心报告现场有关情况。

（2）负责应急队伍的现场指挥和调度，并保障作业安全。

（3）提供长江海事方面的专家支持。

（4）承办应急指挥中心交办的其他工作。

5.4.3.2　事故调查组

根据职责组织开展事故调查，对事故负责人提出相关处理意见及安全管理的建议。

5.4.3.3　后勤保障组

后勤保障组主要保障实施物资经费供应、医疗救护、装备维修、通信保障等各项工作。

5.4.3.4　宣传报道组

宣传报道组主要负责召开新闻发布会，及时、准确地发布权威信息，正确引导社会舆论，最大限度地避免和消除突发事件造成的衍生影响。

5.5　典型水上搜救应急预案简介

我国行业和地区已基本形成较为完善的水上搜救预案体系。下面以《国家海上搜救应急预案》《上海市处置内河交通事故应急救援预案》《长江海事局水上突发事件应急预案》为代表，分别介绍国家层面、区域性和非水网地区水上救助预案。

5.5.1　《国家海上搜救应急预案》简介

2004年，根据国务院统一部署，全国开展应急体系的建立工作。交通部遵循国务院印发的《国务院有关部门和单位制定和修订突发公共事件应急预案框架指南》的原则，围绕海上应急工作的实际情况，组织制订了海上搜救应急预案。2006年国务院办公厅发布了《国家海上搜救应急预案》，并于印刷当日起实施，该预案围绕"预防预警""险情的分级与上报"和"突发事件的应急响应"三条主线，根据国务院印发的框架指南的精神，结合我国海上搜救的实际情况和国际惯例，分别明确了搜救的工作原则、各相关部门的职责、预防预警机制、突发事件的应急响应、善后处置和应急保障等。

海上搜救是一项国际性活动，在预案的适用区域和对象上，国际海事组织划定，中国在中国南海地区的海上搜救责任区为北纬10°以北海域；东海和黄海为未划定具体的搜救责任区。我国管辖水域和搜救责任区的概念不同，因此预案用"搜救责任区和管辖水域"表述。随着我国经济的发展，我国船舶在国外海域发生的海上突发事件越来越多，本着"早介入、早处置"的原则，预案规定了中国籍船舶、船员在我国搜救责任区以外遇险，以及非中国籍船舶在我国搜救责任区以外发生海上险情可能会对我国造成重大影响或损害的情况，适用本预案。预案的使用对象为参与海上突发事件应急行动的单位、船舶、航空器、设施及人员。

在组织机构上，根据国务院批准的方案，建立国家海上搜救部际联席会议制度，研究、议定海上搜救的重要事宜，指导全国海上搜救应急反应工作。我国海上搜救应急反应组织机构分为三级：一是在交通部设立中国海上搜救中心，作为国家海上搜救部际联席会议办事机构，负责国家海上搜救部际联席会议的日常工作，并承担海上搜救运行管理机构的工作，负责全国海上搜救应急反应的统一组织；二是在省（市）政府领导下的省级海上搜救机构，负责组织当地的海上突发事件应急响应；三是省级搜救机构领导下的地市级海上搜救分中心，负责海上搜救应急反应的具体实施。此外，国务院、军队各部门负责按部际联席会议的要求，组织本部门所属力量参与海上搜救工作；相关咨询机构则为海上搜救提供技术、信息支持。

目前，我国的海上应急力量除交通部组建的专业救助队伍外，还必须依靠各级政府协调相关部门派出力量参与救助。因此，预案规定了各相关部门的职责，明确了搜救力量的调用、指挥及社会动员的原则。

在预警信息及风险级别上，规定预警和预防是通过分析预警信息做出响应判断，然后采取预防措施来防止气象与自然灾害所造成的事故的发生，或做好应急反应准备。预警机制包括信息监测、信息分析与报告、预警级别及发布等内容，所预警的信息包括气象、海洋、水文、地质等自然灾害预报信息；相关单位监测到的异常信息；可能威胁海上人命、财产、环境安全或造成海上突发事件发生的其他信息等。根据可能引发水上突发事件的紧迫程度、危害程度和影响范围，预案将预警信息的风险等级由低到高分为四个级别：一般风险信息（Ⅳ级）、较大风险信息（Ⅲ级）、重大风险信息（Ⅱ级）、特大风险信息（Ⅰ级）。

预案规定了处置海上突发事件的程序，根据海上突发事件的性质、对人命安全及海洋环境的威胁程度和事态变化趋势，预案规定的反应级别分为四级：一般海上突发事件（Ⅳ级）、较重海上突发事件（Ⅲ级）、重大海上突发事件（Ⅱ级）、特大海上突发事件（Ⅰ级）。海上搜救机构接到海上突发事件报警后，对报警信息进行分析与核实，如有需要再进行补充核实，并按险情级别和相关规定进行报告和通报。

各级海上搜救机构应将核实、分析后的海上突发事件信息，根据响应的突发事件的等级标准，按照国务院、中国海上搜救中心及同级人民政府规定的信息报告规定和程序逐级上报；最初接到突发事件信息的辖区海上搜救机构自动承担应急指挥机构的职责，并启动预案反应，直至搜救行动已明确移交给辖区海上搜救机构或上一级海上搜救机构指定的新的应急指挥机构时为止；在险情确认后，承担应急指挥的搜救机构应立即进入应急救援行动状态。

在应急保障及奖励上，预案从海上搜救的实际情况出发，明确了搜救应急的保障机制，即搜救通信、应急力量、交通运输、理疗、资金、搜救现场治安维护等各类应急保障。

海难事故往往发生在海况极为恶劣的条件下，因此海上搜救是一项高风险的行业。目前，我国的海上搜救工作缺乏资金来源，对于参与救助的船舶或单位，搜救中心既不给予必要的精神奖励，又无经费对其进行应有的补偿，严重影响了相关单位和人员参与海上搜救的积极性。为提高各单位参与海上搜救的积极性，预案明确"应急资金保障由各级财政部门纳入预算，按照分级负担的原则，合理承担应由政府承担的应急保障资金"，同时规定了两方面的奖励内容：一是对参与搜救人员的奖励，搜救人员从事海上搜救行动往往冒着生命危险，因此对参与搜救的人员应按相关规定给予适当的嘉奖；二是对参与搜救船舶的补偿，我国海上专业搜救力量不足，海难搜救工作需消耗大量的燃油，甚至可能发生船毁、人亡的恶性事故，而生产船舶还需要巨大的生产成本，海上搜救工作不但无经济效益，还有着巨额损失，因此对参与搜救的船舶应给予适当的经济补偿。

5.5.2 《上海市处置内河交通事故应急救援预案》简介

《上海市处置内河交通事故应急救援预案》适用于上海市内河通航水域发生交通事故的应急处置。内河通航水域，系指由上海市地方海事机构管辖的可通航水域。

在组织体系方面，《上海市突发公共事件总体应急预案》明确规定，上海市突发公共事件应急管理工作由市委、市政府统一领导；市政府是突发公共事件应急管理工作的行政领导机构；市应急委决定和部署突发公共事件应急管理工作，其日常事务由市应急办负责。市应急联动中心设在市公安局，作为突发公共事件应急联动先期处置的职能机构和指挥平台，履行应急联动处置较大和一般突发公共事件、组织联动单位对特大或重大突发公共事件进行先期处置等职责。各联动单位在各自职责范围内，负责突发公共事件应急联动先期处置。

工作机构主要有市港口局、市应急处置指挥部、现场指挥部、专家机构。

在应急处置方面，发生内河交通事故，市港口局值班室接到报警后，按照事故等级报告和通报有关部门。一般、较大事故2h内报市应急联动中心；一旦发生重大事故、必须在接报后1h内分别向交通部、市委、市政府值班室口头报告，在2h内分别向交通部、市委、市政府值班室书面报告。特别重大或特殊情况，必须立即报告。事故发生船舶及所属单位负有先期处置的第一责任，应组织应急力量开展自救互救，进行即时处置。对事故的先期处置、市应急联动中心接警后，迅速将事故信息及所需应急力量通知有关联动单位，并协同市港口局、区县政府和联动单位对内河交通事故实施先期处置，同时确定事故等级，掌握和上报现场动态信息。事发地区县政府及有关部门在事故发生后，要根据职责和规定权限启动相关应急预案，控制事态并及时向上级报告。应急响应遵循分级响应的原则，Ⅰ级、Ⅱ级应急响应由市港口局与事发地区县政府共同设立现场指挥部，Ⅲ级、Ⅳ级应急响应，由市港口局、市应急联动中心、事发地区县政府密切配合，协同应对，组织、指挥、协调、调度有关力量和资源共同实施应急处置。在事故信息发布上，对一般、较大内河交通事故的新闻报道，由市港口局、市政府新闻办按有关规定发布；对重大、特大内河交通事故，经市港口局、市政府新闻办或其他相关单位核实，由市应急处置指挥部按照程序发布。在内河交通事故应急处置结束，或者相关危险因素消除后，由负责决定、发布或执行的相应政府机构宣布解除应急状态，转入常态管理。

5.5.3 《长江海事局水上突发事件应急预案》简介

《长江海事局水上突发事件应急预案》适用于长江海事局各级机构对造成或可能造成水上突发事件所采取的预警、预防行动；长江海事局各级海事机构应对管辖水域内水上突发事件采取应急处置行动；同时，也应该对发生在长江海事局管辖水域以外的水上突发事件、可能威胁、影响到本局辖区水域或由上级有关部门指定的，或应其他水上搜救机构请求的突发事件采取水上搜救行动。

在组织体系方面，长江海事局水上搜救组织体系由应急领导机构、应急指挥机构、搜救力量、咨询机构等组成。长江海事局水上搜救应急领导小组负责全局水上搜救行动和水域污染应急处置的领导、组织、指挥和协调工作，下设长江水上搜救协调中心，以承担日常工作。

长江海事局应急指挥机构由长江水上搜救协调中心实施、分支海事局、海事处设立相应指挥机构。水上搜救力量的主要组成如下：

（1）长江海事局各级海事管理机构、巡航救助执法大队及其设施、设备。

（2）各级政府及有关部门投资建设的专业搜救力量，公安消防和军队、武警的搜救力量，渔政等部门所属的公务搜救力量。

（3）其他投入救助行动的民用船舶，企事业单位、社会团体、个人等社会人力和物力资源。

长江海事局水上搜救咨询专家组由安全管理、海事、航运、船检、打捞、消防、环保、危化、气象、医疗卫生等行业专家、专业技术人员组成，负责提供水上搜救技术咨询。专家组成人员由长江海事局聘任。

在水上突发事件标识、分级与报送方面，根据长江干线水上突发事件特点，按照船舶、人员遇险的不同状态，并突出可能发生的后果特别严重或社会影响极其恶劣的水上突发事件，将水上突发事件分为：（1）船舶碰撞。（2）船舶搁浅。（3）船舶触礁。（4）船舶沉没。（5）人员落水。（6）船舶进水。（7）船舶、水上设施火灾。（8）船舶失控。（9）客船人员紧急疏散。（10）渡船险情。（11）集装箱落水。（12）民用航空器遇险。（13）船舶、设施碰桥撞坝。（14）阻（断）航事件。（15）恶劣气况。（16）山体滑坡。（17）船污染。(18)水上安保事件。按照《国家海上搜救应急预案》的规定,水上突发事件险情信息由高到低划分为特别重大(Ⅰ级)、重大(Ⅱ级)、较大(Ⅲ级)和一般(Ⅳ级)四级。各级海事机构接到水上突发事件信息后,立即进行分析和核实,并按照交通运输部、中国海上搜救中心、长江海事局和同级人民政府的信息报告规定和程序逐级上报。需要通报相关单位的,应及时通报。事发地不在本责任区的,应立即向责任区海事机构通报,必要时,应立即向上级海事机构报告。

在应急响应方面,主要内容包括水上突发事件接警、水上突发事件信息的核实与分析、险情评估、先期处置、分级响应、现场处置、水上搜救行动的中止和终止、信息发布。各级海事机构接到事故报警后,首先对水上险情信息进行核实与分析,然后应迅速进行分析评估,并初步确定水上突发事件等级。在水上突发事件确认后,海事机构应立即进入应急救援行动状态,调集力量开展救援,控制事态发展;特别对于涉及危险品泄漏和扩散的,要及时采取有效措施加以控制,避免造成大面积危害。应急处置实行"属地管理、分级处置"原则。根据水上突发事件级别和实际情况,水上突发事件应急响应设定四个响应级别,按照海事处、分支海事局、长江海事局从低到高依次响应。任何水上突发事件,事发地海事处应首先进行响应;责任区海事机构应急力量不足或无法控制事件扩展,请求上级海事机构开展应急响应;上级海事机构应对下级海事机构的应急响应行动给予指导,进行现场处置时,应当明确现场指挥,必要时实施交通管制,并制定救援方案,组织实施救助。

后期处置的内容主要包括善后处置和搜救评估。善后处置主要是对伤亡人员赔付救治、及时对水上突发事件现场进行清理,保障航道畅通。搜救评估由负责水上搜救应急处置的海事机构组织,重点评估内容有:(1)信息处置。(2)快速反应。(3)组织协调。(4)救援技术、方法。(5)救助效果。(6)社会影响。Ⅱ级以上搜救行动及典型的Ⅲ级、Ⅳ级搜救行动应形成书面评估报告。对搜救规模及社会影响特别重大的水上搜救行动,可以组织相关搜救专家进行评估。

第6章 船舶遇险报警

通信在遇险报警及救助协调过程中发挥着重要作用。船舶遇险后应遵循报警程序，正确使用各种应急通信设备，如甚高频无线电话及移动电话。

6.1 船舶遇险报警方法

6.1.1 船舶报警设备

国际航行船舶使用 GMDSS 设备发送遇险报警，内河船舶通常使用普通手持电话和甚高频无线电话进行遇险报警。此外，水上遇险还可以通过发射烟火信号、晃动或者闪烁手电筒等方式报警求救。甚高频无线电话的 16 频道用于甚高频语音遇险、安全和呼叫，06 频道可用作现场通信。

其他遇险报警设备还有：

（1）搜救雷达发射器（Radar SART）。被手动开启后，或被附近雷达触发后，可以自动发送一系列脉冲，这些脉冲信号在雷达显示器上显示为一系列延长的点，类似于雷达应答信标（racon）反射脉冲。

（2）自动识别系统搜救发射器（AIS-Search and rescue transmitter）（AIS-SART）。被手动开启后，能使用标准的 AIS Class A/B 位置报告，自动发送更新后的位置报告。AIS-SART 有一个安装在里面的全球导航卫星系统（Global navigation satellite system，GNSS）接收机。

6.1.2 船舶遇险信息

船舶遇险信息包括下列内容：
（1）船舶识别特征。
（2）船位。
（3）遇险性质和所需救助种类。
（4）现场附近的天气、风向、风浪、能见度。
（5）弃船时间。
（6）留在船上的船员人数。
（7）施放的救生艇、筏种类和数量。
（8）在救生艇、筏或水中的紧急定位设备。

（9）重伤员的数量。

最初遇险信息应包括上述尽可能多的内容。随后的定时信息发送将视现场情况而定。

一般情况下，若时间允许，一系列短信息比一个或两个长信息更可取。

一旦遇险船舶被救起，或已不再需要搜救设施的帮助，应立即取消遇险信息。任何误报警，包括人为失误，都应该尽快取消，以免搜救机构做无谓的反应。

6.2 遇险报警程序

6.2.1 水上遇险报警程序

水上突发事件发生后，事件发生单位（船舶）或知情者应立即向就近的海事管理机构或水上搜救中心报警，海事管理机构或水上搜救中心应及时通报水域所在地政府。

报送水上突发事件信息时，应包括以下内容：

（1）事件发生的时间、位置。

（2）遇险状况。

（3）船舶的名称、种类、联系方式和遇险者的情况。

报警者应尽可能提供下列信息：

（1）船舶或航空器的主要尺度、所有人、代理人、经营人、承运人。

（2）遇险人员的数量及伤亡情况。

（3）载货情况，特别是危险货物的名称、编号、种类、数量、理化特性。

（4）事发原因、已采取的措施、救援请求。

（5）事发现场的气象、水况信息，包括风力、风向、流向、流速、是否碍航等。

6.2.2 小型船舶报警程序

船舶遇险后，可用DSC（数字选择性呼叫）在VHF CH 70上发送船到岸和船到船的遇险报警，随后的遇险通信可在VHF CH 16上进行。

当岸台收到船舶遇险报警时，迅速将遇险报警转至RCC（搜救协调中心）；RCC将该遇险报警转发给搜救单位和遇险船舶附近的其他船舶；搜救行动将由RCC负责管制与协调。为避免大范围内的船舶收到该遇险报警，RCC应利用"区域呼叫"方式向遇险船舶附近的其他船舶转发此遇险报警。收到RCC转发的遇险报警的船舶可以用适当的通信手段与RCC取得联系。

6.2.3 移动电话报警

沿海和内河船舶通过手机报警是最直接的方式。船舶遇险后可拨打水上险情专用报警电话"12395"、当地水上搜救机构或海事机构值班电话报警。

第6章 船舶遇险报警

（1）拨打"12395"。中国海上搜救中心目前在我国沿海和长江、黑龙江沿线的主要城市都开通了水上搜救专用报警电话"12395"，可直接拨打，不加区号。

（2）拨打水上搜救值班电话。当地水上搜救机构或海事机构均实行24h值守，值班电话通过网站或其他方式对外公布。

在支持移动网络的范围内，移动电话能很好地进行点对点通信。当移动电话处在地面网络之外时，可转移至卫星通信。然而，这些多功能的装置在搜救紧急情况下也存在局限性。在通信时应注意移动电话也有一些不足之处，尽可能不要放弃使用无线电设备。移动电话的不足之处主要表现在：

（1）在紧急情况下使用移动电话时，用户必须知道或查找到所需要的电话号码。

（2）通过陆上或移动的测向仪能有效地利用无线电信号来寻找幸存者，但移动电话只有与服务商协调后才能确认电话来自何处。

（3）甚高频无线电可以进行安全咨询信息的接收，而移动电话则不能。

（4）使用电池的移动电话在更换或重新充电前，只能维持有限的通话时间。

（5）在没有事先通知的情况下，移动电话运营商可以拒绝提供所选移动电话的服务（如未及时付清费用）。

当收到移动电话报警时，搜救人员应了解完整的移动电话号码、服务商、如需再次呼叫的漫游号码、其他可使用的通信方式、其他联络点等信息。

6.2.4 航行警告发布

航行警告和航行通告是人们在长期的航海实践中总结的、向船舶和浮动设施发布安全航行和作业所需信息的形式，它是一种公告。航行警告和通告发布机关将管辖水域内发生的或将要发生的可能影响航行安全的情况，如气象变化、水上施工、灯标失常、海上事故等，以无线电或书面形式及时、准确地向所有船舶和设施广播和发布，使有关船和设施能及时了解这些情况而采取适当的戒备和防范措施，从而保证航行和作业安全。

在我国，海事管理机构负责统一发布航行警告和航行通告。航行警告内容较简短，主要用于发布比较紧急、时效较短、需要水上公众立即知晓的信息。

航行通告或航行警告是VTS的一项重要信息服务手段，VTS具有定时或非定时向全体船舶播发航行通告或航行警告的功能，主要内容包括：助航标志异常、航道变化、交通堵塞或碍航物存在，重要水文气象资料，特种作业船施工或作业情况，操纵能力受到限制或特殊船舶进出港时要求他船避让，其他有关航行安全的事项等。

6.2.5 误报警

误报警是指搜救系统接收到的显示实际存在或潜在的险情，而事实上并未发生事故的报警。误报警有时用于区分从已知报警设备发射并且用于遇险报警的报警信息。误报警包括设备故障、干扰、测试和无意的人为失误。故意发布误报警是违法行为，但是在获得正式消息之前，搜救人员应把每一次遇险报警都当作是真实的。

误报警对搜救中心功能的发挥会构成影响，不仅干扰搜救中心的正常工作，而且还会造成人力、财力的巨大浪费，同时会导致对真实报警和搜救行动响应上的延迟。对意外发射误报警而未采取措施予以消除、多次发射误报警或有意发射误报警的责任者，主管部门应根据有关规定视情况予以处罚。

对于搜救人员，首先应明确自身处于掌握误报警并调查其原因的特殊地位，为防止发生更多的误报警，应保存误报警次数和产生原因的记录，并且将这些数据提供给主管执法、改进培训或设备标准等部门，以提高警报的准确性。将不必要的搜救报警信息送交有关主管部门处理，以进一步防止误报警的发生。

第 7 章 水上搜寻与救助计划

尽管内河水上救助大多强调对遇险船舶、人员实施救助，搜寻方面的行动较少，但了解一些基本的搜寻技术对实施内河水上救助十分必要，在特殊情况下可借鉴或选择性运用这些技术，使搜救行动取得更好的效果。本章主要对搜寻救助行动阶段的划分、搜寻区域的确定及基本搜寻方法进行介绍，并介绍救助计划的制订。

7.1 事故发现与初始行动

7.1.1 搜寻救助行动的五个阶段

搜寻救助行动通常按顺序分为五个阶段：发现阶段、初始行动阶段、计划阶段、实施行动阶段和结束阶段。这五个阶段是从获取险情信息到搜救结束一般会经历的典型阶段，具体的搜救行动可能并不完全包括这五个阶段，也可能是一个阶段的行动与其他阶段的行动同步进行。

发现阶段是搜救系统中的任何人员或单位得知遇险存在或可能存在紧急情况的阶段。

初始行动阶段是指采取初步行动向搜救设施报警并获取更多信息的阶段，该阶段包括对信息进行评估与分类、向搜救设施报警、通信搜寻，以及在紧急情况下立即采取其他阶段相应的行动。

计划阶段是指制订行动计划的阶段，行动计划包括搜寻计划、救助计划和最终将获救人员转送到医疗机构或其他合适、安全的地点的行动计划。

实施行动阶段是指派遣搜救力量到达现场，展开搜寻行动来救助幸存者，并援助遇险船舶、对幸存者提供必要的紧急护理，以及将伤亡人员送往医疗机构的阶段。

结束阶段是指救助力量返回并总结汇报搜救情况，补充燃油、淡水、物料等，同时检查、维护救助设备，使其恢复正常状态的阶段。

在内河水上搜救中，根据自身特点，一般可总结归纳为以下几个阶段：

（1）应急响应与处置。该阶段的主要内容包括接到事故报警及险情上报，启动应急搜救预案；派遣快艇赶赴事故现场组织搜救，组织专家进行险情评估，调集多方搜救力量共同开展搜救行动。该阶段可对应上述五个阶段中的发现阶段、初始行动阶段、计划阶段、实施行动阶段。

（2）搜救行动终止。在排除险情、救起落水人员或找到遇险人员遗体等情况下，即可终止搜救行动。该阶段可与结束阶段相对应。

（3）后期处置。该阶段的内容主要包括将排除险情的船舶安排到安全水域停泊、事故船舶调查取证、协助事故双方达成初步赔偿协定、安排受损船舶修理、对倾覆或沉没的船舶进行打捞等。该阶段可对应结束阶段。

7.1.2 紧急事件的三个阶段

搜救指挥中心接到险情报告后，按照事件的紧急程度对收到的信息进行评估，判断紧急事件所处的状态，以确定需要采取的搜救行动。通常把紧急事件划分为三个阶段：不明阶段、告警阶段、遇险阶段。

不明阶段是指对航空器或船舶及其人员的安全状况尚不能确定的阶段，此阶段对某些情况仍需进行监控或需要搜集更多的信息，但不需要派遣搜救设施。告警阶段是指船舶、航空器或其人员遭遇困难并可能需要帮助，但不会立即有危险的阶段。遇险阶段是指有足够的理由确定船舶或航空器及其人员处于严重和紧迫的危险中，需要立即采取救助行动的阶段，此阶段需要尽快派遣搜救力量进行搜寻救助。

对内河水上事故，通常不存在不明阶段，事发地海事机构接到事故报警后，一般即可认定事故处于告警阶段或遇险阶段，需要派遣海巡艇及海事执法人员到现场进行援助，必要时还需调遣其他搜救力量参与搜救。

7.1.3 初始行动

初始行动的内容包括以下几个方面：

（1）搜救指挥中心获取遇险信息。遇险信息的来源主要有搜救中心和海事管理机构动态监管部门的信息，当事船舶、浮动设施及其船东的报告，事故现场或附近船舶、目击者的报告，公安110接警台转报信息，港口、引航部门、岸上目击者等的报告。

（2）搜救指挥中心对收集的信息进行评估，向事故现场附近搜救船艇分派搜救任务。分配任务的手段主要有甚高频无线电话、移动电话等。

（3）搜救船艇做好出航准备，应向搜救指挥中心报告准备就绪的情况。搜救船艇应与搜救指挥中心保持通信联系，收听是否出动的命令、有关任务的指示、下一步行动计划等。

（4）搜救船艇前往执行任务，应及时报告出航情况。

7.2 搜寻区域的确定

7.2.1 确定遇险位置

计划搜寻的第一步是确定区域范围，该区域包含了所有可能存在幸存者的位置。通常把幸存者在最后已知时间到已知或推算的遇险时间之间所能达到的最远距离作为半径，以最后已知位置为圆心画圆，则了解可能位置的极限能使搜寻计划人员获得有关失踪的船舶或人员的进一步信息，以及所获得的报告是否适用于该事故。由于搜遍整个范围不切实际，因此下一步需要找出一个或多个事故的可能情况或已知事实，并加上一些成熟的假设来描述在遇险前最后一个安全位置之后的情况。事故情况必须与已知事实相吻合，并且有较高的真实性，使计划人员为幸存者最可能位置建立相应的地理参考或基准。

需要注意的是，在整个过程中，对严格基于已知事实基础上的结论和部分假设基础上的结论区分是十分重要的。定期地重新评估所有事故情节和假设并作为新的信息也很重要，其中重审先前所做的假设尤为关键。所有在长时间未有异议的假设都有可能与事实不符，如果允许这种假设成立，那么将错误的假设作为与事实相关的信息会导致搜寻计划人员判断不准确。

估算事故发生的时间和地点时，可分以下几种情况进行分析：

（1）包含事故发生的时间和地点的完整信息报告。

当报告含有关于事故的完整、准确的时间和地点信息时，搜救任务协调员应立即标出位置并检查是否有明显错误。如果所报位置和其他已知信息没有明显不一致时，搜救任务协调员应立即联系、派遣最合适的搜救力量。采取上述措施之后，应进行位置验证并减小其不确定性。如能与船舶一直保持联系，应要求船员报告任何可见的陆标或来自其他途径的信息，例如使用其他航海手段确定船舶的位置信息；如果没有这种可能，就应仔细比较报告位置和所有已知的相关信息。

（2）遇险时间已知，但遇险位置未知。

当某一在航船舶报告遇险却未指明位置时，可能存在几种情况，下列是应考虑部分可能的遇险推断：

① 该船舶在遇险时正按它预定的航线航行。在这种情况下，应根据航行计划和在计划航线附近任何已知位置的报告来估算大概的遇险位置。确定遇险位置的因素应包括最近或报告的已知位置，估计或预先计划的航速及计划航线。如果没有其他冲突信息，上述情况的可能性应认为最大。

② 因遭遇恶劣天气、强风，船舶将改变计划航向或航速。搜救任务协调员应获得计划航线附近有关的天气情况，将其和险情结合起来考虑；协调员还应考虑船长根据所遇的天气最有可能采取的改变计划航向措施。对遇险位置的估算应基于上述信息。

③ 为试图避免恶劣天气，船舶会明显改变计划航向或航速。搜救任务协调员应获得计划航线附近有关的天气信息，并结合险情尽量确定船长为避免恶劣天气最有可能采取的改变计划航向措施。

④ 为试图到达最近的安全港口，船舶会明显改变原先的计划航向或航速，此时，船舶还有可能转向而重返出发地。

（3）自最新位置报告后未收到任何信息。

这种情况在搜救行动中比较常见，但各种情况的存在使得可能区域非常大，对行动的实施极其困难。上述情况与只知遇险时间不知遇险位置的情况相似,唯一的区别在于可能遇险的时间段变长和可能位置区域变大。最早可能遇险的时间是最近一次得知遇险人员处于安全状况的时间,通常假设该时间为与船舶最后一次取得联系的时间。最迟可能遇险的时间是船舶停止运动(通常是燃油用完时)或者当前时间(若更早的时间)。

自最后一次位置报告后收到的除位置以外的信息。

当与在航船舶最后一次通信不涉及位置信息,而是未指明任何险情的其他信息时,有三种遇险状态可供考虑,按优先次序排列如下:

① 状态 1:自最后一次通信联系后立即发生险情。

② 状态 2:继续按计划航线航行,在最后一次通信后的一定时间内发生事故。

③ 状态 3:改向另选目的地,比如最近的安全港口,并在最后一次通信后相当长的时间才发生事故。在此类情况中,船舶可能转向驶往始发港。

7.2.2 确定搜寻基准

搜寻基准可以是一个点、一条线或某个区域。最初遇险事故的基准是从已知事故事实及有相当高的真实性的假设的基础上估算得到的。然后,搜寻基准应做出调整以说明遇险后幸存者移动的估算,从而计算新的搜寻基准。最后,分析评估新基准的不确定程度,并且估算包含幸存者所有可能位置的最小区域范围。基准是建立在事故情况的基础之上的,因此也称为"事故情况可能区域"。

如果遇险时间已知、位置未知,假设船舶在遇险时正按预定航线航行,则搜寻区域基准位置可按以下步骤确定:

(1)确定遇险船舶的最新已知位置或报告位置及其用来确定上述位置的方法,例如航海定位仪器、常用的航行手段、雷达等。

(2)把遇险的时间减去最新已知位置或报告位置的时间。

(3)用上述时间乘以遇险前船舶的估计对地速度,获得最新已知位置或报告位置之后船舶可能航行的距离。

(4)利用上一步计算出的距离,以计划航线最新已知位置或报告位置为起点,得出遇险事件的基点。

当船舶在航行中失踪时,首先应假设遇险船舶位于或邻近计划航线(另一种可能是没有遇险,只是通信故障并按原计划航线航行)。在进行遇险推断时,船舶的可能位置应紧邻计划航线,如没有其他信息,应认为基准是一条最新已知位置或报告位置到目的地之间的计划航线。

在内河水域发生事故,船舶在遇险报警时通常会报告其准确位置或概位,海事救助人员可根据报警信息判断其遇险位置,并派遣事发地附近执法大队的海巡艇赶往事发现场并开展搜救,一般不需要估计遇险位置及确定搜寻基准。在出现船舶失踪又没有目击者报告的情形下,可选择性采用上述方法对船舶进行寻找。

7.2.3 搜寻力量分配

如何最有效地利用可用的搜寻设施是搜寻计划人员面临的主要问题之一。如果幸存者还有生还的可能，就需要尽快确定其位置。因此，可按下列步骤进行：

（1）将事故可能区域划分成若干分区。
（2）估算每个分区的包含概率。
（3）制订搜寻计划，使搜寻成功概率最大化。
（4）执行搜寻计划。
（5）根据搜寻结果来更新包含概率值。
（6）利用更新的包含概率，使下一次搜寻行动的成功率最大化。

上述策略也叫作自纠错过程。即使最初未把搜寻目标放人包含概率较高的区域，采用上述策略也能将搜寻重点引向幸存者所在的实际位置。

在力量分配方面，大多数时候计划人员并没有足够的搜寻设施来充分覆盖幸存者的可能区域，即使这些区域与具体事故情况密切相关。此时所面临的问题是将搜寻力量安排在何处及集中多少力量才能获得最大成功率。获得最大成功率取决于搜寻力量的数量及搜寻目标位置的分布概率。计划人员应当在以下两种情况中作出选择：在较小的区域内获得较大覆盖率还是在较大区域内获得较小覆盖率。

7.3 水上搜寻方法

7.3.1 搜寻设施和方式的选择

水上常用的搜寻设施有救助艇、通信设备、救生和救助设备、带桨救生艇、抛绳器、不易产生火花的艇钩或抓钩、太平斧、登船软梯和/或攀网、信号设备、照明灯、探照灯和手电筒。现场搜寻力量的大小取决于可用搜寻设施的种类、数量及其扫视宽度（在具体环境条件下，特定探测设备发现物体的有效距离，是决定搜寻条件理想或恶劣的一个主要指标）。搜寻力量小，搜寻成功率相应就低，即使充分利用可用搜寻力量，也要花较长时间才能找到幸存者。由于幸存时间有限，随着时间流逝发现幸存者的难度不断增大，因而有必要在搜寻计划的早期准备充足的搜寻设施。在一些重大的搜寻中，通常会使用尽可能多的搜寻设施。

搜寻方式主要有以下四种：视力搜寻方式、电子搜寻方式、夜间搜寻方式、拦截式搜寻方式。在选择搜寻方式时，所选择的搜寻方式应适合当时的搜寻需求和环境条件，每个搜寻设施能够准确、安全地完成该搜寻方式要求的搜寻任务，达到预计所用的时间和搜寻力量相当的预期效果，并且所选的搜寻方式应使搜寻设施之间、搜寻设施与船舶之间发生碰撞的风险降到最小，搜寻艇应储备足够的燃料，避免在搜寻过程中再次发生事故。

电子搜寻方式主要包括救生信标搜寻和雷达搜寻,用于海上搜寻;陆上搜寻方式在空中搜寻不可能或无效的情况,或希望对某一区域采取近距离检查时采用,特别适合密林和山区,搜寻已经离开坠毁的航空器和搁浅的船舶的幸存者。

上述两种搜寻方式与内河搜寻联系甚微,以下主要介绍视力搜寻方式、夜间搜寻方式和拦截式搜寻方式。

7.3.2 视力搜寻方式

常用的视力搜寻方式有扇形搜寻(VS)、扩展方形搜寻(SS)、平行线扫视搜寻(PS)和横移线搜寻(CS)等。

7.3.2.1 扇形搜寻(VS)

当搜寻目标的位置准确或搜寻区域较小时,扇形搜寻是最有效的方式。例如,一个船员看见另一个船员从船上掉出舷外。扇形搜寻用来搜寻以某个基点为中心的圆形区域。搜寻设施能够航行在某点附近区域,并仔细搜寻这个最易发现搜寻目标的区域。多船同时搜寻时不适用该方式。对于搜寻目标,如果是存在很少或不存在风压情况下的落水人员,扇形搜寻是极好的救生机会。扇形搜寻半径通常在2~5n mile之间,每次转向角都是120°,并且每次都向右转。

如果在完成一遍扇形搜寻后仍未找到搜寻目标,应转动扇形,并下移第一次搜寻半径的一半进行第二次搜寻。扇形搜寻的搜寻航程如图7.1所示。

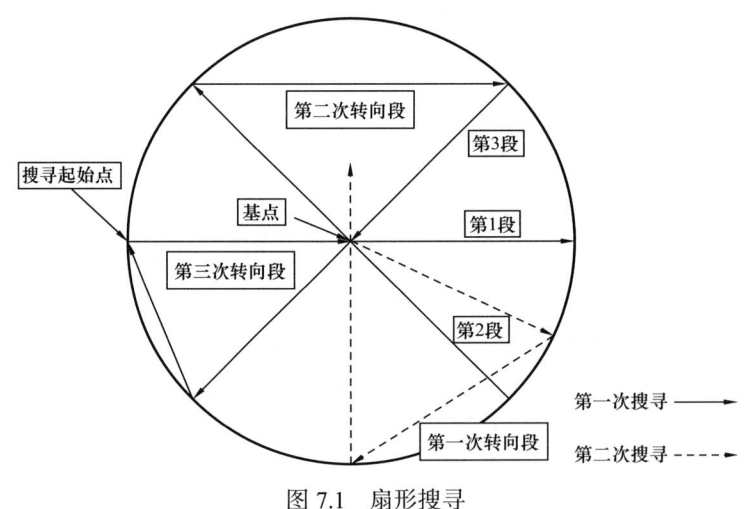

图 7.1 扇形搜寻

7.3.2.2 扩展方形搜寻(SS)

当搜寻目标位置处于相对较近的区域内时,扩展方形搜寻方式(图7.2)也是有效的搜寻方式之一。该搜寻方式的搜寻起始点始终是基准位置,搜寻行动以同心方形向外扩展,如图7.2所示,从而基本上均匀覆盖了以基点为中心的区域。如果基准不是一个点而是一条短线,搜寻方案应改为向外扩展的矩形。

扩展方形搜寻是一种精确的搜寻方式，要求搜寻设施能精确航行。为尽量减小航行误差，首条搜寻路线通常为逆风方向。前两条搜寻线长度等于搜寻线间距，以后每两段搜寻长度在原基础上增加一个搜寻线间距。

与总流压相比，风压在可以或几乎可以忽略不计的情况下，扩展方形搜寻通常适用于船舶或小船搜寻落水人员或其他搜寻目标的行动。

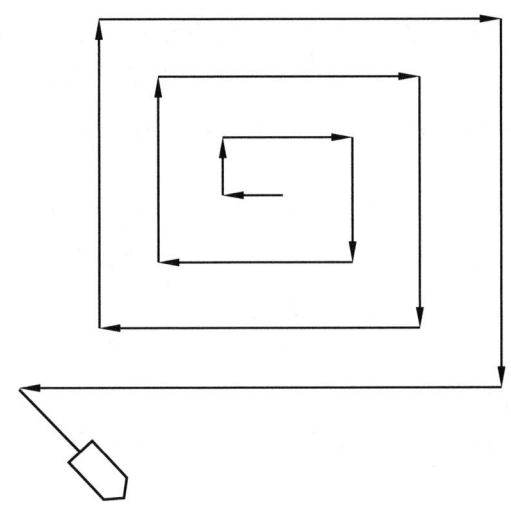

图7.2　扩展方形搜寻

7.3.2.3　平行线扫视搜寻（PS）

当幸存者位置不确定并均匀覆盖某一广阔区域时，通常使用平行线搜寻方式。将一块大搜寻区域分割成几个分区并分别指派几个搜寻设施，在使它们同时到达事发现场的情况下，通常也使用平行线扫视搜寻方式。

图7.3　平行线搜寻

平行线搜寻的覆盖区域为矩形。在执行平行线扫视搜寻时，搜寻设施把指定分区的一角作为搜寻起始点（CSP），搜寻起始点通常在搜寻矩形内距两直角边各1/2航迹间距的位置，搜寻航线与矩形长边平行，首条搜寻航线与最接近搜寻起始点的矩形长边距离1/2搜寻线间距，接下来的搜寻航线保持相互平行并相隔一个搜寻线间距，图7.3为平行线搜寻方式。

7.3.3 夜间搜寻方式

在夜间搜寻中,暗弱的灯光可以在视线的边缘觉察到,而在注视点反而不易觉察,所以注视点应稍高于水天线并保持警觉,注意远处的闪光或其他视觉遇险信号。夜间搜寻遇险船舶时,如果遇险船舶有能力把灯打开,能增加被发现的可能性。当看到或听到可能是搜寻船经过时,幸存者通常会抓起最接近、最方便的设施发出信号,搜寻瞭望员应对烟火、灯光、烟雾和任何类型或颜色的视觉信号保持警觉。夜间寻找落水人员时,很难发现落入水中的人员,尤其是没有穿着漂浮装具的水中人员,通常只能看到落水人员的头部;对穿着漂浮装具的落水人员,可能看到头部和肩部;同时应注意观察漂浮的残碎物,失踪人员可能附在残碎片上。

可利用红外线夜视仪进行夜间搜寻。使用夜视仪时,应尽量减少使用夜视仪的人员所处设施内的炫目亮光。在可行的情况下,通过打开和移动窗户,或者正确利用扫描技术,以减少月光或包括船舶、防撞灯等在内的人造光源造成的负面影响。

在夜间实施内河搜寻,可利用探照灯在水面往复扫射寻找或利用雷达、GPS、CCTV等进行搜寻,并要求过路船舶协助寻找。

此外,在内河实施夜间搜寻时,还可通过气味进行搜寻。遇险船舶的燃油等具有特殊的气味,可跟踪气味寻找遇险船舶。

7.3.4 拦截式搜寻方式

拦截式搜寻适用于江河强流水域的搜寻,用于在河流的下游拦截搜寻目标。在实施搜寻时,首先分别瞄准两岸的一个路标把定船首向,然后搜寻船沿着同一航迹线往复搜寻。

7.4 救助计划

7.4.1 事故风险评估

收到遇险信息后,首先应对收到的遇险信息进行核实,确认无误后,利用通信设备等手段尽可能多地收集遇险船舶的信息,主要包括遇险船舶的名称、位置、事故类型及事故发生原因、遇险船舶上的人数、事故伤亡情况、船舶所载货物种类、事故现场气象条件等信息。对所收集到的信息进行综合处理后,识别事故潜在的风险,预测事故的可能后果并提出应对措施,确定所需援助的类别及救助设施的种类,为实施救助行动提供参考。

险情评估是一个不断评价现存条件的连续程序,作业中进行的险情评估不是一个孤立的步骤,而是连续程序中的一个必要环节,因为险情在受到控制之前的评估是不完善的,它不是最终的结果,需要持续进行。

7.4.2 救助计划的制订

在制订救助计划时，需考虑的因素包括：搜救人员的风险，幸存人员的人数、位置和安排，幸存人员的状况和医疗处置，当前的气象条件，现有的救生设备，救助船舶的类型等。

救助计划应包括事故情况描述、救助区划定、救助执行、救助协调、通信、报告等基本内容。事故情况描述应对事故类型、需要救助的人数、人员是否受伤及受伤程度、救生设备的类型和数量、天气预报和预报的有效期、现场救助设施进行简单介绍；救助区划定应对事故位置进行描述，并提供供搜救设施使用的进入路线；救助执行部分应列出所指派的搜救设施清单，包括设施呼号和设施的上级单位，指定救助方法并列出准备运送的物品或设备清单。

救助协调应指定搜救任务协调员和现场协调人，注明搜救设施到达现场的时间；通信主要指定和协调现场通信频道及其他相关的通信信息；报告包括讨论是否要求现场协调人向搜救任务协调员报告和提供初始行动报告。

对于内河救助，由于其辖区范围较小、离岸距离近，能够在较短的时间内调集各方救助力量。在制订救助计划时，针对自身特点和救助需求，通常需考虑的因素包括事故地点及附近船舶、设施，事故直接原因，可调用救助船舶、设施、社会力量等。救助行动计划可根据事故报警收到的信息和到达现场之后探查到的实际情况制订，一般包括参与救助的快艇、其他单位、根据现场情况决定采取的措施等。

第8章 搜救协调

8.1 协调层次与职责

搜救系统通常具有三个层次的协调：搜救协调人（估计层次）、搜救任务协调员（水上搜救中心层次）和现场协调人（现场层次）。

8.1.1 搜救协调人

搜救协调人是在一个行政机构内全面负责设立和提供搜寻救助服务，并保证有关计划理实施的一个或多个人员或机构。

搜救协调人对搜救系统的设置、配员、装备、管理负有全部职责，包括提供有关法律和基金支持，设立救助协调中心和分中心，提供或安排搜救设施，组织搜救协调训练及完善搜救制度。搜救协调人是最高搜救管理层，一个国家通常会有一个或多个适合该指定名称的人员或上级机关；他们一般不参与具体搜救行动的实施。

8.1.2 搜救任务协调员

搜救任务协调员指临时指定的对实际发生的或明显的遇险情况做出协调反映的人员。

每次搜救行动都是在搜救任务协调员的指导下完成的。这项职能仅适用于执行某项特定搜救任务的过程中，通常由救助协调中心负责或专门指派的人员承担。对于复杂或历时较长的任务，搜救任务协调员通常由一个辅助小组协助。

搜救任务协调员自始至终负责搜救行动，直至救助取得效果，或有明显迹象表明搜救行动无效，或有其他救助协调中心承担搜救责任为止。在搜救行动中，搜救任务协调员应毫不迟疑地征用可获得的设施并要求增援，还要规划搜寻行动并协调搜救设施抵达现场。

搜救任务协调员应接受过所有搜救程序的训练，完全熟悉所采取的搜救计划。他们必须充分收集有关险情信息，制订出精确且行之有效的应对计划，并派遣和协调执行搜救任务的力量。

搜救任务协调员的职责包括：

（1）获取并评估所有紧急情况下的信息。

（2）查明失踪或遇险船舶所配备的应急设备的类型。

（3）保持对即时环境条件的了解。

（4）查清船舶的动态和位置，提醒可能进入搜救区的船舶进行瞭望或在相应的频道上值守，以便与搜救设施进行联系。

（5）标出主要搜寻的区域并确定所采用的方法和使用的设施。

（6）制订搜寻行动（和救助计划等）、划分搜寻区、指定现场协调人、派遣搜救设施，确定现场通信频率。

（7）通知搜寻行动计划的搜救协调中心负责人。

（8）与就近的搜救协调中心协调行动。

（9）向搜救人员下达任务及听取任务执行情况的汇报。

（10）评估所有信息来源报告，如有必要，修改搜寻行动计划。

（11）安排延长搜寻，为航空器加油，并安排好搜救人员的住所。

（12）安排幸存者补给的运送。

（13）按时间排序用标绘的方法保持最新精确记录，如有必要，包括整个过程。

（14）公布进展报告。

（15）向搜救协调中心负责人建议放弃或暂停搜寻。

（16）当不需要救助时，遣散各搜救设施。

（17）通知事故调查机关。

（18）准备一份搜救结果的最终报告。

8.1.3 现场协调员

现场协调员是指被指定在某个特定区域内协调搜寻救助行动的人员。

现场协调员由搜救任务协调员指定，他负责搜寻中的一个搜救单元或参与搜寻的船舶或航空器，或是在另一附近设施上执行现场搜救任务的人员。在被搜救任务协调员解除职务之前，现场协调员通常由首先抵达现场的搜救设施担任。如果现场协调员直接意识到险情，却无法与救助协调中心建立通信联系，现场协调员就应担任搜救任务协调员，并根据实际情况实施搜救。综合考虑搜救训练、通信能力及现场协调人所在单元的现场停留时间等因素，现场协调员应该是现场最有能力的一位，应避免频繁更换现场协调员。

根据需要和资格条件，搜救任务协调员可向现场协调员布置下列任务：

（1）协调现场搜救设施的行动。

（2）接收来自搜救任务协调员的搜寻行动计划。

（3）根据当前环境条件修改搜寻行动计划，告知搜救任务协调员计划中所做的变化。

（4）向其他搜救设施提供有关信息。

（5）实施搜寻行动计划。

（6）监视其他参与搜寻单元执行情况。

（7）协调搜救航空器的飞行，并保证安全。

（8）在需要时制订并实施救助计划。

（9）向搜救任务协调员反馈详细的情况报告。

8.1.4 搜救行动的风险

搜救行动的安全性和有效性依赖于行动的协调性及良好的风险评估。

现场协调员既要考虑救助遇险人员，又要保证施救人员的安全。因此，现场协调员和现场船舶的船长必须保证搜救人员作为执行一项整体任务而开展工作。

集体的安全靠下列各项支持：

（1）使所有人员随时了解情况的能力。

（2）完成该项任务的资源保证。

（3）及早发现并避免错误。

（4）遵循标准程序。

（5）调整非标准行动。

对于现场协调员和现场的搜救设施而言，搜救任务协调员提供的搜救行动计划只是一种指导，现场协调员可以根据现场情况调整计划，并通知搜救任务协调员（如可行，应与搜救任务协调员协商）。随时告知现场协调员其所面临的困难和危险。

现场协调员应对搜救情况进行评估，并考虑搜救行动的任何潜在风险。情况评估应考虑下列问题：

（1）遇险船舶是否处于造成危害或使救助设施置于危险的紧迫情况之中。

（2）救助设施能否适应天气情况。

（3）遇险船舶是否已向救援船舶提供充足信息以便施救。

（4）救助设施是否能提供实际可行的援助。

（5）如救助大量幸存人员，救助设施能否向他们提供相应的食物、衣服、生活处所；执行救助任务的船舶在幸存人员登船后其稳性如何。

8.2 通信

8.2.1 现场通信

现场协调员应确保现场通信可靠，应与所有搜救设施和搜救任务协调员保持通信联系，并为现场通信指定好主要和备用的频率。

一般情况下，搜救任务协调员会选择专用频率用于现场通信，通知现场协调员或搜救设施，并视情况与附近水上搜救中心和搜救设施的上级单位建立通信联系。

搜救设施应在指定的频率上向现场协调员报告，如果频率改变，应提供在新的频率上不能建立所计划的通信时应如何解决的指示。

8.2.2 现场协调员与水上搜救中心的通信

现场协调员通过情况报告向搜救任务协调员报告现场任务的进展和情况，除非另有指示，否则情况报告应发送给搜救任务协调员。搜救设施通过情况报告同现场协调员保持联系。

（1）搜救任务协调员通过情况报告同上级、其他水上搜救中心和任何其他相关机构保持联系。

（2）当船舶事故产生污染或污染威胁时，还应将情况报告发给负责环保的机构。

（3）在第一时间以简洁格式提供紧急情况通告。

（4）当要求援助时以简洁格式提供紧急重要细节。

（5）在搜救行动过程中以完整格式提供全面的和最新的信息。

当事故的详细情况足以表明需要采取搜救行动时，应尽快发出初始报告。

（1）不能因确认全部细节而造成情况报告不必要的延误。

（2）一旦获得其他相关信息，应发布新的情况报告。

（3）不应重复发送已发信息。

（4）当行动时间过长时，"无变化"情况报告应大约每隔3h发布一次，以便接收者再次确认没有错过任何信息。

（5）当事故结束时，应发布最后情况报告以供确认。

有关同一事故的每份情况报告应按顺序编号。现场准备的情况报告通常提供下列信息：

（1）识别：通常写在主题线上；情况报告编号；遇险船舶的识别；一个或两个词对紧急情况进行描述；在整个事件中都要连续编号；当现场协调员在现场被解除其职责时，新的现场协调员应继续该编号。

（2）事件情况：事件的描述；影响事件的有关情况；能澄清问题的任何详细信息；第一个情况报告之后，后续报告只需列明情况的变化。

（3）采取的行动：上一次报告以后所采取的全部行动，包括行动的结果；当搜寻不成功时，报告应包括已搜寻区域、搜寻的小时数、降低搜寻效果的可能因素（如天气或设备问题）。

（4）下一步计划：下一步行动的描述、建议、额外援助的要求。

（5）事件状况：通常仅用在最后情况报告中，以表明事件结束或搜寻中止以等待进一步的态势发展。

8.3 协调行动

8.3.1 水上搜救中心的协调

水上搜救中心接到水上险情报告后，应当立即核实险情。险情在本搜寻救助区域内的，水上搜救中心应当立即启动应急预案，按照规定的程序和要求组织水上人命救助，采取措施控制、减轻水域污染等危害，并向本级人民政府和上一级水上搜救中心报告。险情不在本搜寻救助区域内的，水上搜救中心应当立即向险情发生地的水上搜救中心通报，并向上一级水上搜救中心报告。

水上搜救中心对险情信息核实确认后，按照险情分级标准进行评估，并确定险情等级，为搜救应急行动的组织、指挥和决策提供科学依据；必要时，可请搜救咨询机构协助。险情评估的内容包括：

（1）险情的紧迫程度。

（2）险情的危害程度，可能造成的社会影响。

（3）险情的影响范围和发展趋势，对周围人员、生态环境、通航环境可能造成的危害。

（4）救援力量的选派、搜寻、救助方式的确定。

（5）遇险、获救人员的医疗移送、疏散方式。

（6）危险源的控制、危害的消除方式。

险情确认后，水上搜救中心立即进入下列应急救援行动状态：

（1）按照险情的级别通知有关人员进入指挥位置。

（2）制定搜救方案，确定救助区域，明确实施救助工作任务与具体救助措施。

（3）根据已制定的搜救方案，调动应急力量以执行救助任务。

（4）建立应急通信机制。

（5）指定现场指挥。

（6）根据需要发布航行警（通）告，组织实施水上交通管制。

（7）根据救助情况，及时调整救助方案。

水上搜救中心负责统一组织、协调辖区水上搜救力量。必要时，水上搜救中心可以协调军事力量参加水上搜救。水上搜救中心应及时将搜救信息传达给救助力量。信息内容包括：

（1）险情种类、遇险者情况及所需要的救助、所执行任务的目的。

（2）险情发生的时间、位置。

（3）搜救区域和该区域的海况。

（4）已指定的现场指挥。

（5）通信联络要求。

（6）实施救助过程中的工作与现场报告要求。

（7）为及时、准确救助所需的其他信息。

需要国家搜救力量和区域外搜救力量参加水上搜寻救助行动的，由区域水上搜救中心统一协调；需要港澳台地区和国外搜救力量参加水上搜寻救助行动的，由区域水上搜救中心向国家海上搜救中心报告。

区域外籍船舶、设施、航空器及其人员在本省水域发生险情的，负责搜寻救助的水上搜救中心根据实际需要通报其所属地的水上搜救中心或者人民政府。区域水上搜救中心获悉本籍船舶、设施、航空器及其人员在省外水域发生险情的，应当跟踪搜寻救助情况。

根据救助行动的情况及需要，水上搜救中心应及时对下列事项进行布置：

（1）遇险人员的医疗救护。

（2）当险情可能对公众人员造成危害时，通知有关部门组织人员疏散或转移。

（3）指令协调有关部门提供水上突发事件应急反应的支持保障。

8.3.2 现场指挥的协调

水上搜寻救助的现场指挥由水上搜救中心或者其指定的现场指挥人员负责。现场指挥人员应当及时向水上搜救中心报告现场情况，提出应对建议，组织执行水上搜救中心的指令。

现场指挥行动内容包括：

（1）执行搜救中心指令。根据搜救现场的实际情况，明确具体救助措施、方式，对现场搜救力量进行合理分工和科学指导，保证搜救行动有序开展。

（2）迅速救助遇险人员，转移伤员和获救人员。指导参加应急行动的人员和遇险旅客、其他人员做好安全防护，指导遇险船舶自救，防止险情扩大或发生次生、衍生险情。

（3）按搜救中心的要求报告搜救力量出动情况、已实施的行动情况、险情现场及救助进展情况，并及时提出有利于应急行动的建议。如条件许可，应随时提供险情现场的图像或反映险情现场情况的有关信息。

（4）指定现场通信方式和频率，维护现场通信秩序。

在救助过程中，险情现场存在以下情况的，应考虑实施现场交通管制：

（1）船舶通航对抢险救助存在较大影响的。

（2）遇险船舶对船舶正常通航构成威胁的。

（3）险情存在进一步发展态势威胁公共安全的。

现场指挥根据险情现场具体情况来确定搜救水域范围，制定并组织实施以下交通管制措施：划定警戒水域、限制航行（单向、分时段、限速、限制特定船舶通过等）、禁止航行；根据交通管制措施拟发航行通（警）告，通过海巡艇 VHF 广播、水上安全信息台、GPS 监控系统等多种方式及时发布；并根据需要在交通管制水域设置相关标志。

水上搜寻救助现场的船舶、设施、航空器、单位和人员应当服从水上搜救中心或者现场指挥人员的协调和指挥。任何单位和个人不得妨碍现场指挥人员对水上搜寻救助行动的协调和指挥。遇险船舶、设施、航空器及其人员应当配合水上搜寻救助行动。如果水上搜寻救助现场出现严重危及救助方、遇险人员安全等情况，遇险人员拒绝接受救助时，现场指挥人员可以决定强制实施救助。

8.3.3 搜救行动的中止与终止

搜救行动的中止及终止由批准预案启动的指挥机构决定。

受气象、海况、水情、技术状况等客观条件限制，水上搜寻救助行动无法进行时，水上搜救中心可以决定暂时中止水上搜寻救助行动；如情况改变、获得新的信息或者认为需要时，应当立即恢复水上搜寻救助行动。

搜救行动的终止分为搜救不成功和搜救成功两种情况。对搜救不成功的情况，水上搜救中心可根据下列情况决定是否终止应急行动：（1）可能存在遇险人员的区域已经搜寻。（2）遇险人员在当时的气温、水温、风浪等自然条件下已经不可能生存。对搜救成功的情况，水上搜救中心可根据下列情况决定是否终止应急行动：（1）遇险人员已经成功获救或者紧急情况已经消除。（2）水上突发事件（如水域污染事件）的危害已经控制或彻底消除，不再有扩大或复发的可能。

决定终止水上搜寻救助行动的，水上搜救中心应当及时向参加水上搜寻救助行动的船舶、设施、航空器、单位和人员通报。

第 9 章　水上人命救助

9.1　本船人落水应急反应

9.1.1　概述

水上人命救助的工作性质使救助船员处于意外落水的高风险环境中，尤其是救生快艇和快速救助艇，活动空间和作业面狭小，在波浪中剧烈运动，更易发生人落水事故。

意外落水的人员可能受到撞击、失去知觉、也可能受伤，游泳很好的人突然跌落水中也会发晕，而且往往没有穿戴任何救生保暖服，特别是在大风浪或寒冷天气，营救速度需要以秒来计量。每一名救助船员都应通过充分训练达到能立即准确地按人落水应急程序行动的专业水平，落水人员的生命有赖于这种训练的水平。

9.1.2　本船人落水应急反应一般步骤

（1）发现有人落水的船员应大喊"有人落水"，始终看着并指着落水者。向人落水一舷投下带自亮灯的救生圈。

（2）向人落水一舷用舵，按下 GPS 记忆钮（如有），鸣笛三长声。

（3）操纵船艇向人落水现场回航。

（4）向船员分派任务：

① 指引员（或首先发现落水者的人员）始终指引着落水者的位置。

② 准备放艇。

③ 准备救人设备，如浮具、软梯、攀缘网、救生捞具等。

④ 游泳船员准备。

⑤ 准备其他设备，如毯子、热水袋、单人加热保暖袋等加热保温设备等。

（5）根据当时环境条件，选择从上风或从下风接近落水者。

9.1.3　船员发现有人落水时的第一步行动

船上最初几秒的行动往往决定了营救是否成功。最初的行动应迅速和可靠，船员的警觉可以挽回本可能溺亡的落水人员的生命。首先发现有人落水的船员应立即：

（1）大声重复喊叫"左舷（或右舷）有人落水"。

（2）在舷边向水中人员投下带自亮灯的救生圈（或其他可漂浮物）。

（3）在小型艇上，始终看着并用手指着落水人员，同时用另一只手顺着扶手小心地移到艇长或其他艇员能看到的位置，清晰地大声向艇长指明方向。

在较大的救助船艇上，难于一边移动一边保持看着落水者，通常应停留在人落水的一舷或能看见落水者的位置，保持呼喊，直至其他船员听到并报告驾驶台。如发觉无人听到呼喊，也只好用当时可能最快的方法报告驾驶台，比如，用最近的电话或到最近的舱室让其他船员报告驾驶台，然后返回舷边看着并用手指着落水人员。

落水人员在波浪中会时隐时现，始终用手指着落水人员，这不仅为他人指明方向，而且当落水者暂时隐没时，眼睛可以顺着手指的方向继续观望，直至落水人员在视线中再次出现。

（4）在其他船员闻讯行动时，首先发现人落水的艇员，在保持看着落水者的同时，应担当起指引员的作用，始终指着落水人员。在较低的甲板上瞭望，很快就会看不到落水者的头部。在大型船艇上，可与另一船员用接力式看住落水人员，交替向较高处转移瞭望位置。

9.1.4 投掷浮具

听到"有人落水"呼叫的船员，应立即就近抓取并从人落水的一舷向水中人员的方向投掷带自亮灯（或自燃灯或烟火信号）的救生圈或任何可漂浮的物体，这时是否能准确投到落水人员附近是无关紧要的，只要立即投下水，落水人员也许能看到并抓到它。不要为了准确而延误投下的时间，因为船此时仍在快速航进。

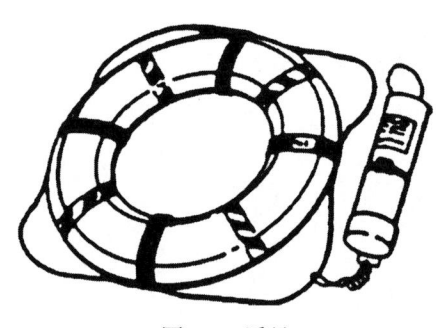

图9.1 浮具

投到水中的救生圈（图9.1）或其他浮具，还可以标记遇险位置，作为操纵船艇返回现场进行搜寻和营救的参考基点，这也是非常重要的，所以，即使已经看不到落水人员，也要立即投下浮具。

不要正对着落水人员投掷浮具，打到落水者身上可能导致伤害。尽量使浮具的落点有利于浮具及其附绳能够漂向落水人员，同时注意避免附绳缠绕船艇螺旋桨。

9.1.5 当值驾驶员或艇长的行动

（1）听到"有人落水"呼叫，立即按下GPS船位记忆钮，以记下落水位置。或者使用任一种可行方法来定位（推算、陆标、雷达等）并在海图上标注，以供操纵船艇返回现场。

（2）立即向人落水一舷用舵，可使船尾向另一舷偏转而让开落水者，避免车叶伤人。

（3）用笛号鸣放5短声发出人落水遇险警报，作用是启动人落水应急反应程序，同时也可警醒附近其他船舶本船有人落水，附近船舶可能不明白警报信号的意思，但至少可以知道有意外发生。

（4）选用适合当时情况的操纵旋回方法返回人落水现场。

9.1.6 船长或艇长的行动

（1）接替驾驶员操纵船艇返回现场。

（2）控制应急反应的进行，并向船员分派任务：

① 如果天气允许，在船首附近或船上高处安排一位指引员。

② 如本船为干舷很低的快艇，安排救生船员准备粗化纤缆以便将落水人员提起。

③ 如本船为干舷较高的船艇，并载有灵便小艇（快速救助艇、工作艇或开敞式救生艇），安排船员准备放艇救人。

④ 如为大型救助船，视情况准备吊篮、捞网、大型浮具（充气筏）、绳梯、充气登船梯等救人设备。

⑤ 如有需要，应安排一名游泳船员准备下水救人，安排另一名船员照管游泳船员身后所系拉绳。

⑥ 较大的船上，可以安排大副代替船长向船员分派任务并指挥营救，使船长得以专心操船。

（3）接近现场后，驶近落水人员的方法受风、浪、本船的机动性能和操纵空间的影响，必须适时向船员说明将在那一舷使用何种设备如何将人救上船艇。

（4）如果当时情况和时间允许，船长或艇长必须向救助指挥员报告人落水情况，并应在险情发生后尽快报告。

（5）如回到现场未能发现落水人员，且此前未曾在此投下浮具，应安排投下一个可作为搜寻基点标记的有自亮灯的救生圈，并立即展开初始搜寻，直至接到救助指挥员另外的指令为止。

（6）如需外来援助，可以通过电台向救助指挥员要求；如急需他船协助，也可以向附近的船艇求助。在16频道或2182kHz用口语呼叫3次，并紧接着表明本船的识别号码、位置及情况简介。

9.1.7 指引员

大型救助船上，指引员在船艏附近或能被驾驶台看到的高处目视搜寻落水人员；在救助快艇上，应站靠于能避开浪击的视野开阔的位置。落水人员在波浪中时隐时现，发现目标后也可能再次丢失，一旦看到就应始终盯牢，一只手始终指着落水者，另一只手做手势引导船长操纵船艇驶向营救位置。尽量不要安排指引员兼顾其他任务而移开视线。

9.1.8 小型救助艇可以采取的紧急操纵

9.1.8.1 立即停船

有时，操艇人员直接发现有人落水而能够马上将艇停住，最适当的行动可能是停下艇让落水人员自行游回上艇，或者至少可以游到艇上投下的浮具位置。

9.1.8.2 快速转向

满舵和全速能使艇用最短的时间迅速转回。双桨艇将内侧推进器倒车，可用很小的旋回直径将艇转回。当落水人员正横时，不管是双桨艇还是单桨船都应该在最终靠近时减速把艇停住。

9.1.8.3 原地回转

在受限水域，可将船停住，然后用进倒车原地回转，转向落水者位置。艇的回转和倒车性能及当时风和流状况决定了如何进行接近。通常应从落水者的下风接近；如果海况较平静，艇体很小，不至于撞压水中人员，艇长也可操艇于落水者的上风，让艇被风吹向落水者而不是远离落水者。

9.2 用艇拖带时人落水

9.2.1 概述

救助艇拖带过程中发生人落水，面临选择拖带还是营救落水人员这个两难问题。牢记人的安全第一，被拖船上的人员与救助艇上落水人员同样重要。如果被拖船上无人，通常应立即解脱被拖船，全力营救落水人员。

应该认真评估一切潜在危险，制订拖带时人落水应急预案。所有艇上人员在露天处活动时，要让其他人知道自己在何处干什么。

9.2.2 吊拖

吊拖中营救水面人员应考虑的因素：

（1）吊拖船舶转向困难费时。

（2）降低拖速可能导致被拖船追撞救助艇。

（3）如果发生横拖，造成救助艇大角度倾斜，常常超过救助艇回正的能力，有倾覆的危险，救助艇拖桩越接近船舯，危险性越大。

（4）如被拖船偏荡，容易造成断缆，断缆常常发生在被拖船比救助艇大的情况下。

（5）尾向来的风、浪、流、涌会增加偏荡和被拖船追撞的危险，横侧流会使被拖物偏于救助船一侧，增加对其控制的难度，沙坝、河口处往往会遇到所有这些问题。

（6）拖航速度慢、操纵困难，如果附近有其他船，请求其他船把落水人员救起。

（7）将人落水情况告知被拖船，让被拖船协助瞭望落水人员。

（8）如果被拖船碰撞落水人员可能造成严重伤害。

（9）有时有可能让被拖船将落水人员救起，拖船应尽可能在各方面提供协助。

（10）为营救落水人员，可能有必要暂时解脱被拖船。要考虑周围环境及通航情况，将解脱后发生险情的可能减至最小。让被拖船抛下锚。

9.2.3 傍拖

傍拖中营救水面人员还应考虑的因素：

（1）救助艇再加上被拖船，增大了惯性质量，使停船冲程增大。

（2）不可按通常情况一样来使用主机，救助艇的主机是用于推进一条船而不是两条船。

（3）向救助船一侧转向困难。应向被拖船一侧以被拖船为轴心缓慢转动。

（4）用没有被拖物的一舷接近落水人员施救。

（5）考虑解脱被拖船。

9.3 回航旋回方法

9.3.1 概述

本节所述旋回方法，不仅适用于本船人落水应急反应，还适用于在搜寻中待救人员一闪而过需回航营救的情况。所述旋回方法仅能作为一般指南，各救助船艇的操纵和旋回性能不同，当时天气海况不同，各船应根据具体情况变通处理，并通过演练找到适于本船的快速旋回方法。注意，如无特别说明，所述各旋回方法均只适用于海况较平静时运用。

大型救助船全体驾驶员、救生快艇舵工、快速救助艇全部艇员均应定期操演旋回方法，因船长或艇长可能不在驾驶台，也可能落水者正是他们。

9.3.2 一圈旋回

此法适于能见度良好时在宽阔水域各种类型的救助船艇操作。此法操作简单，但旋回较慢（图9.2），步骤如下：

（1）向人落水的一舷用满舵，开始旋回。

（2）继续旋回至落水者下风，如果流强，则旋回至下流，然后顶风或顶流驶向落水者。

（3）一旦船艏指向落水者，加速驶进，直至驶近落水者。

（4）降低速度缓慢靠近，当落水者靠近舷边时将船舶停住，注意船尾远离落水人员。

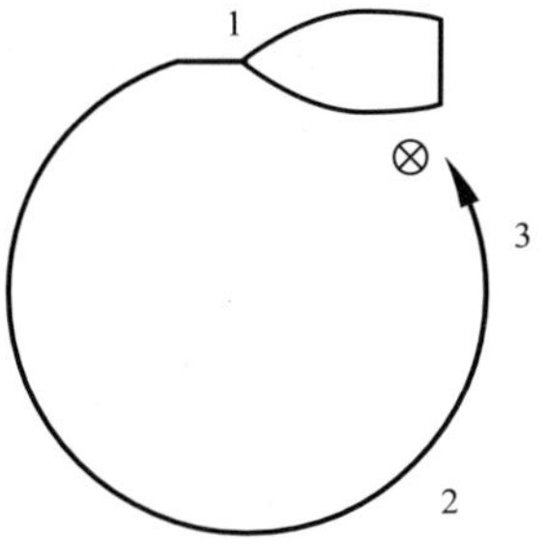

图9.2 一圈旋回

9.3.3 安德森旋回（小型快速救助艇）

此法适于旋回性好的船艇，尤其是小型快速救助艇运用，旋回较快，但操作较前述方法复杂。步骤如下：

（1）向落水一舷打满舵，停车。

（2）船尾让清落水人员后，保持满舵，全速进车。

（3）当驶过旋回圈周径的 2/3 时，将车速降至 2/3。

（4）当水中人位于艉侧方 15° 时，回舵，停车。

（5）机动用车用舵，驶近至落水人员的下风或上风。

（6）靠近落水人员时将船停住，舷侧靠近落水人员。

注：适应不同的船艇和海况，此法可以有多种变通。

9.3.4 安德森旋回（双桨救助船艇）

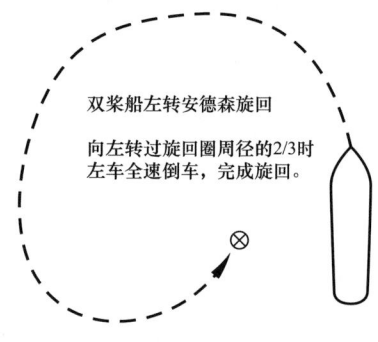

图 9.3 安德森旋回（双桨救助船艇）

双桨船运用安德森旋回法，可在船尾避开落水者后，立即将双车一进一倒，可以比单桨船更快地转回船头，这也是最快的旋回方法（图 9-3）。步骤如下：

（1）向人落水一舷（内舷）打满舵，内舷车降速，外舷车全速进车。

（2）转过旋回圈路径的 2/3 时，内舷车用 2/3 功率倒车或全速倒车。

（3）当落水人员位于船首 15° 以内时停车。

（4）回舵、双车倒车，使船舶最终停在适当位置。

9.3.5 田径式旋回

田径式旋回的优点是旋回末端有一段直线冲刺路径，这有助于较大的救助船艇调整控制准确地驶进预想的营救位置（图 9.4）。步骤如下：

（1）向人落水一舷打满舵，双车全速进车。

（2）保持满舵直至接近原航向的反航向时回舵。

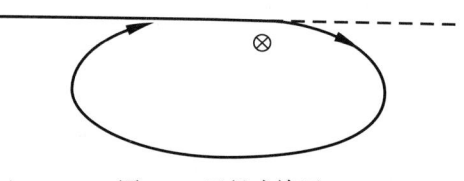

图 9.4 田径式旋回

（3）在反航向把定，直线行驶一较短距离，然后再次用满舵，接近原航向时回舵。

（4）回到原航向原航线时把定。

（5）调整航向驶向落水人员。

9.3.6 威廉逊旋回

如在夜晚或能见度不良时发觉有人落水，或落水人员超出船上视线，或不知道人落水的确切时间，应使用此法返回搜寻落水人员。此法旋回较慢，但易于操作，如实施得当，可使船准确地以反航向返回原航迹线开始搜寻。此法尤其适于单车排水型船舶运用。

9.3.6.1 步骤

（1）向人落水一舷用满舵，让船尾避开落水者（如当时落水人员已经远离本船，可向任何一舷用舵）。

（2）当航向改变60°时（许多船适于用60°，但本船具体应用多少度应经演练得出），立即向另一舷用满舵，直至转至原航向的反航向。

（3）在反航向把定，此时船已反向回到原航迹线上。

9.3.6.2 使用威廉逊旋回右转示例（图9.5）

在A点初始罗航向为000°，投下带自亮灯的救生圈或碰垫等其他漂浮物体作为第一基点标志，用右舵，使船向右转。

在B点时，罗航向已转为060°，立即用左舵，这使船减小右转趋势直至变为左转，最终转至罗航向180°。

在罗航向180°把定，搜寻落水人员。如果发现落水人员，驶向落水人员的下风或上风营救。如果未发现落水人员，应按罗航向180°沿原航迹线航继续搜寻，直至抵达最后一次在船上看到落水者时的船位。在这一位置，投下第二个基点标志。

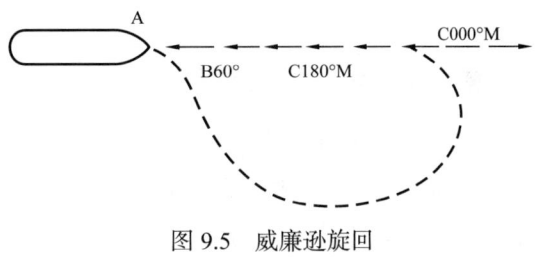

图9.5 威廉逊旋回

9.3.6.3 注意事项

保持航速、舵角一致。有时可以不用满舵，但向一舷所用舵角应与向另一舷所用舵角大小一致，同时在旋回期间不要变速。舵角不一致或变速，可能导致旋回至反航向时船并不在初始航迹线上，威廉逊旋回的意义就是将船准确地转回到原航迹线上。

9.4 与航空器协同救助

9.4.1 概述

海空立体救助已经被各国的救助实践证明是最有效的人命救助方式。救助航空器可以迅速飞临搜寻救助区域，实施快速搜寻，救助直升机更可以悬停实施快速救生；而救助船舶可以长时间地在救助现场作业，并能提供多种直接救援作业；船舶与航空器协同实施搜寻救助的价值和效果远远超过单一地使用船舶或航空器。

海空立体救助已成为我国专业救助事业的发展方向，救助船舶的人员应该对救助航空器及其作业方法有所了解，以便有效地与航空器协同配合实施救助。救助船员在参考本节内容时要注意，我国空中救助力量刚刚起步，由于设备和经验所限，本节所述的某些作业可能目前尚不能实施。

9.4.2 救助直升机的功能

救助船艇视距有限，搜索视线又往往被波浪阻碍，而救助直升机视野宽广，能够迅速搜索覆盖广阔的海域，居高临下，也易于发现海面目标；救助船艇的作业能力严重地受制于海况条件，而救助直升机能够临空悬停作业，作为救助平台，受海况的影响小，可以在水面救援船舶不能作业的场合实施救助。可以说，直升机是最为迅速灵活的救助平台。直升机从事的救援作业主要有：利用目视、雷达或红外线探测，对遇险目标实施快速搜寻；施放搜寻救助基点浮标；引导水面救助船艇；降放水面救生员/急救医师救助水面或船上的遇险人员；用救生吊篮、担架或吊带吊救遇险人员；转移遇险人员或救助人员；移送排水泵、灭火工具等救助设备；对失火船投放灭火剂；空投或吊放救生设备、救生物品；提供救助现场夜间照明；协助救助拖轮带缆；执行各种巡逻巡视、指挥、拍摄。

9.4.3 直升机吊救用具

9.4.3.1 救助吊带

救助吊带是直升机最常用的吊救用具，可吊升穿着救生服或飞行服的遇险人员或吊升转移人员，但通常仅能用于良好天气条件下转移受过训练的未受伤并未丧失知觉的人员。救助船员应能熟练地使用救助吊带，并能在救助中指导和协助遇险人员正确使用吊带。

1）第一种救助吊带

救助吊带主要是一个套环，套环末端有V形环，供系挂绞车吊钩（图9.6）。

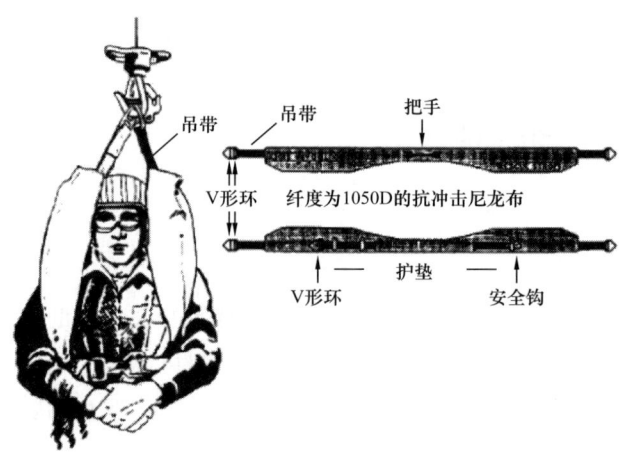

图9.6 第一种救助吊带

使用这种吊带吊升时，必须使用护垫，穿好救生衣再套吊带。要像穿衣服一样双臂穿过吊带，让吊带穿过背部和两臂腋下，两手握紧放在身前。被吊升的人员不可坐在吊带上，也不可让吊带松弛。在旁协助的船员应确保被吊升者系紧安全带。吊带不能用于吊升设备。

2）第二种救助吊带

这种吊带的用法如图 9.7 所示。

（1）将头及双臂穿过吊带。

（2）吊带绕过人后背的部分要尽量放高，位于双臂腋下。

（3）拉下套索结，使吊带围住胸部。

（4）戴妥吊带后，眼睛直视直升机，向直升机绞车手做大拇指上举的手势，表示可以吊升。

（5）吊升时两臂自然下垂，或者在胸前握紧吊带。

图 9.7　第二种救助吊带

9.4.3.2　锚型吊座

锚型吊座看起来好像有 2 个水平锚爪（座位）的海军锚，一次可以吊升 1 名或 2 名人员。吊升 1 人时，被吊人员可以跨坐在 2 个座位上，双臂抱住锚杆（图 9.8）；吊升 2 人时，被吊人员面对面地各自跨坐在 1 个座位上。

9.4.3.3　救助吊篮

救助吊篮也是救助直升机的主要吊救用具，可以在任何天气进行吊救和转移人员（图 9.9）。在吊篮提手及篮筐四角装有铰链，平时存放时提手可内折入筐内。吊篮的浮具提供了漂浮能力，筐架为吊升中的人员提供保护，防止坠落，避免吊升中的人员直接撞击船上设备。

被转移人员都必须穿戴个人救生装具和安全帽。进入篮内，手掌向上，放在大腿下面，或者双手扶住膝盖，这种姿态可以使胳膊蜷起靠紧身体，保持在吊篮内。在旁协助的

图 9.8　锚型吊座

船员要确保被转移者身体的任何部分都不会伸到篮外,并确保吊篮不会挂住船上的任何装备。

注意:救助吊篮把手是可向内折叠的,摘钩或挂钩时,应有人协助撑住提手两侧,以避免提手落下伤害篮中人员。

9.4.3.4 救助吊笼

救助吊笼好像锥形鸟笼(图9.10),前侧敞开,人员进入笼中面向外坐下,抓紧绳网即可吊升。吊笼较轻,使用时受风摆荡较大。

图9.9 救助吊篮　　　　　　图9.10 救助吊笼

9.4.4 直升机吊救作业及船舶的配合

9.4.4.1 概要

直升机从船上吊起人员或物体的作业,可能使机组人员、船员及被吊升的人员面临很大的安全风险。如果船员提前知道吊升作业的要求,就能大幅度提高作业的安全程度和效率。

船—机配合作业,需要船上和直升机上人员之间的团队合作。由于噪声可能严重干扰船—机通话,船长和机长应在飞机到达船舶上空之前商定计划。如无特殊情况,船—机配合操纵中,应坚持船舶听从直升机机长指挥的原则。

安全永远是第一位的。任何时候,只要机长或船长或感觉到作业不安全,都应该停止吊救,如可行,再重新开始吊救。如果无线电通信中断,需要紧急脱离时,就要使用船上的蓝色紧急信号灯或者其他紧急信号,向直升机发出"脱离"信号。

9.4.4.2 救助船艇的准备

直升机到达之前,救助船艇应完成以下常规准备:

(1)查阅海图,核对吊升作业期间是否存在妨碍本船保持航向和航速的危险因素。

(2)尽早与直升机建立通信联系,交换情况和沟通意图,包括:通信使用的主要的和备用的工作频率;现场天气,包括风向、风速、浪高、能见度、估计的云底高度;确切位置;人员的情况,是否需要医疗看护;任何有助于直升机选用救助用具的信息;船上船员和其他人员的总人数，直升机上的总人数；机长对吊救作业的简要说明；与机长约定吊升中紧急脱离的视觉信号。

（3）甲板上所有散放的物品，如布头、帽子、垫子，零散纸张等均应收妥。

（4）如果可能，将所有的支索、天线、吊杆和旗杆放下并固定。

（5）指定一名船员负责向直升机绞车手发手势信号。

（6）向船员和被吊升的人员简要说明预计使用的吊升方式，比如吊篮、担架或吊带。

（7）直升机到达之前，无关人员离开吊升作业区域。

（8）直升机接近时，关闭雷达，或处于"备用"状态。

9.4.4.3 船上安全注意事项

（1）确保所有的防护装具均已正确穿着，包括：头部（头盔）、眼睛、耳朵和手（手套）防护，个人救生装具，防爆连身工作服，干式服（取决于天气情况）。

（2）直升机在空中产生静电，在接触到直升机放下的救助用具之前，一定要首先让救助用具与船体、水面或专用静电放电电极接触。

（3）绝不能将直升机的拉绳、吊篮千斤索、绞车吊索等系在船上，只能用手拉着。不要将任何一端固定在直升机上的物体固定在船上，以免紧急情况下影响直升机脱离。

（4）待直升机绞车吊索松弛后，才能将被吊升用具与绞车吊索挂钩。吊索松弛时挂钩，可以避免直升机与船舶之间小量相对运动时拉动甲板上的吊升用具。

（5）始终注意保持直升机拉绳、绞车吊索与船舶的支索之间的安全距离。

（6）在把吊降用具移入船内之前，一定要将用具与绞车吊索脱钩。

（7）不得吊挂或装载超过吊索或吊救用具安全负荷的重物。

（8）不要使用雷达，以免干扰直升机电子设备。

（9）特别注意：直升机旋翼产生的下降气流极为强劲，可以将人吹落海里，也可将散放的物品吹倒或落海。纺织物等散放物品能够被旋翼产生的气流卷住，并被吸进机器中，造成直升机的损坏。

9.4.4.4 吊救作业的海空操纵配合

1）船艇航向和航速

对于通常类型救助船，吊救作业通常在船尾进行。机长会指示艇长应采用的航向和航速。通常，视风速（船行风与真实风之和）为15~30kn，保持左舷船艏30°~45°顶风。有时，海况影响下，为了减少船舶摇荡，尤其是减少横摇，可能需要偏离这个规则。作业期间，船艇必须保持稳定的航向和航速。

2）船—机相对位置

直升机从船尾方向（下风方向）顶风驶近船舶，在船艏以后偏左舷部位上空悬停，吊救用具将从直升机的右侧放落，这样，在作业的全过程中，机长和在直升机右门的绞车手可以始终全面俯瞰船上的情况。

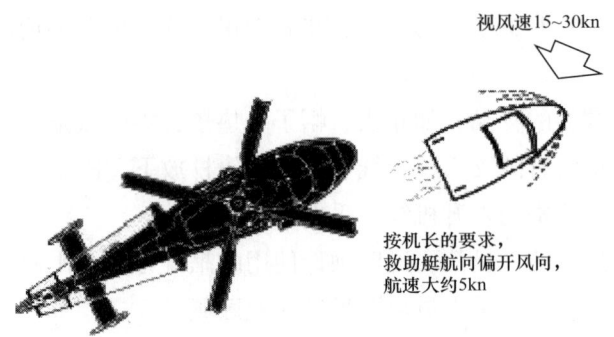

图 9.11 吊救作业

3）救生艇操纵配合

救生艇应以 4~6kn 航速顶风行驶，直升机跟随着救生艇并调整机速与艇速一致。艇长应知道直升机旋翼的下降气流会影响救生艇的操纵，并会产生大量水花飞溅，使能见度降低。

通常直升机吊带每次只能吊起 1 人，如为封闭式救生艇，待吊升的人员必须在救生艇的外部，其他人员应留在艇舱内，若全部跑到救生艇的外部，可能会使艇倾覆。

4）失控船艇

对于中小型失控船艇，直升机可以从右舷靠近船头。旋翼的下降气流会推动船艇总是顺时针转动，而直升机同方向转动，可以始终保持看到船上的情况。

5）快速救助艇操纵配合

从快速救助艇等小艇上吊升需要不同操纵方法。直升机会在小艇附近悬停并将吊升用具放至水面附近，小艇应该驶近该位置，并操纵到达吊索下方接收吊升用具。

直升机螺旋桨的下降气流会影响快速救难艇的操纵，尤其是位于直升机的垂直后方时。要注意旋翼气流溅起的水花，尤其是没有遮蔽的快速救助艇。为了减少水花及其对能见度的影响，快速救助艇应从直升机正横成直线接近，一旦位于直升机的正下方，要维持速度并使艇艏向转为与直升机一致。吊挂作业尽量在快速救难艇的前方进行。

6）气胀式救生筏

充气救生筏受旋翼下降气流的影响很大，即使放出海锚，仍会在水面移动，甚至可能倾覆。筏的天篷会妨碍直升机的吊救作业，应将天篷放气，人员站在筏的最上部进行吊救。如直升机不能一个航次救起筏中全部人员，等候直升机再次临空期间，可将天篷重新充气，以御风寒。

如吊救过程中救生筏倾覆，应立即扶正，若无法扶正，则用刀割破筏底板，救出筏内人员。

9.4.4.5 传递吊救用具

1）直接传递

直升机上将吊救用具直接降放到遇险船或者进行演练的救助船的甲板上。经过机—船之间事先约定，吊救用具降放到甲板后，船员应将吊救用具与绞车吊索脱钩，然后才能从降放位置移走吊救用具。征得机长同意后，才能再将吊救用具重新与绞车吊索挂钩。

2）拉绳传递

将拉绳的一端系接一个重袋，然后将拉绳的这一端从直升机降放到船上。直升机一边向下送出拉绳，一边起升退回到可以进行吊升作业的安全距离处。拉绳没有重量袋的一端（有薄弱链环的绳端）系在吊救用具上，然后开始降放吊救用具。船员用双手交替拉动拉绳，尽量拉紧，将吊救用具拉到甲板上的预定位置，另应安排一名船员将落在甲板上的拉绳卷起握住。

9.4.4.6 吊升过程船舶的行动

（1）必须保持稳定的航向和航速。

（2）直升机临空后，非必要时尽量不要与飞行员通话，除非飞行员要求。

（3）除指定人员外，其他人员不要向直升机做手势。手势如图 9.12 所示，手臂上下移动，表示肯定或已准备就绪；手臂左右挥动，表示否定或作业已结束。

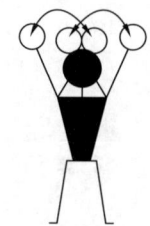

表示肯定或已准备就绪　　　表示否定或作业结束

图 9.12 吊升过程中手势

当待吊升人员或设备就位妥当，可以开始吊升时，指定的人员向直升机绞车手做出"竖起大拇指"向上的手势，并保持眼睛直视直升机，开始吊升。

（4）吊升期间，船员必须确保吊升物体不会挂住船上任何部位。如果吊升用具仍系带着拉绳，有控制地溜送出拉绳，直至拉绳系重量袋的一端将被拉到空中，将此袋投下直升机所在一舷（通常是船的左舷），但是不要向着旋翼向上抛出。

（5）一旦将拉绳完全解脱清爽，向右操船驶离直升机。

9.4.4.7 紧急脱离程序

在直升机作业过程中，船员必须保持警觉并随时报告任何危险迹象。如果艇长或者机长感觉操作不安全，就应该果断地实施脱离程序。实施脱离程序时，艇长要做到：

（1）指示船员将绞车吊索、吊救用具和拉绳推到直升机所在的一舷舷外。

（2）向直升机发出约定的紧急脱离视觉信号

（3）如适用可行，打开蓝色紧急信号灯或识别灯指示灯。

（4）转向驶离直升机。

（5）直升机绞车手收回吊索、拉绳和吊救生用具后，飞行员再操纵飞机离开船舶。

9.4.4.8 "空对海"视觉信号

固定翼飞机可以通过使用下列视觉信号指引救助船舶：

（1）绕船舶盘旋至少一圈，引起船舶注意飞机将发出视觉信号。

（2）在接近船艏的低空横向飞越船舶的计划航向，同时摇摆机翼（也可以用开关油门或者改变螺旋桨螺距的方式代替摇摆机翼），表示将指引救助船舶。

（3）对着救助目标的方向飞行一段时间，即救助船舶应驶往的方向。

（4）还可以低空飞越船尾，并摇摆机翼（也可以用开关油门或者改变螺旋桨螺距的方式代替摇摆机翼），表示已经不再需要该船前往救援。

当船舶发出信号后，飞机可按图9.13作出回应：

信息收到并理解（摆动机翼）

信息收到但不理解（盘旋）

表示肯定（上下点头）

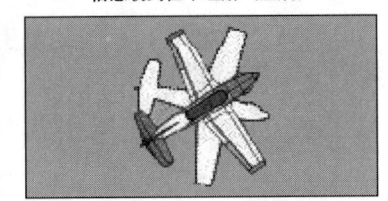
表示否定（左右偏航摇摆）

图 9.13 飞机作出回应

9.4.4.9 "海对空"视觉信号

救助船艇或遇险船舶的船员可按图9.14向航空器发出视觉信号。有时，航空器难以从众多的水面船舶中识别出应联系的船舶，此时，船舶可以做一个急转回旋，这个众不同的圆形的尾迹，可以使该船从其他船舶中脱颖而出。

图 9.14 "海对空"视觉信号

9.5 营救水面漂浮人员

9.5.1 概述

他船弃船逃生的旅客和船员、从坠落或迫降的航空器逃出的人员、本船意外落水的船员等水面漂浮人员,作为水面被营救对象基本都是相同的,但是由于救助船艇及其救助设备、环境条件各有不同,因而营救方法有所不同。

无论使用何种设备和方法,无伤害地接近水中人员,安全地将人救起,都需要精巧细致的操作,粗鲁生疏地运用设备会严重伤害被救人员。救助船员只有运用各种救生设备在各种天气下演练营救模拟橡皮人,才能掌握营救水面漂浮人员的基本技能。

没有各方面情况都相同的营救行动,然而,通过总结经验,可以制定一些一定程度的标准化程序或预案,以便发现水中人员后按程序或预案争分夺秒立即营救。

9.5.2 一般指南

(1)抵达营救现场时,根据风和流的方向,选择接近水面人员的适当角度,立即展开营救。

(2)向船员简要说明救人方法和意图,分配任务。

(3)指定一人担任指引员,在营救期间始终看着水中人员,向船长报告水中人员的方向和位置。

(4)如放艇救人,应指定一人用便携甚高频电话与艇上人员保持通信,并向艇上人员指引落水者的方向。

(5)适时向救助指挥员报告抵达时间。

(6)根据水中人员是否有知觉或受伤的状况决定使用的营救方法。通常,在干舷最低处将人救上船,并应避开螺旋桨的影响。

(7)救助者直接下水营救水中人员,救助者本身所冒风险较大,应首先使用浮具、抛投式救生袋、救生圈、救生浮绳、救生担架和救生软梯、气胀救生平台系统、救生网等设备救人。当海况条件允许,必须由人在水中营救时,才能考虑派人直接下水营救。

要确保下水人员熟悉可能的危险(恐慌的水中人员抓住救助者、水冷等),并穿戴必要的装具,如保温服、脚蹼、游泳护目镜等。

(8)如需营救多人,首先搭救在水中没有浮具的人,然后再搭救有浮具的人;首先搭救水中没有保温装具的人,然后再搭救有保温装具的人。

(9)如待救人员较多,应先投下救生筏和各种救生浮具,然后逐一搭救;如果待救旅客散布范围较大时,可放出漂浮缆,一端系救生圈,另一端用救助艇拖曳,用缆围绕待救旅客漂浮的水域,使落水人员抓住缆绳,避免分散漂失,便于集中营救;如为夜间环境,可由拖轮或申请直升机为营救现场水域照明。

（10）浸入冷水的人，很快会失去肌肉的力量和协调性，通常不能自行登艇，登艇中每一步都需要救助船员协助，救助船员应在救人的舷边就位。对怀疑是体温过低的水中人员的搭救动作应轻缓，保持落水者身体水平，减少血压迅速下降的机会。

（11）对获救人员进行体温过低护理。

（12）尽早向获救人员询问确定水里是否还有其他待救人员并曾经被看到，直到确信所有的幸存者已被救起，并且同时获得救助指挥员的同意后才能离开现场。

9.5.3　大型救助船艇营救水面漂浮人员

9.5.3.1　概述

救助拖轮和快速救助船船体较大，续航力和抗御风浪的能力较强，但也限制了本船直接救起水面人员能力。船体质量大，惯性大，难以在缓速状态下准确接近水中人员而不发生撞击。在波浪中船体摆荡，即使在停船状态，其钢质结构也可能对水中人员造成很大伤害。

相对于灵便型救生快艇或快速救助艇，大型救助船艇操纵性差，易错过接近水中人员的短暂时间，重新操纵接近耗费时间；有时直接营救水中单独人员尚可，难以调整船位及时营救水中多人，顾此失彼，船体或推进器易伤害其他水中人员。

大型救助船艇（图9.15），即使甲板较低，对营救水中人员来说仍然是太高，即使风平浪静中也不容易将水中人员拉上。救助拖轮前部和中部甲板太高，作业空间受限，所以通常要以尾甲板作为营救平台，而尾部附近恰恰是对水中人员最危险的区域。国际上最新的油田救生守护船已将救生区改在船中部。

图9.15　大型救助船艇

所以，大型救助船艇通常应与水中人员保持能避免碰擦的安全距离，利用配备的人命救助设备，如船载小艇、可吊式救生筏或各种捞具，间接地将水面人员救起。

9.5.3.2 使用捞具一般指南

在恶劣海况下,如果难以放出艇筏救人,而又没有其他救人手段时,只能靠伸出舷外的捞网、吊篮等各种捞具捞起漂浮人员。使用捞具救生,是对船长操船能力的严峻考验,在不能放艇时,面对待救人员宝贵的生命,总要尽力而为。

使用捞具需抵近水中人员。船舶受风面积大,会比水面人员漂移得快,如果从上风接近,在风的推动下,难以控制接近速度和距离。所以,一般应船首迎风,从下风方向去接近待救者,随着待救者的接近,用变距桨调整速度,用侧推器逐渐调整舷向,使舷侧捞具恰好截住待救者的漂移路径,待救者漂入捞具后将捞具吊回。或者,接近水中人员后,在其侧旁保持与其同速漂移,用侧推或全方向首推进器转动船首,使待救者从侧面进入捞具。避免船体或捞具伤害水面人员的关键在于接近时的速度越慢越好,抵近后保持船舶处于接近静止状态,让待救人员漂入捞具。

用捞具救人需要大量的演练。配合演练的船在 500 多米处抛出适当数量的模拟人(平静海况下也可用演练船的救生艇抛投),演练船以尽可能快的速度将模拟人捞起。在熟练之前,只能一次抛出一个模拟人,多了容易漂失。营救模拟人的演练中,为避免模拟人丢失,演练船可能有很多大胆行动,快速接近模拟人,进入多个模拟人漂浮区域的中心,粗鲁快速地将模拟人捞起等,这些大胆行动绝不适于营救海面人员,也不能盲目依赖演练船捞模拟人的成功而期望营救海面人员时有同样的效率。

9.5.3.3 捞网

海上油田守候拖轮应用最广泛的捞具是捞网(Dacon scoop),如图 9.16 所示,优点是重量轻,柔软,即使在大风浪中也不易伤害水面人员。这是一种长方形的网,二端各有一根用作网纲的撑杆,一端系在甲板舷边,另一端用液压伸缩吊吊挂着伸展出舷外,而中部垂到水面下形成张开的网。救助船张开网,驶至适当位置,待水中人员漂入网区,收缩吊臂将外伸的一端收近舷旁,将网中人员救上船。

无伤害地营救水面人员的关键在于接近时的速度越慢越好,最好是保持船舶处于静止状态,让待救人员漂入网内。船舶受风面积大,

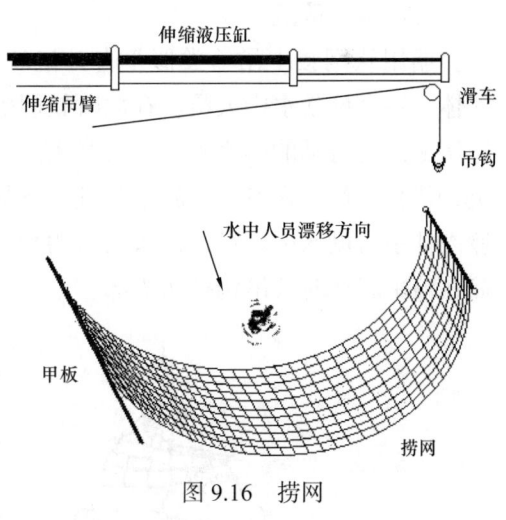

图 9.16 捞网

会比水面人员漂移得快,如果从上风接近,在风的推动下,难以控制接近速度和距离。所以,操纵性能好的船一般应从下风方向去接近待救者,船首迎风,随着待救者的接近,用变距桨调整速度,用侧推器逐渐调整使船首捞网恰好截住待救者的漂移路径,让待救者漂入网区,如有全方向首推进器,则可仅使用首推进器去接近待救者。或者,接近待水中人员后,在其侧旁保持与其同速漂移,用侧推或全方向首推进器转动船首,使待救者从侧面

进入网区。

没有摇杆的船可以借助自动舵从侧面接近待救者。将自动舵设定航向与待救者舷角成90°。用首侧推向待救者一舷推，比如，向右舷推，船首向右转动，而自动舵就会试图将船首转回原设航向，就会打左舵，这使船尾向右转动。这样的结果是，首侧推使船首向右，尾舵则使船尾向右，合力使船体向右横移。当然，在船没有对水速度时，只有进车排出流才能产生舵力，在不同风力下，需要开多大的进车顶风，自动舵灵敏度如何设定，需要有意尝试的船长去摸索。船上如有足够的人手，可以不用自动舵，靠船长喊舵令来操作，但反应速度可能较慢。

使用捞网的成效几乎完全取决于船长操作船舶和船员操作设备的技能。吊臂越长越好，捞网可以伸展得远一些，扩大了可救范围，降低了操船接近漂移者的难度，但是，无论吊臂多么长，也需要高超的技能才能在强风巨浪中从水面将模拟人或真人网起。

油田服务拖轮和新型救助拖轮习惯于用尾部抵近作业，这有许多有利之处，所以，当使用捞具时，船员会自然地倾向于在尾部舷侧张开捞具，抵近捞救。但是，这种做法很易伤害水面人员，这类拖轮的尾部形状是宽大而浅薄，在大风浪中，尾部易于跳离水面，然后猛然落下拍击在水面人员的头顶。救助船应将捞具张开在船中部以前或接近首部，以舷部抵近水面人员，前提条件是舷部附近有吊机。另外，在捞人过程中船长的位置是否可以看见水面人员和捞具情况，在看得见的情况下如何操作船舶无伤害地将人网起，也是关键性的问题，解决问题的办法是装备可移动的操船手柄，使船长可以转移到驾驶台两旁操船。

9.5.3.4 吊篮

船用软网救生吊篮类似于直升机软网吊篮，但体积较大，至少可载两人，并有柔性浮体，不会撞伤水中人员。存放时软网落下，吊起后软网自然展开。软网吊篮适于吊救神志清醒尚能游动的落水者。救人时用液压折臂吊或伸缩吊放至水面，用吊操纵接近水面人员，待救人员进入篮内，起吊收进。待救人员通常无力自行进入篮内，可以由救生人员在篮内伸手协助水中人员。进入吊篮的救生人员应穿着救生服和专用安全帽盔，以防软网吊篮在浪中起伏时被吊钩打伤头部。

图9.17 吊篮

捞网作用范围较大，但要靠船的运动来改变捞网位置，而吊篮作用范围小，但可用吊臂灵活地调整在水面的位置，因此会比捞网灵活有效。

有的船使用硬框架吊篮，用液压吊臂伸出，待救者漂到吊篮上方，起吊将人兜起。也有的船使用救生担架。在风浪中，水面人员无法躲避摇荡的吊篮和担架的硬性框架，会对待救者造成某种程度的伤害，所以，应有救生员在吊篮或担架上，保护和拉上水面人员。

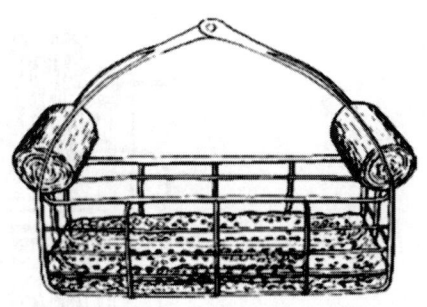

图9.18　框架式吊篮

有的船使用可吊式气胀救生筏，也需有救生人员在筏内协助水中人员进入筏内，然后用吊机将筏吊起。

9.5.3.5　人员下水营救

营救丧失知觉或受伤的水中人员，往往需要有人下水营救。如船上有专业救生员，海况条件允许，可安排专业救生员下水营救。大风浪中下水救人，即使是经过专门培训和装备精良的船上或直升机的专业救生员，本身也要承受极大的人身风险，一定要在海况允许的情况下才能安排救生员下水。

直升机游泳救生员具有强健、敏捷、有耐力的体征，经过充分培训，具有为遇险人员进行入院前急救的技能，配有可在较大风浪中在海上维持功能30min的装具。游泳救生员的医疗急救技能也可以为其他并不需要游泳的救助提供医疗急救帮助。如需要医疗协助，可报告救助指挥员，要求在现场或议定的其他集中地点进行急救。

普通救助船员没有经过水中安全和下水救人的专业培训，只有在海况较平静的条件下，在非此不可的情况下，才能考虑安排普通船员直接下水营救。普通救助船员下水救人的一般步骤：

（1）根据水温和天气情况，下水船员必须穿戴外套救生浮具的湿式或干式服、头盔，挽具和拉绳。

（2）为了能迅速展开，平时拉绳应盘绕起来系附在船员后背的挽具上。船上应安排其他船员照料下水船员，在其下水后，有专人负责照料展开的安全拉绳，并始终牵住拉绳绳端。

（3）下水船员游近失去知觉或受伤的水中人员，利用马蹄形救生浮套住水中人员，或将其系牢在适当的浮具上，有时也可直接从背部抱住水中人员，由其他船员拉住安全拉绳将他们一起拉回船舶。注意，不要让慌乱或意识不清的被救人员反抱住救助人员。

9.5.3.6　脊柱固定板和担架

如果条件允许的话，可将脊柱等受伤的水中人员系固到脊柱固定板上（图9.19右），便于拖吊上船及在船上移动，但在水中系固伤员需要较长时间。如使用漂浮担架（图9.19左），则不需系固。这两种设备仅在海面平静并且人员受伤严重时使用，海上有风浪时难以应用（图9.19）。

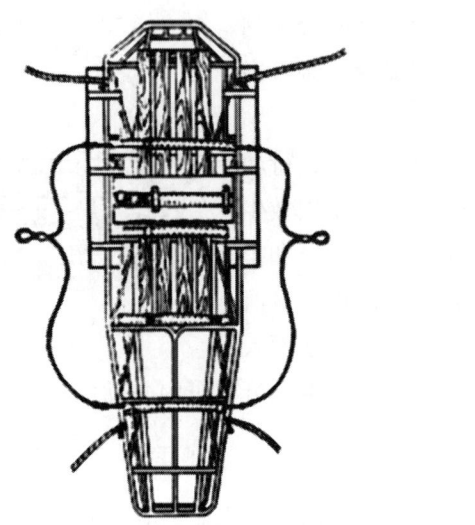
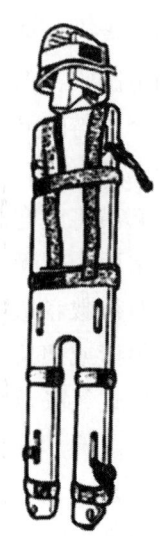

图 9.19　脊柱固定板和担架

9.5.4　灵便救助艇

9.5.4.1　概述

国际人命救助界根据多年的实践，总结救助船艇碰撞被救船和水中人员的教训，形成了以灵便型救生快艇和快速救助艇营救水面人员和靠近遇险船接人的概念。灵便型救生快艇通常在港口水域停泊，也有装载于大型快艇上的。而更小的快速救助艇因重量轻，吃水浅，已广泛地用于船载或放在陆地拖车上备用。灵便型救助艇形体小，操纵灵活；干舷低，易于将水中人救上；艇体或护舷有较好的弹性，既抗撞击，又不易撞伤水中人员。先进的灵便型救助艇可以进水不沉，有自扶正功能，甚至180°自动浮正，加之航速快，机动性强，被称为水上救生的利器。这两种艇的先天不足是艇体较小，抗御大风浪的能力较差，续航距离短，乘员少，风浪天或长时间作业易造成艇员疲劳，所以，只适于在近海或母船附近作业。

目前国内专业救助拖轮尚未配备快速救助艇。少数救助船舶配备的小型快速救助艇，在风浪中易于倾覆，并没有自扶正功能；艇尾挂机，进退操纵不灵；舷边浮体胶单薄，易损坏；另一个重要的问题，现有各救助拖轮的放艇吊架均不适于在风浪中收放救助艇。起吊以后，艇随着吊索大幅度摇荡，难以控制，易于出现碰艇、坠落、吊钩伤人，有时海上仅5级风，已经难以将艇放出或收回。国际上有种观点认为3.5m波高（无论是风浪或涌浪），用普通吊放艇装置，即使艇很轻巧，技能高超，也难以将艇安全收回。

新造救助拖轮及快速救助船将普遍装备先进的船载快速救助艇，并装备单吊点防摇荡型吊艇架，以绞接架臂锁紧艇，架臂移动时艇不会荡秋千，可自如地将艇和满载人员一同吊起收进。切记，船载快速救助艇本身抗风能力有限，母船收放小艇的能力也有限，一定要在海况允许的情况下使用。在较大风浪中，如果未配备先进吊艇装置和确保艇员安全的先进的快速救助艇、艇员未配备先进的个人救生装具、船员和艇员尚未经过大风浪操艇救生和收放艇培训和演练，船长应考虑使用其他方法营救水中人员，不可贸然放艇下水。

9.5.4.2 施放船载快速救助艇

载艇母船通常应驶近水面人员的下风附近安全距离处，顶风顶浪，选择两个波群之间浪高较小的间隙，将艇放下。船舶在水上受风漂移的速度都远大于水面人员，在下风方向可避免漂移撞压水中人员；顶风有利于操纵保持艏向和船位及与水中人员的适当距离；收放艇时，母船大幅度横摇增加小艇相撞的风险，顶浪可减少母船横摇幅度；通常小艇存放时艏向与母船一致（亦应如此存放），在水中人员的下风顶浪，使小艇入水后不必大角度转向，可直接顶浪驶向水中人员，有利于艇迅速地恰当地接近水中人员；有利于艇顶浪安全航进和返回后最终顶浪进入起吊位置。

视具体情况，母船亦可艏向偏开浪向30°左右，使下风舷形成一定程度的遮蔽风浪区，在下风舷放艇。

视具体情况，放艇后，母船亦可顶风驶至水中人员的偏侧上风方向，便于小艇救人后直接顶浪进入起吊位置。如右舷放艇，母船应驶至左侧上风方向，反之亦然。

快速救助艇下水前，全部艇员必须穿戴好防护服和安全帽。艇员携带便携式甚高频对讲机，与母船间保持通信，由母船指引驶向水中人员。

9.5.4.3 灵便型救助艇接近水中人员的方法

快速救助艇通常应从下风方向（顶风顶流）向落水人员接近，当水域受限而不能从下风接近时才从上风接近。

1）从下风接近

从下风接近，以艇艏迎受风、流、海浪或三者的共同作用。风和流来向往往不同，应选择一个适当的艏向使艇易于接近落水者。应迅速驶向落水人员，但是当已经接近落水人员时，必须降低船速，并短时倒车使艇停止前进，以避免猛力碰及水中人员。当落水人员靠近舷边时，使艇侧的救生位置最靠近落水人员，尽量保持艇位相对不变，将水中人员救上。

救人上艇期间，艇应始终顶风顶浪。小心不要用车过大而使艇越过落水人员，或者用车过小而使艇漂离落水者。如果落水者漂移到船后方，不要试图倒车接近落水者，更不要试图从艇尾将人救上，艇尾螺旋桨会伤害水中人员。

2）从上风接近

只有当水域狭窄或其他原因而无法从下风驶近时，才从上风驶近。但是，应避免出现由于上层建筑或艏受风面积的原因而导致无法转向顶风的局面。操船进入落水人员的上风或上流位置，停车（空挡），使船漂向水中人员。应确保漂移使落水人员恰好位于船侧救生位置处，但又不能让船漂移压过落水者。

上风接近很难操作，所以应尽量用从下风接近的方法。

注意：在大风浪中不可从上风接近水中人员，这会使艇压过水中人员。

9.5.5 从水中救起人员

9.5.5.1 概述

越大的船舶,越难于无伤害地靠近水中人员,干舷越高,越难于安全地将水中人员拉上船。如果条件允许,应当放下小艇先将人救上小艇。

如果落水人员仍有行动能力,艇上人员可抛出附有救生浮索的救生圈,将落水人员拉至艇旁。若落水人员已失去知觉,应驶近并用长杆圈环将其套住,或用带钩艇篙小心地钩住落水人员的救生衣,将其拉至艇旁。

人在水中有浮力,重量较轻,但是,一离开水面就会变得很重,将人提出水面时对此要有思想准备。

9.5.5.2 水中人员上船方法

(1)有些小艇的结构使救助艇员在艇内探出上身就能伸手够到水面人员。两名艇员在待救者两边各将一只手放到落水者腋窝下(另一只手抓住船帮),将水中人拉出水面;海况平静时,两名艇员可各用双手将人拉上(图9.20);先将获救者放到船帮上能够坐下的位置,然后扶着获救者放平身体转入艇内。

(2)如果只有一名艇员救人,让水中人面向船舶,两臂上举;艇员交叉两臂抓紧水中人双腕;艇员将水中人提出水面,同时将交叉的双臂展开,水中人螺旋运动一周被提上船。

(3)两舷为圆柱浮体的小型快速救助艇,可托住水中人员的头和颈部,将水中人员放平,轻缓地翻到艇内。

(4)如果干舷太高,用马项套方式将绳子穿过水中人员双臂腋下,绕过胸部从脑后引上,拉紧绳的两端,将人提上船(图9.21)。尽量使用衬垫减少被救人员的不适感觉。注意不要在获救者背靠栏杆的状态下将其拖过栏杆。

图9.20 将水中人拉出水面

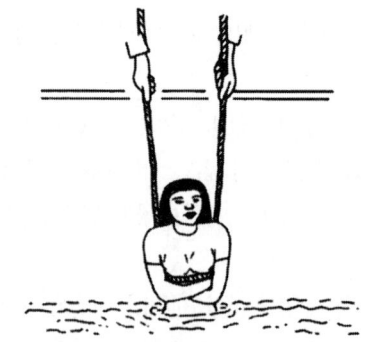

图9.21 用绳子将人提上船

(5)多根套绳滚动法(图9.22)。当水中人员很重时,使水中人员身体放平,用两根粗壮的化纤缆绳,相距约1m,从水中人员身下穿过。两根缆的一端在船上分别系固,另一端分别绕过水中人员的胸部和大腿中部,返回艇员手中。艇员平衡地拉动两根缆绳,水中人员就会翻转进入艇内。

（6）软梯或绳网滚动上船法（图9.23）。用软梯或绳网代替套绳，按套绳法操作，使水中人员滚动上船。

图9.22　多根套绳滚动法

图9.23　软梯或绳网滚动上船法

9.5.6　快艇在大风浪或破浪区营救水中人员

快艇在大风浪中营救水中人员，必须特别考虑船员的经验和技能水平，以及艇的性能，不要试图超越艇的操作性能极限和船员的经验技能水平进行救助，要避免冲动激越的情绪影响正常的判断力。

9.5.6.1　大风浪人落水后艇的操纵

在大风浪中，船艇通常采用顶浪航行。如果发生人落水，需要转为顺浪航行返回现场，转向操纵是困难的。

当落水发生时，艇在浪中的位置可能使艇长不能立即转向，如果立即转向，可能使艇艏或舷侧入波浪太深。应向前推进，距落水者有一段安全距离后，减速保持船位，等候转向机会的到来，即浪群之间较平静的间隙或破浪区中间歇出现的不破浪窗口。

一旦较平静的间歇或窗口出现，运用大风浪艇操纵章节所述方法向左或向右转向，转为顺浪航行至落水者下风安全距离处，再转向顶浪。驶过落水者时，要观察落水者的状态，比如是否有知觉，脸部向上还是向下，这有助于决定最终如何接近落水者。如果人落水时抛下的救生圈未被落水者抓到，驶过落水者时还应抛下第二个救生圈。

利用海况较平静的时机转向顺浪后，尽快驶至落水人员下风安全距离，立即快速转向顶浪，以防大浪或破浪到来时处于横浪状态。

当艇转向顶浪后，停止前进运动，如果可行，以临近的陆上物作为参照物保持船位。同时利用这段时间考虑如下问题：

（1）艇与落水人员的相对位置。

（2）艇与落水者在风流中的漂移。

（3）风向。

（4）落水者附近的非破浪窗口的情况。

（5）如有需要，重新分配艇员的任务。

（6）派一名船员到艇上营救区域就位。

注意：在操纵过程中，决不允许任何船员任何时间到艇艏去，以免遭遇极大的危险。所有船员必须停在营救作业甲板之外的安全地点，直到船舶完成转向操作，艇艏顶浪后，当艇长发出指令后，方可进入营救甲板区域。指引员通常应在艇长操艇甲板处，保持直接向艇长报告。

9.5.6.2 最终接近水中人员

要根据强风风压的作用，适当地调整艏向，靠近水中人员。可能需要调整使艇的真运动直线与落水人员的漂移线相互平行。

当最终接近时，必须调整艇速，以免从波浪的背坡快速滑落。以艇艏系缆桩或其他物体作为准星瞄准水中人员。靠近水中人员时，减至仅能维持舵效的艇速，以免撞击水中人员。对波浪测时是非常重要的，要根据测时，利用波浪较平静的间歇靠近水中人员。

指引员应利用艇上的参照点，大声地向艇长报告水中人员的相对方位和距离。

注意：破浪或陡峭的波浪能将水中人员冲击到舷边或艇尾，伤害水中人员。

9.5.6.3 搭救有知觉的水中人员

理想化的情况是，艇停住的位置应使营救甲板与水中人员仅有一臂之隔，使艇员简单地探身伸臂拉上水中人员。如果距离稍远，水中人员也可游动到艇员胳膊所及之处，或抓住艇上扔下的拉绳被拉上营救甲板。要利用一切可以利用的方法将人救上，要注意，水中人员往往体温过低并极度疲惫，当被从水中拉出时，通常无力配合艇员的操作。另外，在破浪中使用救生拉绳对推进器是非常危险的，照料拉绳的艇员必须始终保持警觉使拉绳在控制之下。投下拉绳时，应通知艇长。

9.5.6.4 搭救失去知觉的水中人员

在破浪中搭救失去知觉的人员是一个巨大的挑战，必须操艇靠上落水者，同时，艇员间的联络是很关键的。

艇长操艇直驶水中人员，当看到水中人员的视线开始被艇艏遮住时，根据哪一舷最易于搭救，稍稍向左或向右转动，如果可能，向着水中人员的上风驾驶。此时，艇长无法看到被艇艏遮住的水中人员，指引员应向艇长报告水中人员的位置、与船体的距离和经过船体时的横距。

当指引员报告水中人员已漂近驾驶台时，艇长应开始朝水面看一下水中人员的位置。看到水中人员时，艇长可以根据需要作最后的速度调整，观看船旁流过的泡沫或水泡有助于判断当时的船速。

当水中人员漂近营救区域时，迅速地将船停住的做法既有利，也有弊：一方面，当艇仍然向前移动时，很难用手始终抓紧水中人员，需要尽快将船停住；另一方面，快速停船需使用倒车，而倒车流会将水中人员推离船边。

所以，必须在水中人员漂近营救区域之前，及早把艇速降下来，在搭救水中人员之时，艇已不在水中移动。艇长可用双车倒车，或仅使用外舷（没有水中人员的一舷）车倒车。仅用外舷车倒车的好处是会推动营救区域向水中人员横向接近。然而，注意不要让艇艏过于偏开顶浪方向。

首次接近后，如果水中人员横距过远，伸手够不到，不排除使用带钩艇篙的方法。带钩艇篙可能会对水中人员造成伤害，但总比倒车退出或转为顺浪再一次尝试靠近要强得多。或许只有一次搭救的机会，务求一次完成。

9.5.6.5 营救他船弃船的水中人员

营救遇险船舶弃船的水面漂浮人员的方法与营救本船落水人员的方法相似。

在岸边水域，艇长可能被要求使用大风浪操艇章节所述方法，平行于波峰线进入破浪区，或倒退接近海岸，或顺浪接近海岸。艇长应将艇放在水中人员的下风位置，按本章前述方法顶浪接近水中人员。注意，未经破浪区救生专门训练的快艇，不应进入破浪区作业。

图 9.24　营救他船弃船的水中人员

9.5.6.6 水面救生员

在大风浪天气或破浪区使用水面救生员是极端危险的，这仅仅是迫不得已时采取的最后手段，并带来其他各种问题。体形小的救生员在水中搭救遇险者较难，体形大的救生员又不便被拉上船。救生员所系的保险拉绳增加了螺旋桨缠绕的危险。

9.6　营救救生艇筏上人员

9.6.1　概述

救生艇筏包括气胀式救生筏、开敞式救生艇、封闭式救生艇及各种救生囊（图 9.25）。现代救生艇筏采用全封闭方式，可为遇险者弃船后提供合适的生存平台，但不利于海上驾驶操纵。

许多封闭式的救生艇筏浮性很好，以至在海上极为动荡活跃，加之处于封闭状态，使得从艇上救出人员的操作困难复杂。

9.6.2　一般指南

从救生艇筏中救人前要考虑下列事项：

（1）立即转移人员是否安全和必要。

（2）是否需要等待天气海况好转，或者需要使用其他方式（如直升机）转移人员。

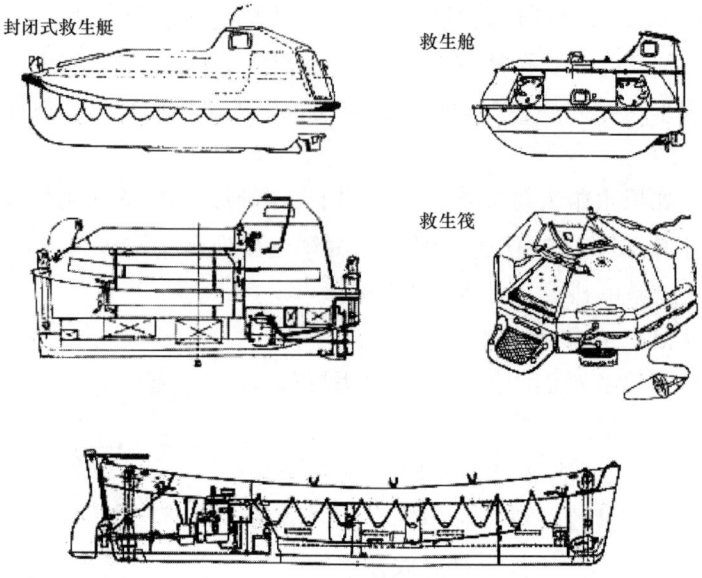

图 9.25 救生艇筏

（3）如果艇筏为全封闭式的，不转移其中人员而直接拖带艇筏是否安全和适当。

许多事例说明，幸存者在救生艇筏内是较安全的，而在恶劣的海况下，救助船艇操纵靠拢艇筏时的撞击冲压会对艇筏内人员构成很大危险。

现代全封闭式的救生艇或全封闭刚性救生筏可以在较长时间内安全有效地保护幸存者，往往不必冒险立即转移艇筏中的人员。有些救生艇筏在所有开口封闭后可以自动扶正，并且所有的幸存者以安全带系固在座位上。这类救生艇可以 6kn 航速航行 24h。油轮的救生艇有自备呼吸空气供应，并有自动喷淋覆盖暴露的艇体，可以在火中或者有毒气体包围中安全航行 10min。为适应自动浮正和火中生存能力，这类艇上的舱口很小。然而，小舱口也给人员的转移带来困难，即使在中等海况下，转移伤病员也是极其危险。在风浪中，往往难以为全封闭救生艇系带拖缆，如该艇仍有足够的续航能力，可为其护航至附近安全港口。

9.6.3 接近救生艇筏救人

开敞式救生艇人员直接暴露在风浪中，普通气胀救生筏也非安全久留之地，如条件允许，应尽快将其中人员转移到救助船艇。

救助船艇通常应从下风方向顶风驶近救生艇筏，这有利于救助船的操纵接近，如果救生艇筏放出海锚或操纵顶浪，救助船从下风接近更便于两船靠拢。接近后将艇筏置于本船舷旁，保持两船同速漂移，递送一根缆绳给救生艇筏作为舯缆，在舯缆和顶风作用下，救生艇筏自然趋向靠拢救助船舷旁。救助船调整舯缆长度使救生艇筏贴靠在干舷较低的营救区舷旁，如果需要还可再为救生艇筏系带尾缆。如本船干舷较高，应放出软梯等可供登船人员临时落脚的设备。

要掌握救生艇的跳荡规律，在救生艇跳起到最高点尚未回落时将人拉起，并迅速拉上船，不要在救生艇落下时向上拉人，防止人离艇而尚未登上救助船时被再次跳起的救生艇挤伤。普通救生筏为全柔性的筏体，筏体受浪持续无规律地变形，不易掌握人员在筏中起伏的周期，如起伏幅度较大，不宜直接用手去拉艇筏中的人员，应使用艇篙、梯子等可供筏中人员牢固把握的用具协助其登船。

操纵性能很好的救助船艇亦可从救生艇筏的上风接近，快要接近时转为偏侧受风漂靠救生艇筏，使救生艇筏位于本船下风的遮浪区而减小跳荡，但救助船操纵较难。船艇形成的下风区大体是倒三角形的，并向下风方向延伸约 1.5 倍船长。下风区域的大小和具体形状，是由干舷高度、船长、上层建筑的形状和相对风向决定的。救生艇筏处于下风遮浪区时，可主动驶靠救助船舶舷旁；或在原地收起海锚，以免缠住救助船推进器，以带钩艇篙捞取救援船舶投过来的缆绳，系好后被拉靠救助船营救区域。救生筏因漂移速度快，在未处于遮浪区时，不能急于收起海锚，以免快速漂移向下风，使救援船舶无法接近。

9.7 转移遇险人员

9.7.1 概述

任何时候在海上转移人员都存在一定的风险，被转移的人员可能是伤员或者不习惯海上环境的人员，海况可能非常恶劣，被转移人员或救助船员可能受到伤害或者落水，必须权衡考虑人留在船上或原地的危险和转移的危险。如果遇险船没有倾覆沉没或其他迫在眉睫的危险，人员留在船上是较为安全的，较稳妥的是由救助船拖带遇险船到安全地点后再转移船上人员，有时可等候风浪较平静时再转移人员。如果转移正常航行的船上的个别伤病员，亦可考虑让该船驶进避风水域后再转移人员。

从基地开出的救助快艇，因艇上空间所限，可能将许多救助设备存在陆上基地，出航时再根据任务性质将相应的设备运到艇上。出航前得知有可能从其他船上转移人员时，应调用足够的船员，带上可能需要的所有设备（额外的碰垫等）。

抵达现场之前，救助船艇难以明确现场情况是否允许安全转移，通常由遇险船船长或救助船船长在现场提出是否转移人员，再经船长们与救助指挥员、搜救协调中心商讨决定。

从各种类型的遇险船舶转移人员的技术基本相同，主要依风浪条件的不同而定。

9.7.2 抵达现场时的行动

（1）向救助指挥员报告抵达现场时间。

（2）了解现场情况，形成转移人员的设想方案。

① 遇险船是否放出救生艇筏，是否留在船上的人所处危险更为急迫。
② 遇险船是否仍有操纵能力。
③ 遇险船漂移方向和姿态，现场风流方向和波浪及浪群的规律。
④ 遇险船旁水中的漂浮缆和其他漂浮物。
⑤ 遇险船上可以靠近和不宜靠近的部位。
⑥ 从何方向接近遇险船；本船何部位接近遇险船及最佳接近角度。

（3）与本船有关人员讨论设想方案，分派任务。

（4）与遇险船船长讨论转移人员方案，要确知该船长完全理解救助船的意图和遇险船应有的行动。

要求遇险船船长签署放弃对救助中人命或财产损失索赔的文件，或通过电话录音确认。

（5）向救助指挥员报告行动意图。

（6）要求从事转移作业的所有甲板人员和遇险船待转移人员必须穿着救生保暖服或救生衣。

（7）考虑使用安全带或在甲板上备妥救生绳。

（8）准备碰垫。

（9）向遇险船提供需要的协助。

（10）指定一名人员在甲板上与遇险船上的人员保持通信联系，其他人员应避免呼喊指令，以免造成混乱。

9.7.3 大型救助船艇靠遇险船接人

9.7.3.1 傍靠转移人员

在海况较平静时，救助船艇可傍靠遇险船，这是最理想的接人方式。如遇险船较大，救助船可在遇险船的下风傍靠；如遇险船较小，可改在遇险船的上风傍靠。驶靠之前，在靠船的一舷放下充气橡胶碰垫，并备妥灵便碰垫。

如遇险船为大型船舶，且仍有操纵能力，由遇险船保持稳定的航向微速航进，如有可能，为救助船艇创造一个下风位置，就像引水员登船时的操纵方法。在大船螺旋桨停转及排出流平息前，救助船艇不要驶靠大船。救助船艇以大约30°从大船后方追上，逐渐调整船速与大船同步，调整航向平行靠向大船的人员离船点。注意，千万不要过于靠近大船的尾部，螺旋桨滑流可能把救助船艇吸向大船船尾，对有些船舶，救助船艇可能被吸向大船舷边的其他位置，船长和艇长必须意识到这种可能性并做好应对准备。

如大船失控随风漂移，根据大船的漂移姿态，救助船艇傍靠后应使艇舶处于顶风方向，据此来确定驶靠大船的方向。如大船漂移姿态不利于傍靠，如条件适合，可考虑要求大船抛锚或拖锚，然后用驶靠锚泊船方法傍靠。

如大船锚泊，无论大船艏向随风还是随流，或者风流不和，救助船艇均应从大船尾部方向驶近。如大船不是艏正顶风,救助船可选择大船的下风舷侧傍靠。

向大船递送过艚缆,然后缓慢减速,将艚缆引回成回头缆挽桩。大型救助拖轮还可像傍拖一样系带尾缆及横缆,均应系成回头缆,两船要做好准备可随时迅速解掉系缆(图9.26)。艇体较小的救生快艇,应从艏侧靠近大船的一舷出艏回头缆,千万不要从艇艏正中或远离大船的一舷出缆,以免在风浪和大船横向拉动作用下导致倾覆。

救助船艇在遇险船人员离船点傍靠就位后,使用可利用的过舷设备将遇险船人员转移到救助船上。救助船艇应使本船甲板或上层建筑平面与大船离船点高度相近的部位相靠,尽可能水平方向转移人员(图9.27)。大船人员离船的手段很多,在居住区或船艉附近的可升降的舷梯,引水梯,可令吊和担架、可吊式救生筏、吊货网等,有的客船配置的救生滑道或滑梯等。有些客船愿意从旅客登船门撤离人员,这些门通常位于船艉附近,在水线以上3～4m处,并可能从登船门处用吊重滑车把人放下,或从舷梯爬下。

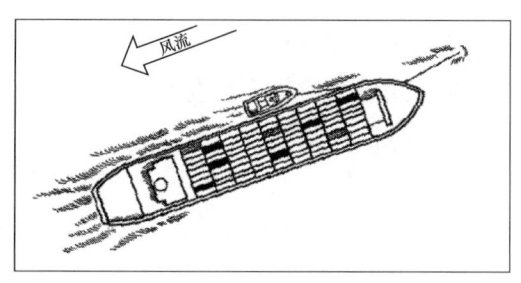

图9.26 递送艚缆

图9.27 人员转移

转移人员时,船长或艇长集中全力保持本船稳定在大船离船点处,救助船员必须在甲板上协助正在上船的人员。如有足够的船员,指定一名人员在此时处理无线电通信,另应指定一名人员处理在离船点处的口头通话。

当人员转移完毕,救助船艇转动以尾侧部顶住大船,使船艇逐渐偏开大船。艇偏开一定角度后,缓慢加速,待尾部清爽后,进车迅速驶离大船。

9.7.3.2 触靠

如果当时环境不适于系靠遇险船,可以利用浪群间较平静的间隙,以艏侧或尾侧适当部位和角度短时间接近至遇险船离船点位置,触靠遇险船,快速接人,一触靠即离开。最好触靠遇险船舷侧平缓且不受浪击之处,避开遇险船艏尾凹进部分。可能需要救助船在待转移人员离船点停留几分钟,持续地操纵保持适当的相对位置。在这种情况下,救助船不要系任何缆于遇险船,但应在触靠点备妥灵便碰垫。人员转移完毕,救助船立即以合适的操纵方式拉开与遇险船的距离,迅速驶离。现代三用船型拖轮以尾侧触靠接近较易操纵,接人后可进车迅速驶离。救助快艇以艏侧或舷侧触靠,接人后逐渐改变航向偏开遇险船的艏向,缓慢加速直至清爽。

触靠只适于转移少量人员,并且需要待转移人员有独立登船的行动能力。

9.7.4 用担架转移病人

从一条船向另一条船转移担架上的病人,在转移过程中,如果可能,必须配以漂浮装置和系有安全绳的柔性浮具,作为意外浸水的安全措施。

如果可能,尽量利用遇险船本船的设备装备担架。

如果担架没有配备漂浮装置,可以给病人穿上防浸救生服或在担架上放上防浸救生服。

如果情况允许,在水面上用担架转移病人时,特别是当担架没有浮力时,尽量避免把病人绑在担架上,以防担架在水中倾侧时出现病人面部朝下的情况。

如果有人经过急救医疗培训,安排他上遇险船做转移的准备工作。

在进行转移作业的人员之外指定一名人员监督转移情况。

9.7.5 遇险船放救生艇筏或其他浮具

两船无法接近时,如海况允许,处在上风的遇险船可在下风舷放出救生艇筏,或使用柔性浮具漂送至在下风的救助船。有时,可由救助船传送缆绳给遇险船或者遇险船在上风传递缆绳给救助船,遇险船将传递过的缆绳系住救生圈或防浸救生服,由救助船艇将人从水面拉至救助船艇。

救助船应在遇险船的下风方向顶风等候,避开遇险船的漂移路径,按 9.6 所述方法接近救生艇筏将人救起。

在这种情况下,遇险船人员常常对离开表面安全的有庇护场所的船舶而登上救生筏或跳入海中犹豫不决,可能需要耐心劝说他们,说服应直率明确而又具安慰性。在当时过度紧张的情况下,即使是明显应有的安全防范,人们也往往想不到,所以救助船需要在营救进程中始终对遇险船及其人员的每一步行动给予指导。

9.7.6 救助船放救生筏转移人员

当难以接近遇险船,或接近会造成很大危险时,可用救生筏将幸存者摆渡到救助船上。当救助船不宜接近水中人员时,也可用此法营救水中的人员。救助船放救生筏转移人员需要放出和收回这两个过程,不如遇险船放救生筏仅一个过程省时间,但有时仅有救助船的救生筏可供利用。一般步骤如下:

(1)救助船驶至遇险船上风方向。

(2)将救生筏由存放架取下,搬到本船下风舷边。

(3)撕开救生筏壳箱(两个合在一起的半壳)的密封条,将救生筏滚转出外壳。这一步主要是为了救助后可保留住筏壳,供今后再使用,如果时间紧迫或操作不便,亦可省略这一步,直接进行第 4 步操作。

(4)将筏放落水中,拉开释放绳使救生筏充气膨胀,然后将筏拉靠救助艇旁。

(5)用两根均足够横越两船跨距的拉绳系牢在救生筏上,最好使用高分子漂浮绳。

（6）用撇缆或其他适当方法把其中的第一根拉绳传给遇险船人员，让他们将救生筏拉靠遇险船。当遇险船用第一根拉绳拉动救生筏时，救助船逐渐松出第二根拉绳（任何时候都不要让第二根拉绳脱手）。

（7）当救生筏到达遇险船时，要求遇险人员按顺序逐一登筏，一人登上后，另一人再开始登筏。

（8）遇险人员全部登上救生筏并解掉第一根拉绳。救助船人员用第二根拉绳将筏拉回救助船。

当救助船向回拉载有遇险人员的救生筏时，要轻缓，当拉绳松弛时再拉紧。切记，普通救生筏及其系绳是不抗拉的，不要强力拉动救生筏接近救助船，应使救生筏缓慢漂近救助船。

（9）当从救生筏接上人员后，把救生筏收上船放气。将筏吊上船以前，可能需要排出筏中的水，轻轻提起救生筏压载水袋把手绳，使筏的一端抬起，让水流出。

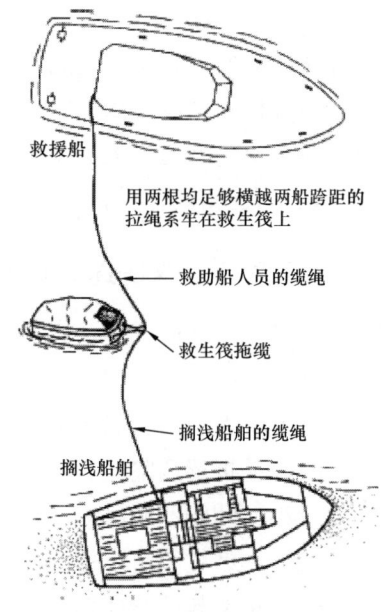

图 9.28 救生筏转移人员

（10）筏上船后，应用淡水冲净，但不要重新包装，留待船级社认可的筏站去重新打包。

注意，确保被转移人员穿着适当的个人救生装具。筏内人数不要超过筏的载量。如果需转移的人员超过救生筏的定员，要使用该救生筏作摆渡筏多次往返摆渡，则在第 6 步不应解除第一根拉绳，留住供两船间往复拉动救生筏。当救助船用第二根拉绳拉动救生筏时，仍留在遇险船上的人员逐渐松出第一根拉绳。

如因距离太远等原因而无法向遇险船或遇险人员传递拉绳，也可以仅使用一根拉绳放出救生筏，让筏受风漂到遇险船，但往往难以准确漂到遇险船，需要救助船调整船位来调整救生筏的位置，很难操作。

如果无法将救生筏收上船，根据具体情况可考虑拖着它或抛弃。

尽管救生筏有压载，在大多数海况下有足够的稳性，但在巨大的破碎浪中可能倾覆。因此，在海上有巨大的破碎浪（白浪滔天）或在激浪区，应考虑使用其他营救方法，例如直升机救生。

美国海岸警备队部分快艇装备了可载 6 人的救助/救生两用筏，既可用于快艇自身救生，又可用于营救他船遇险人员。普通救生筏也可用于营救他船人员，但性能稍差，主要有如下弱点：

（1）强度不足，不能强力绞拉。

（2）筏体正圆，水阻力大，不适于在水中拖拉。

（3）筏上充气篷顶，妨碍人员上下，且受风阻力大。

（4）完全柔性筏体，在浪中各部位无规律持续变形，增加了由筏中登船的困难。

救助船可考虑装备专用的椭圆形充气摆渡筏，底部一圈粗大的充气橡胶浮体，不伤人，抗撞击。浮体在筏内的一侧是一圈金属框圈，支撑椭圆筏形，增强筏的整体强度。椭圆金属框的两端，系有金属拉环，供强力绞拉。不仅用于海上摆渡，尤其适于下风海岸救生。当各种救助船艇因水深原因均不能接近被风吹到下风海岸的小船或人员时，可在该筏的一端设帆，漂送接近，接人后绞拉收回。可结合吊篮设计，绞至船旁后连人带筏一同吊起。加拿大已有遥控的动力救生摆渡筏。

9.7.7 船载快速救助艇转移遇险船人员

9.7.7.1 概述

在风浪中，当大型救助船艇难以靠近大型遇险船转移人员时，小型救助艇往往可以成功地靠近将人从遇险船接下。这有多方面原因：

（1）在抵近遇险船时，两船撞击力量的大小是质量和速度的乘积，小艇与遇险船碰撞的力量小，两船不易碰损。

（2）小型救助艇有较强的弹性护舷，先进的艇甚至有弹性船体，耐撞击。

（3）小型救助艇体形小，操纵灵便，可近距离地保持在适于接人的位置。

使用小型救助艇转移人员也有不利之处：

（1）艇随浪跳荡，遇险船上人员登艇困难。

（2）艇甲板面积小，登艇人员落脚难。

（3）遇险人员登艇后还需再次登上救助母船或随艇吊上，在风浪中吊艇操作困难。

9.7.7.2 遇险船人员离船的准备

（1）离船人员均应穿好密封保暖服或救生衣，内穿绒衣增加保暖，但不要穿着妨碍行动的笨重棉衣。

（2）收起可能妨碍快速救助艇操纵的漂浮缆等伸出舷外的物品。

（3）如有气胀滑梯或滑道，在下风舷施放，将离船人员转移到滑道底部的集结筏平台或救生筏上。

（4）在下风舷放下舷梯，舷梯低端可加碰垫并系牢。没有舷梯则使用绳梯。如有可能，将人员转移到救生筏上等候救助艇。

（5）可在下风舷布油镇浪，通过甲板泄水孔向海面播撒动植物油，起到平滑波峰的作用。

9.7.7.3 救助母船的操作

在风浪中，载艇母船通常应在遇险船的下风附近安全距离处，顶风顶浪，选择两个波群之间浪高较小的间隙，将艇放下。如条件合适，亦可驶近遇险船利用遇险船下风的遮浪区放艇和收艇，但要避免距离过近发生碰撞。如防艇装置为单吊点防摇荡吊臂，放艇时不必使用艇艏缆或止荡索，以便艇入水后能立即驶离母船。

艇接人返回时，母船保持顶风顶浪，垂下艇艏缆，供艇驶近收艇位置接住艏缆系牢，母船通过艇艏缆将艇稳定在挂钩位置。

9.7.7.4 快速救助艇的操作

艇垂落入水后立即进车驶离母船，顶风驶向遇险船下风舷接人。接近遇险船后，通常以 30°～40° 靠近舷梯或软梯，稳住相对位置，从艇艏将人接上。有时，遇险船漂移压靠救助艇，使救助艇舷侧与遇险平行靠紧频繁撞击，不易脱离，为避免此种情况，可垂直于遇险船用艇艏抵近接人位置。有时，可以用艇艏垂直抵紧大船舷侧。在风浪中，无论用何种角度靠近接人位置，必须及时地变换使用进倒才能稳住相对位置，如条件允许，可以用艇艏回头缆带住舷梯低端或大船离船点的适当设备，以减少频繁地变换用车。

如遇险船有倾覆沉没的危险，则不宜靠近其下风舷侧接人，应改在其上风舷或首尾接人。

人员登艇后应解开艏缆迅速倒车退离。如遇险船漂移较快，会压靠救助艇，使艇身平行靠上遇险船，离出困难，可用艇篙撑出艇艏，进车离开，或撑出艇尾，倒车离开。

返回母船时，应顶风与母船同艏向略偏开一个角度驶近，进入吊艇位置时保持与母船同向，抓过母船垂下的艏缆系固，将艇稳定在吊艇位置，挂钩起吊。

9.7.8 从陆上接人

这种救助需求有时发生在遮蔽水域，甚至更好一点的是在码头，有伤病员急需通过水上转移；或者发生在无遮挡或充满危险的地点，比如需要营救被涨潮隔断在浅滩或礁石上的人员、被风浪吹送到危险岸边而无法从陆上营救的人员、被困在孤立危险地点的人员。

9.7.8.1 情势评估

救助指挥员或救助船长应对下述方面进行评估，以决定是否需尽快将被困人员安全转移至安全地点，或者通过援助首先减轻人员的危难程度，然后等候安全条件下转移：

（1）与遇险人员是否已经建立通信联系。

（2）为何需要转移人员，人员境况如何，如紧急危险、体温过低、受伤、饥饿、缺水等等。

（3）可否空投紧急维生、保暖、保护、救生物品。

（4）转移人员有哪些风险，如海况、伤害人员、地理危险等。

（5）本船是否有安全转移人员的能力，如船员，快速救助艇，救生筏或救生浮具等。

（6）如果需要等候直升机/环境条件改善/其他更适合的救助单位到来后再转移人员，会有何后果。

（7）是否存在其他的撤离人员的方法。

（8）救助船如何才能更好地完成任务，如救助船直接接人，使用快速救助艇或救生浮具搭救，漂送救生筏、密封救生服、派出救生游泳员。

9.7.8.2 现场准备

（1）建立联系（电台、扩音喇叭、手语等）。

（2）向参加救助行动的救生员简述意图，包括谨慎注意事项和发生意外时的应对措施。

（3）向遇险人员简述意图。

（4）准备设备器材。

9.7.8.3 使用快速救助艇接人

（1）选择一块海上及陆上都无障碍的登陆区和波浪扰动最小的水域。不要在破浪海滩登陆。接近登陆区，停留观察所选区域的海浪的运动状况。观察好海浪的运动规律后，在波浪最有利的时机及时接近岸边（图9.29）。

（2）选择一个驶进角度，使驾驶员能够看到登陆区，并能避免船尾正向受浪。在海浪相对较小的期间，及时驶靠岸边，接下遇险人员。

（3）注意：在艇停住时易失控，在遇险人员登船时艇可能触滩。

（4）在转移过程中，所有人员必须穿着密封救生服或救生衣。

9.7.8.4 漂送救生筏接人

（1）在释放救生筏前，搜救船艇应位于可利用风、流使筏漂向海滩的地点。

（2）在送出救生筏前，可根据风的情况和人员登筏的便利情况，考虑保留筏顶处于充气状态或将筏顶遮篷内的气放掉。

（3）如果当时情况不允许救生筏自行漂向岸边，可以使用抛绳器发送引绳，引缆，或小漂浮物带漂浮缆的方式向岸边送一根引缆。

（4）释放救生筏时，应将救生筏筏体充气，并连接足够的可送至海岸的缆绳。

根据当时环境条件，艇长可以考虑在救生筏上安排一名救助船员协助遇险人员。

如果安排船员上筏，船员必须穿戴全套防护装具，包括防护保温服和安全帽等。

（5）从救生筏向救助船艇上转移人员是非常困难的，特别是海面不平静时。救生筏的软性筏底、软性筏地板，以及整个筏体都在持续变化运动，使人员登筏离筏很困难。在遇险人员由筏上船前，必须由救助船上的船员伸出良好的把柄使遇险人员抓牢。

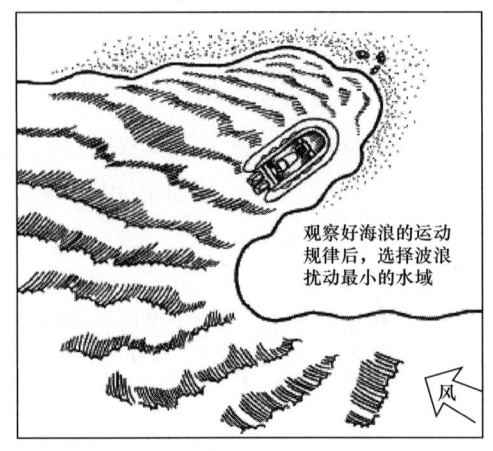

图9.29 选择合适的着陆区

图9.30 使用救生筏从/向岸上转移

9.8 从失火船上营救人员

9.8.1 概述

对失火船舶，救助的目标是优先营救船上人命，其次是防止失火船危及他船或其他第三方，第三是减少失火船的财产损失。对失火的大船，救人后通常应继续灭火；而小型船舶空间有限，失火后会迅速蔓延全船，船上人员易于受伤，通常必须对获救人员进行救治并撤离以进行医疗护理，留下小船继续燃烧。

营救失火船上的人员，是极端困难危险的任务。救助船通常只有二十余名船员，需要操纵驾驶和运转本船设备，对本船进行防护，能抽出登上失火船的人数只有几名，一小队救助船员从失火船上救人、冲进火场灭火的能力是极有限的。完整的消防应急系统包括消防队、紧急救护机构、警察等可能在港口岸上构成一个足以应对消防的完整体系，但是，远在海上孤军作战的单一救助船，有限的救助船员无法与这样的一个庞大的系统相比。

9.8.2 注意事项

任何灭火行动都存在固有的危险。

救助艇长必须明白救助船的局限性，特别要知道什么时候放弃行动。

任何灭火的尝试都必须考虑到救助船员有限的训练和配备的灭火设备的限制。

在任何情况下，救助船员无论如何都应避免进入船舶的燃烧区域，不要登上燃烧的小船。如果不得不进入，只能是当有待救人员在火场里，并且只能是穿着适当的防护装具后才能进入火场。如果清点了所有人数，确定了火场中没有待救人员，那么，任何为减少财产损失的灭火行动都不包括进入火场，除非火已被扑灭并经过现场检查。

当接近以汽油为燃料的燃烧艇筏时，必须特别的谨慎。救助艇筏抵达现场时，如果汽油油气尚未点燃，则油气爆炸的危险很大。

营救行动必须专注于确保证船上人员的安全。

不要使救助人员暴露在有毒烟气中，或者处于压缩气体或丙烷等气体爆炸的风险中。

9.8.3 从失火船上救人的一般指南

首要任务是建立起失火船人员的人身安全条件。按照遇险人员所处的危险程度实施营救，即首先从船上或从水里营救境况最为危险的人。

清点遇险船全体人员数量。

如果火很小，派遣一名救助船员登船搜索遇险人员可能是较适当的。

如果为转移失火船人员而接近失火船，应从失火船的上风接近，如果可能，应该利用船头对船头来转移人员。

如果救助人员登上失火船舶，必须穿着和携带所有能提供的防护装具，并且在船长和登船救助船员之间保持通信。

在利用船头对船头救人时，确保快速有效地转移人员。

如条件允许，应要求起火船的全体船员在起火船船头重新编组，如果救助船大小允许，应当一次完成救人作业。记住，救助船也处在很危险的环境中，一旦发生爆炸，救助船员的生命也存在危险。

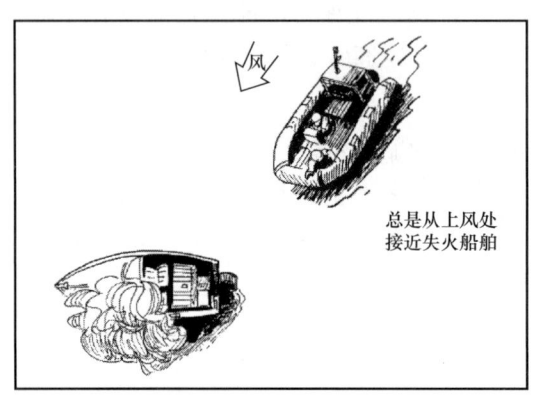

(a) 接近失火船舶

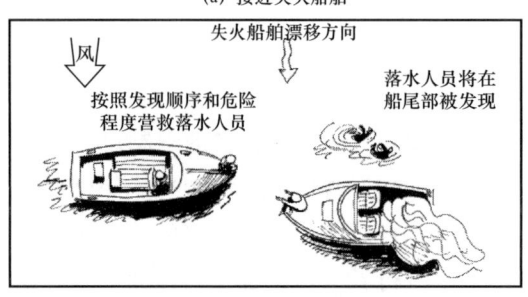

(b) 失火船舶转移

图 9.31 从失火船舶救人

如果船头对船头救人不可行，应当建议起火船上的船员穿上密封救生服和防护衣服，并且要求他们跳到水里，然后从水中救起。

因为风力推动失火船漂移的速度远远大于水中人的漂移速度，通常会在失火漂移船的上风发现水中人员。

利用合适的技术搜寻营救落水或船上的人员。

搜寻营救留在起火船上的人员，可能要求对火场进行一次勇敢地冲击。

在清点所有的遇险人员获救后，需要进行现场急救和按要求撤离。

如果没有进行现场急救和撤离的必要，可为减少财产损失而进行灭火，但是救助船员不应置身于危险之中，救助船员珍贵的生命不是失火船尚存价值能够相比的。

在许多情况下，最好留下起火船舶让其独自燃烧，特别是较小的船舶，经常几分钟即可完全烧毁。然而，如果失火船处于狭窄区域而可能危及其他船舶或构造物，或阻塞航道等，可能需要拖带失火船舶离开上述区域。

9.9 群体人命救助

9.9.1 概述

客轮、客滚船、客机、近海石油平台等海上设施遇险，危及大量海上人命，社会影响巨大。群体人命救助的应急反应可能涉及危险缓解、群体救生、损害控制、救捞作业、污染控制、综合交通管制、通信管理、大规模后勤保障、医疗和遗体处理、事故事件调查、强烈的公众关注等多项任务，仅靠常规搜救机构或常备搜救力量不足以胜任，需要由政府动员利用社会多种组织的资源，协调展开大规模行动，并需要事先得到社会各种组织的必要承诺和制订应对预案。为此，国际海事组织已于2003年制定了《群体人命救助工作指南》。

9.9.2 专业救助力量响应群体人命救助的一般性指南

（1）群体人命救助是专业救助力量重点响应的救助任务。由于它是低概率高后果事件，很难通过救助实践取得指挥和作业经验，所以，必须通过演练才能取得经验。

（2）群体人命救助是多种组织协调参加的大规模行动，驻守各地的国家专业救助力量应按交通部救捞局的指示，服从经授权的地方政府机构或搜救机构的统一组织，及时行动。在现场的专业救助力量应服从搜救机构指定的现场协调人的指挥。

（3）开始反应时宁可快速投入过大规模的救助力量，然后适时减少至适当水平，而不应开始得太迟或投入过少的救助力量。

（4）遇险船舶上旅客群体安全的责任是由其船长承担，在现场的专业救助力量，只能向遇险船舶的船长提出必要的建议，而无权干预其对旅客的组织管理。

（5）通信联系应使用所有涉及者都能理解的术语。减少不必要的与遇险船的船长或遇险航空器的机长的通信，避免增加其工作负重。

（6）如果遇险船舶没有显现临近沉没或倾覆的危险，只要安全可行，通常应让旅客和船员留在船上比较稳妥；航空器在海上迫降，通常应迅速从航空器上将人员撤离。

（7）应当使用可供利用的直升机，特别是挽救疲劳虚弱或者行动不便的幸存者。应当培训人命救助艇艇员进行配合直升机吊救操作。从直升机放下救助员来援救幸存者可能是可行的。

（8）如果救助船艇的干舷太高，不能安全地从水中或救生艇筏中救起幸存者，可以先将他们救到小艇上，然后再移送到更大的船上。根据当时环境情况，拖带获救的艇筏靠岸而不是在海上移送艇筏上的人员，也许是更安全的。

（9）回收并保护残骸供有关当局调查。

（10）向大量获救者提供在救助船期间的住宿、食品、医护条件，及时联系要求海上或陆上接应。向获救者说明对他们的安排计划和正在进行的救助情况。为使获救人员免受采访和照相机的烦扰，可以将其安置在适当的旅馆或其他庇护地点。

（11）控制无关人员（包括媒体）不得进入指挥或作业现场，以免影响救助工作。由指定人员接待媒体采访，保护直接参与救助指挥或作业人员的工作时间。

（12）媒体的报道可能比搜救机构或救助力量的实际工作更能影响对救助的舆论。未经授权的任何人员不得随意向媒体提供情况，应礼貌地说明正在全力工作中，请媒体与指定人员联系。经授权的部门应与媒体友好合作，积极主动向媒体提供情况，不应有无故拖延。

向媒体或公众提供的情报资料必须清晰、准确、一致。重大事件涉及许多机构和单位，需要进行协调，确保发送一致消息。重要消息应请示上级后才能发布。接待媒体应确定发言人和发言大纲。发言人不应推测事故的原因，不应评论其他敏感问题或应由其他主管机构回答的问题，并应告知媒体，专业救助力量当前工作集中在救助人命。

9.9.3 客滚船海事特点

各种类型的海上客船均属人群密集的场所，遇险后常造成人群混乱、拥挤堵塞的局面，阻碍船上实施自救和救生的各种行动，往往形成不可收拾的局面，需要外来力量的紧急援救。

目前，我国沿海水域客滚船已取代了单载旅客的客轮，并主要集中在渤海海峡、琼州海峡和舟山群岛。客滚船是各类客船中安全性能较不稳定的船型，主要弱点有：

（1）首尾门易受损坏，尤其是大风浪顶浪航行，首门更易损坏。
（2）大量旅客和车辆同船，安全管理和应变反应难度大。
（3）车辆及车载货物易于移动和失火。
（4）统长甲板上的汽车舱没有舱壁分割，一个大通舱贯穿船体全长，一旦进水会迅速倾斜，车辆移动加剧倾斜，丧失稳性，失去浮力，一旦失火也会迅速蔓延。

上述多种弱点使客滚船易于发生倾覆、沉没、失火等毁灭性事故，险情发展迅速，往往难以保全船舶，易于造成大量生命损失。

9.9.4 客滚船旅客逃生系统

我国客轮多数属于沿海行区客轮，按照我国海船救生设备规范要求，全船救生艇应足以容纳全船定员的40%；每舷救生艇、筏应足以容纳全船定员的55%。救生筏有可吊式与抛落式两种。

部分客滚船已采用由气胀式滑梯（或折叠式滑道）及人员集结平台组成的旅客疏散系统。旅客滑降到水面的集结平台上，再转移到救生筏上，也有的可直接滑降到系统配套的专用救生筏内。理论上半小时可以从船上向水面转移500人。

气胀式滑梯是引自航空旅客逃生滑梯，但没有防止坠落的外壁，适于从干舷高度较低的客船滑降旅客。但国际上也有干舷较高的客船使用较长的滑梯。

折叠式滑道最早应用于高层建筑和海上石油平台。人在滑道内的降落方式有曲线自由降落的，有顺绳溜下的，有踏步台阶式的。人员在滑道内被外壁保护，不经风雨，也不会坠落，适于干舷较高的客船使用。但是，高层建筑和石油平台本身是固定的，而船在风浪中运动着，滑道放出后有时不能顺利展开，放出后需要整理一番才能开始疏散。另外，只能在存放处的那一层甲板进入，国际上正在鼓励设法解决这些问题。有滑道的客船，旅客救生衣应为腰部可缚牢型式或不能上翻的型式，避免在旅客下滑中救生衣上翻而受伤害或堵塞滑道。

装备滑道或滑梯的客滚船，如果险情紧迫威胁船上人命安全，可以放出救生艇筏，利用滑道或滑梯将旅客转移到救生筏上，用救生艇将海面上救生筏收拢，防止分散漂失，集结等候海空救援力量到达。

专业救助部门正在研究在新造救助船上配备可移动的气胀滑梯或折叠滑道的可行性，如果救助现场条件允许，可以吊到遇险船上使用。现在的滑道和滑梯都是固定在客船上，长度是根据各客船干舷量身定造，各被救船的干舷高度，释放甲板高度不一致，救助船可移动滑道或滑梯长度如何适应这种不同，如何送到遇险船上，尚待研究。

9.9.5 救助船傍靠转移旅客

在海面风浪和涌浪较小的情况下，救助船可以并靠遇险船舯平行中体部分，两船内侧一舷放置大型充气橡胶碰垫减缓相互碰擦。客滚船通过舷侧门或最低一层露天甲板，利用滑梯或滑道将旅客迅速转移至救助船甲板上。救助拖轮具有宽敞低矮、平坦清爽的尾甲板，也是最适于在这种情况下接受旅客的船舶，这是平静海况下从遇险船上迅速转移大量旅客的最佳方法。

没有旅客疏散系统的船舶，可以利用舷梯、绳梯、跳板等转移旅客。

海上波浪较大时，救助拖轮难以抵靠遇险船。即使强行抵靠，二船在风浪中剧烈地不同步摇摆和垂荡起落，间距变动和上下落差巨大，旅客在转移过程中极易发生伤亡；风浪作用下，傍靠缆绳会接连绷断，打伤人员；缆绳绷断后，二船也难以维持平行并靠位置；二船连续碰撞，轻者造成船体和救生艇架等舷边设备损坏，重者造成二船漏损进水，甚至使遇险船提早倾覆沉没。

通常来说，海面轻浪，波高 1m 以下，二船傍靠碰擦会造成船体或设备轻度损伤。救助拖轮在客滚船下风傍靠，拖轮舷侧适当部位适当高度（主要是平行中体水面和舷侧顶部）放置专用大型充气橡胶碰垫可以减轻或避免碰损。如果过舷设备和安全措施适当，除老弱病残者外，正常健康的旅客可以安全转移至救助船上。

海面中浪，波高 2.5m 以下，傍靠橡胶碰垫难以抵御巨大的撞击力，船体损伤较大，短时间傍靠尚可以承受，可以转移部分身手敏捷的旅客。如果长时间傍靠，两船连续碰撞，会造成严重损坏，甚至导致二船进水。

海面大浪，波高 2.5m 以上，救助拖轮难以傍靠难船。但是，具体情况必须具体对待，各客滚船和救助拖轮的船型大小、设备性能各不相同，漂移状态、风向风力、风浪和涌浪的波高波向各不相同，两船在波浪中的运动情况各不相同。在当时环境和情况下，是否可以傍靠救人或采用其他救助方式，救助拖轮船长和遇险船的船长应根据现场天气海况、船舶性能，考虑旅客危急程度、救助方式的可行程度及二船和旅客所冒的风险程度，作出自己的判断。人命关天，人是最可宝贵的，为了挽救大量旅客，即使船体受到一定损坏，只要不威胁全船安全，即使冒险也要尝试傍靠。

但是，无论如何，应赋予救助船长有根据现场情况临机决定并具体实施的权利。大风浪救助是险中取胜，情况复杂，瞬息万变，取得成功就要冒一定风险，所冒风险是否必然造成损失,很大程度上是偶然性的作用,是很难预见的。所以,无论船长是否傍靠,或冒险尝试而使船舶受到一定损坏,只要船长在当时紧急情况下的决定没有明显不当,则不应在事后有充裕的时间详细分析了各种可能性后而追究船长的责任,这样才有助于减少现场作业人员的后顾之忧,防止一味冒险蛮干或者裹足不前的倾向。

9.9.6 救助拖轮丁字形接近转移旅客

不能傍靠时,如果天气海况条件允许,如果救助拖轮操纵灵活,船长和船员具有海上油田服务中抵近平台操作的实践经验,船长熟悉本船性能和船员能力,则可尝试采用两船丁字形接近的方式转移人员(图9.32)。

客滚船上层建筑纵向分布均匀,通常情况会与风向成某一角度横向受风漂移,漂移速度也大于救助拖轮,而救助拖轮上层建筑集中在前部,有"尾找风"的漂移特点。借助这些特点,救助拖轮在下风方向以船尾接近遇险船,距离5m左右,二船成丁字形就位,从尾部用高分子强力化纤缆出交叉缆或八字缆系到遇险船上位置较低的缆桩上,微速进车以保持尾部与遇险船的距离。

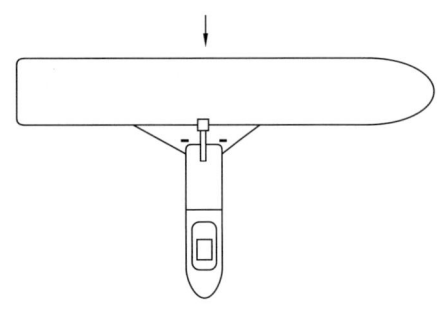

图9.32 救助拖轮丁字形接近

高分子强力化纤缆重量轻,可漂浮,人力可以拉动迅速带缆;有伸缩弹性,可缓解瞬间拉力,适于这种出缆较短的场合;强度高,破断负荷可达到200t以上,不易绷断。但是,这种缆不耐磨,尤其是不耐船体结构锐角处的滑动割动,因此,在遇险船导缆孔处要做好防磨衬垫。另外,遇险船导缆孔及舷内可以使用粗钢缆,延伸至舷外接一个抛锚钩和卸扣,然后再接高分子化纤缆,这样就避免了导缆孔处对化纤缆的摩擦。如果遇险船上没有粗钢缆,可以用链条或周径的钢缆多绕几圈代替粗缆。当然,化纤缆琵琶头也要有适当的衬圈。另外,救助船应配置至少3根高分子强力化纤缆。

救助船丁字形就位后,遇险船将气胀式滑梯、滑道放至救助拖轮尾甲板上,下端在尾甲板上用绳索牵住,快速转移旅客(图9.33),或者斜拉滑索用救生裤和拉绳滑降旅客。

丁字形接近的优点:

(1)二船保持近距离但不接触,可以减少在风浪中的连续碰撞损害。

(2)救助船横摇不会碰撞,在纵摇中船尾主要是上下跳荡,与难船的距离变化小,碰撞的可能减少,碰撞的力量减少。

(3)完全不碰撞是很不容易的,但可用进车

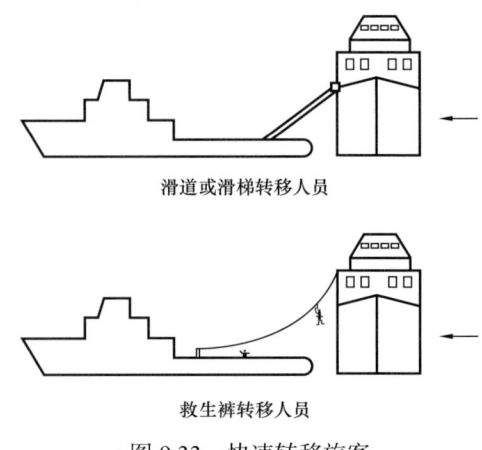

图9.33 快速转移旅客

的排出流缓和冲力，并可在方形船尾的转角处放置适当碰垫缓解撞击。

（4）后甲板接近遇险船，可使遇险船大量人员通过滑梯等设备快速转移到救助拖轮上。

丁字形接近的难点：

需要持续地操纵保持救助船相对遇险船的丁字形位置和船尾距离不变。海上油田平台是固定的，而遇险船舶是漂移变动的，二船相对位置难以保持。船尾距离远，则无法转移人员；距离近，则发生碰撞；距离变化不定，则转移中的人员和逃生设备易发生意外。

丁字形接近是比傍靠难度更高的操作方式，只有操纵能力强大、灵活，遇险船漂移角合适、艏艉扭摆小，船长和船员对这种操作经验丰富，才可尝试。

第 10 章　遇险人员自救

10.1　水中自救的一般原则

（1）通常大船要比任何救生艇筏安全，只有在船舶发生海难事故致使船舶即将沉没时才能选择弃船求生。

（2）注意自身保护，求生者必须采取各种有效的措施保护好自己，避免使自己暴露在不利的环境中而受到伤害。

（3）保持救生艇筏在难船附近海面，沉着等待救援，以增加获救机会。

（4）合理分配使用有限的淡水和食物，积极搜寻可食物；尽可能延长淡水和食物供应时间。

（5）保持坚定的求生意志和信念。

10.2　水上求生的要素

当听到船舶发出弃船信号时，船上人员应迅速有序地利用相应的救生设备离开遇难船舶。

10.2.1　救生设备

救生设备是海上求生人员赖以生存的必要条件。据统计，具有救生设备的待救人，约有94%的获救机会。救生设备是海上求生第一要素。

船舶中常见的救生设备主要包括救生艇、救生筏、救助艇、救生衣、救生圈及其他救生设备。

10.2.2　求生知识

（1）求生者使用救生设备及其属具的正确方法。

（2）发生弃船时每个人员的职责。

（3）弃船后的正确行动、求生要领。

（4）被救助时的行动和注意事项等。

它是海上求生过程中能否获救的最基本条件。

10.2.3　求生意志

坚定的求生意志和信念有时候比身体素质更为重要。

上述三要素在求生过程中缺一不可，否则就难以获救。

随着现代航海科技的发展，救生设备也将更为先进，船与岸、船与船之间的通信也将更为便捷，海上搜救更为快速。

10.3 水上自救方法

（1）运用踩水技术，使头部露出水面，观察四周情况与水流方向。

（2）如果距岸（船）较近自己有能力游到时，应顺着水流方向，快速游进，就近上岸（船）。

（3）距岸（船）较远时，如果船翻了但停留在水面时，就抓住它，但如果船开始下沉，就尽快离开，以免被船下沉时的空气涡流困扰。

（4）双手抓住漂浮物，如瓶子、桶、木板、塑料泡沫等。

（5）要穿着衣服，意外落水，一般的原则是要穿着衣服，但在水温较高或在危险时有妨碍动作或不起作用时，应该脱掉。像尼龙、棉布、衬衣、夹克衫等布料细密的衣服可防水，起隔离身体的作用，相反的一些羊毛织品，容易吸水，会越来越重，应该脱掉。另外，一些天然的或人造纤维制作的裤子可用来做浮体。

（6）衣服灌满水后，要尽可能长时间保留，将衣服上所有口（如袖口、领口等）扎紧，裤腿塞进鞋里，衬衣、外衣尽量塞进裤子里，这样可对身体起保温作用，这一点在天冷时尤为重要。

（7）头部应尽量保持在水中，如果有帽子最好戴上。

（8）水中尽可能保持清醒。不要做一些无用的动作来消耗体力，保存精力，防止体温下降，否则会引起昏迷甚至溺死。

（9）尽量使身体保持在水面，采用最节省体力的泳姿如反蛙泳、仰泳、侧泳等慢游，如果是流动水，应顺水流方向游进，必要时，划变换姿势，借以调整。但极少情况下，可用自由泳快速向前。

（10）抓住时机呼救，或等待救援。

10.4 水上自救的技巧

10.4.1 游泳漂浮自救方法

意外落水时要保持镇定，迅速屏住呼吸，不要慌乱挣扎。双手在身前同时向下压水，双腿保持直立，试探能否在水中站立。如果不能在水中站立，马上采用水中漂浮动作，俯漂或直立漂。寒冷低温水域采用 HELP 姿势。

（1）仰漂（图10.1）：全身肌肉放松，四肢展开、手臂上举、挺腰、扩胸吸气仰面漂浮水上，呼吸要领为吸气慢且长，吐气快且短。

图10.1　仰漂

（2）俯漂（图10.2）：又称水母漂，在水中闭气全身放松，四肢自然下垂，像水母般的漂浮在水面上，待需要换气时，双手缓慢向上抬至下额处，用力向下向外压划水，顺势抬头吐、吸气，随即低头闭气回复漂浮姿势。

图10.2　俯漂

（3）直立漂（图10.3）：又称韵律呼吸，身体保持直立姿势，放松漂浮水面，两手臂侧平展，手掌向下压水，单腿小腿弯曲踢水，仰面向上使面部露出水面时立即呼吸。吸气后身体会自然反向下沉，随后再度上浮，当头顶浮至水面时，轻压手掌使脸部露出水面呼吸，如此反复。

图10.3 直立漂

10.4.2 借物漂浮自救方法

（1）利用水中任何可以利用的漂浮物，如木板、水桶、塑料袋等，延长在水面漂浮时间，增加获救机会（图10.4）。

图10.4 利用漂浮物自救

（2）上衣利用法（图10.5）。

吹气法：在水面吸气后低头将气由衣襟吹入衣内，可在衣服肩背部形成气囊，双手抓紧衣襟，防止空气外泄，帮助漂浮。

打水充气法：将拉链、扣子完全扣上，一只手将衣服下角拉出水面，另一只手将水花拍打至衣服内充气。

吹气法　　　　　　　　　　打水充气法

图 10.5　上衣利用法

（3）长裤利用法（图10.6）。

打水充气法：漂浮姿势，用拉裤脚或双腿摆动法，将裤子脱下，二只裤管末端绑在一起，一手将裤腰提出水面，另一手向裤管内拍打水花，将空气充满裤管做成气囊，帮助漂浮。

前扑法：入水前将长裤脱下，将两只裤管末端绑在一起，套在颈部，入水时上臂靠紧身体，双手将裤腰撑开再跳入水中，裤管会充气，形成救生气囊。

打水充气法　　　　　　　　　前扑法

图 10.6　长裤利用法

10.4.3 水中保温要领

水的导热能力是空气的 25 倍，因此水中求生要注意保温，防止因低温而丧生。将衣服的纽扣扣紧或将拉链拉紧，使衣服内层贴身，减少水在体表的对流作用，双手肘于胸前交叉迭起，保护心脏，双手压住衣领，保护颈动脉，身体蜷缩，双脚交叉盘起，缩小面积，尽量仰面使头、手、脚都浮在水面上。

有多人共同在水中求生，可相互拥抱保温，同时可使目标扩大，容易被救援者发现。在寒冷天气落水，可采用 HELP 姿势增加生存时间。

HELP 动作要领：减少热量散失的姿势是将两腿弯曲，尽量收拢于小腹下，两肘紧贴身旁夹紧，两臂交叉抱紧在救生衣胸前，仅有头部露出水面。可最大限度地减少身体表面暴露在冷水中，减慢体热散失速度。使头部、颈部尽量露出水面，还可保持视野，避免伤害。

图 10.7 HELP 姿势

10.4.4 沉船跳水逃生

10.4.4.1 逃生原则

乘船遇险时要保持镇静，不可盲目乱跑。听从船上工作人员指挥，迅速穿好救生衣。

弃船信号：九短一长，重复连放 1min。

撤离顺序：妇女儿童→老弱病残→普通乘客→船员→船长。

撤离方法优先顺序：上救生艇→利用救生绳索下水→跳水离开。

利用救生绳索下水时要两手交替下移，不可直接下滑。

10.4.4.2 跳水逃生要领

尽量避免从高处（3m 以上）跳入水中。

不可从高处直接跳向救生艇或其他救生浮具。

船未倾斜时选择从上风舷跳水，并远离破损处。

船倾斜时选择在低舷一侧跳水。

深吸气,一手捂住口鼻,另一手抓住救生衣上端,肘部尽量靠近身体。

双眼向前平视,不要向下看,否则会造成身体前倾。

向前迈一大步,后脚跟上并拢夹紧,头上脚下垂直入水(图10.8)。

图10.8　跳水逃生

10.4.5　在有油火水面自救

在有油火的海面,求生者应将救生衣脱掉,并系在腰上,深吸一口气在水面下,向上风方向潜游,若需要换气时,应用手探出水面,向周围大面积的进行拨水动作,将水面油火拨开后,面朝下风换气,作深呼吸后,立即继续向上风方向潜游,游离油火海面后,再出水,将救生衣穿好。在自救过程中,采取一切措施避免油火进入人体的各个器官内,防止人体受到损伤。

10.4.6　水中抽筋自救

10.4.6.1　小腿抽筋

将抽筋的小腿膝盖向下压,另一手抓住抽筋的脚掌向上向后拉,使小腿肌伸展,即可缓解。

10.4.6.2　大腿前侧抽筋

用压脚背拉伸法,将抽筋的腿向后弯曲,用单手用力压脚背使足跟靠紧臀部,使抽筋的大腿前侧肌伸展,即可缓解。

第 11 章　水上应急抢险

本章主要介绍内河水域发生事故或险情后的应急处置,包括船舶应变部署、船舶碰撞等船舶事故及河流溢油的应急抢险方法。

11.1　内河水上突发事件

实施内河水上救助抢险,需要对内河水上突发事件有整体的了解。各类水上突发事件有其特殊的风险,其抢险救助方法也各有侧重。

11.1.1　船舶碰撞、触碰风险

船舶碰撞、触碰可能导致船体破损、损坏,船舶发生碰撞后的受损程度与发生碰撞的部位、碰撞时相对运动的速度、碰撞角度、船舶尺度与结构强度、破口的大小、发生碰撞时风浪的大小、船舶所载货物种类及数量等因素有关,同时与事故发生前后船员采取的操船方法和应变处置措施有紧密联系。船舶碰撞、触碰事故可能导致船舶翻沉、人员落水,同时会堵塞航道,对事故现场附近船舶的通航安全构成威胁;船体破损可能会导致油品泄漏,有发生火灾、碰撞爆炸事故的风险,同时会污染水域中环境。这类风险发生的频率最高,损失也较为严重。

11.1.2　触礁、搁浅、自沉风险

航行中的船舶,由于其吃水超过可航水深,致使船舶搁置在浅滩上的现象,称为搁浅;若船舶搁置或触碰礁石,致船受损,则称为触礁。发生搁浅与触礁事故通常会造成通航中断,发生油品泄漏、爆炸,以及货物损失;还可能导致船舶破损、进水,如果进水速度大于排水速度,就会危及船舶安全。

船舶自沉事故会引起人员落水、货物浸水,造成人员伤亡及财产和货物损失。沉没的船体会对航道内船舶正常通航造成影响,如果航行中的船舶未发现自沉船舶或没有及时采取避让措施,可能会发生碰撞、触碰事故。

11.1.3　火灾 / 爆炸风险

船舶的火灾 / 爆炸事故会造成重大人员伤亡及财产损失,严重时还会污染水域环境。船舶一旦发生火灾,由于其内部结构复杂、分舱多、通道狭窄、货物密集、回旋余地小,火源发现困难,火灾一旦发生往往发现较晚,灭火作业也较为特殊和困难。船舶内部所用

材料多具有可燃性,并且钢板的导热性较好,多涂布油漆、衬板,家具多用木料,容易燃烧并且灾情蔓延迅速。船载货物发生火灾时,由于货量较大,移除燃烧物较为困难,加上所载货物中可燃性物质较多,不仅货物损失严重,而且火势难以控制。船舶在航行中发生火灾,很难得到他船的快速救援,增加了扑救难度。使用灌水灭火时,会使船舶浮力和稳性降低,船舶存在沉没、倾覆的风险。

11.1.4 船舶失控风险

船舶失控包括主机失灵、舵机失灵、船舶失电等情形。船舶失控对失控船本身及附近船舶的航行安全构成威胁。由于电力系统、主推进系统、舵机系统等发生故障,船舶的操纵性能受到影响,如果未得到及时、合理的处理,易引发船舶碰撞、触碰、触礁、搁浅等事故。

11.1.5 船舶污染事故风险

船舶污染事故是指由于各种原因导致的,使存在于船舶上的污染物质进入水中,造成水域环境受到污染损害的各类事件。船舶污染事故从污染物的种类上可以分为油类、有毒有害物质、船舶垃圾、生活污水等。其中,油类污染事故最为常见,油类污染的风险可分为两类,一是大量石油污染造成急性中毒,二是长期低浓度的毒性效应。

船舶造成的油污染一般分为两类。第一类是船舶正常营运造成的操作性油污染,主要包括船舶机舱舱底污水、油船油舱压载水、洗舱水等含油污水的排放;第二类是船舶事故性溢油,如船舶发生碰撞、搁浅、火灾和爆炸事故后,从燃油舱或油船货舱溢出的石油,油船装卸作业过程中或加装燃油时,连接管路破损或误操作造成的溢油。

船舶污染事故会损害生物资源、危害人体健康、妨碍渔业和其他合法活动,并对取水口等敏感水域造成影响。

11.1.6 河流溢油

由于河流具有自身的特点,相对于海洋溢油更具有复杂性,具体特点如下所述。

(1)溢油扩散快。

大型河流水流量大,流速较快,溢油一旦进入河道,会随水流快速向下游漂移。在入海口,受潮汐的影响,在涨潮时,溢油可能向上游漂移,潮涨潮落,致使溢油在上下游来回扩散。中小型河流溢油会随水流漂移直下,方向性比较确定,溢油扩散轨迹便于判明。

(2)污染危害大。

河流是宝贵的淡水资源,大型河流流经区域广,是沿岸生活用水、农业灌溉用水、工业用水的主要来源,一旦发生溢油事故,就会给沿岸用水造成严重影响。河流里生活着种类繁多的淡水鱼类,溢油会给淡水鱼类造成毁灭性的打击。

(3)沿岸地形复杂。

河流沿岸往往交通不便,岸边淤泥较深或者土质疏松,有的地方长满灌木或者芦苇类植物，河道内水深深浅不一。为设备运输、建立救援现场和船舶航行带来一定的困难。

（4）溢油处置战线长，处置困难。

大型河流水流流速快，一般围油栏会失效，溢油围控较为困难。溢油发生后，溢油会顺利直下，快速扩散，很难在一个地方将其有效控制，需要在多个地点展开围控作业，战线会拉得很长。中小型河流由于河道较窄、水深交潜，船舶等设备不便于在内部使用，给溢油处置带来诸多困难。

（5）季节性强。

在秋冬季节，河水较少，河水流动性小，发生溢油后，溢油扩散较慢。在春夏两季，雨水增多，河道积水较多，水流量大，溢油扩散快。在雨季，中型河流溢油封堵按照大型河流封堵进行处理。

（6）社会影响巨大。

河流是宝贵的淡水来源，是流经区域人民生活、生产用水的来源，一旦发生污染会引起社会恐慌，造成严重的社会影响。

11.2 船舶碰撞应急

船舶处于碰撞紧迫危险时及发生碰撞后，船舶船员会采取应急措施进行自救，若救助人员了解船员的自救措施，则有助于其在实施救助时与船员进行配合或指挥船员进行应急行动。

11.2.1 船舶处于碰撞紧迫危险时采取的措施

船舶处于碰撞紧迫危险时，船员一般会采取以下措施：

（1）立即停车、倒车，必要时抛下双锚制动；在可能的条件下放下靠把，通知旅客及无关人员避开险区。

（2）两船迎面相遇，船位已经逼近，应先向外侧操舵使船首避开，再向来船一侧操舵以避开船尾。交叉相遇应避免一船船首对着另一船腰部。

（3）在出现紧迫危险时，应以减少损失为原则，采取避重就轻的措施，如为避免碰撞，不惜冒着本船搁浅的风险驶出航道外。

11.2.2 本船船首撞入他船船体时的应急操船方法

当船首撞入他船船体时，救助人员可指挥撞入他船船体的船舶进行以下应急操船方法：

（1）当本船船首撞入他船船体时，在撞入前无论是进车还是倒车，撞入后，在不危及本船安全的情况下，都应首先开进车顶住被撞船，以减少被撞船的进水量，让被撞船留有较多的时间来判明情况，采取应急措施。盲目倒车脱出，会加快被撞船的进水量，有沉没危险时可能会压住本船船头而危及本船安全。

（2）在风浪较小且被撞船无沉没危险时，还可用缆绳相互系住，以防船首脱出破洞。

（3）待被撞船采取堵漏等应变措施后方可倒车脱出；必要时，可抢滩搁浅，防止沉没。

（4）脱离后，船舶应滞留在附近，一方面检查本船受损情况，另一方面随时准备给予对方全面的救援。

11.2.3　他船船首撞入本船船体时的应急操船方法

被撞船舶一般会采取以下应急操船方法，救助人员可指挥被撞船舶船员采取以下行动：

（1）应尽可能使本船停住，避免前进或后退，以减少进水量。

（2）关闭破洞舱室前后的水密装置，当各项堵漏器材准备妥善后，方可同意对方倒车脱出。

（3）碰撞发生后，大副应亲自率水手长、水手到现场检查船体破损程度及邻近舱室损伤情况，并立即向船长报告。

（4）为保护破损部位及便于进行防水堵漏作业，应操纵船舶到安全水域抛锚。

11.2.4　发生碰撞后的紧急处理措施

当船舶已经发生碰撞，船上人员通常会对船体破损情况进行检查，将检查情况向海事机构、周围船舶等报告，并采取排水和堵漏措施，同时调整船舶纵横倾。

（1）检查与报告。

船舶发生碰撞造成船体破损后，全体船员应立即按照应变部署进行防水堵漏等抢救工作。

① 船长应命令大副和轮机长检查破损部位或受损情况，有无进水、人员伤亡，检查油污染情况及程度，及时向就近的海事机构报告，并通报周围船舶。

② 大副组织人员对各压载水舱及空气舱进行测量。

③ 机舱人员除检查主、辅机情况外，并应将全部排水泵及备用发电机准备好，随时准备按命令排水或送电。

（2）排水与堵漏。

① 排水：

当破损部位确定后，应立即关闭邻近舱室的水密门窗，立即通知机舱运用各种水泵（包括应急水泵、压载水泵、污水水泵等）全力进行排水。

② 堵漏：

船体破损部位、漏洞大小和形状确定后，应立即采取堵漏措施。较小的破洞可用毛毯、木栓等堵住；较大的破洞可用堵漏毯、堵漏板或堵漏水泥箱堵住破洞，并将舱内积水排出；具有相当大破口面积的破洞，仅凭堵漏毯往往难以奏效，因而必须对进水邻近舱壁进行加强，以防止水压过大造成舱壁破损而波及邻舱。

（3）调整纵横倾。

船体进水后，船舶必然发生纵横倾及稳性高度的改变。为了保持比较合理的纵横倾及稳性高度，就必须利用排水、调驳油水、对称灌注等方法来进行调整，但应注意减小自由液面对稳性高度的影响。

向他船转驳货物或抛弃部分货物也是调整船体纵横倾的一种方法，对于位于水线附近的破洞，还可减少进水量。但是抛弃货物时必须满足下列条件：

① 该货物浸水后可能引起火灾或爆炸等危险。
② 该货物浸水后会急剧膨胀。
③ 保留储备浮力或减少进水量。
④ 保持船舶具有足够稳性。

11.3 大风浪中船舶操纵

本节对大风浪中船舶操纵的方法进行介绍，并供救助人员了解，救助人员在操纵救助艇时遇到大风浪可灵活运用这些船舶操纵方法。

11.3.1 顶浪航行

船舶在大风浪中顶浪航行，航速越快，波浪对船首的冲击力就越大；船首面积越大（如U形船首），波浪的冲击力越大；船舶的方形系数及棱形系数越大，波浪的冲击力越大。船舶在大风浪中顶风航行，可通过下列措施减轻拍底、甲板上浪的现象。

（1）降低航速：船舶在保证必要的舵效前提下，应尽量降低航行速度，减小船首底部与波浪的撞击力。

（2）偏浪航行：船首应避免与波峰正交，应以斜交的方式迎浪航行，降低波浪对船体的危害。

（3）改顶浪航行为顺浪航行：顺浪航行时，由于波浪推进方向与船舶航行方向相同，相对速度小、冲击力小，拍底现象得以减弱。

（4）正确变换车速：根据波浪情况，适当地交替运用快、慢车，既能保证船舶的操纵性能，又能减轻波浪的撞击。

11.3.2 顺浪航行

船舶顺浪航行时，由于波浪与船舶相对速度小，可以大大减弱波浪对船体的冲击。当航速小于波浪传播速度时，有时船尾处在波谷中，则大浪将自船尾涌上甲板，形成艉淹现象；当航速等于波浪传播速度时，则船尾冲漂。上述现象都可以造成船舶打横、用舵不能控制的局面。

为了避免上述现象发生，一般采取调整航速的措施，使航速稍大于波浪传播速度，这样既能避免艉淹，又能保持舵效。

11.3.3 偏浪航行

船舶在大风浪中航行，应根据当时情况和本船条件采取措施。如果船舶横摇剧烈，应先调整航向；顶浪航行时，波浪冲击力大，纵摇剧烈，应先调整航速再考虑调整航向。为了免船首受顶浪航行过大的冲击，并减轻横摇、纵摇的剧烈程度，而且又不致使船舶偏离航线过多，可采用偏顶浪作Z形航法，但应保持舵效，以免形成横浪。

偏浪航行时船舶的主航向与风浪的角度成20°～40°，斜着波浪传播的方向前进。为了防止偏离航线太远，船体两舷受力不均，一般采用左、右舷轮换受浪。偏浪航行时应注意风压、流压的影响，保持一定的前进速度以保证舵效，使船舶维持在预定航线上。

11.3.4 滞航

以能保持舵效的最小速度，将风浪置于船首2～3倍罗经点的方向上顶浪前进的方法称为滞航。这时的船舶实际上处于缓进或停止，甚至是微退的状态。而航向将随着风向的改变不断地调整。

滞航有利于缓解船舶纵摇、横摇、拍底和甲板上浪等现象，使船滞留在原地附近，待风浪较小时继续航行。由于船首迎浪，不能完全克服拍底和甲板上浪，若船长较长或船首干舷较高的船舶，且下风处水域不太宽阔时，采用此法最为有利。滞航中采取的航速和航向，应根据风浪的变化进行调整，选择最佳的风浪舷角，并保证有足够的舵效来有效控制船首向，以免被打成横浪。

11.3.5 漂滞

船舶停止、主机随风浪漂流的状态称为漂滞。当主机或者舵机发生故障时，将被迫漂滞；当滞航中不能顶浪、顺航中保向性差及老旧船舶，也可主动采取漂滞。

漂滞时波浪对船体的冲击力大为减小，甲板上浪不多；但由于船舶向下风有一定的漂移速度，故在下风侧必须有宽阔的水域，空载船舶尤其应注意；船舶一旦处于漂滞极易陷入横浪或者处于横浪状态，这时横摇加剧，并丧失稳性。因此，只有当船舶具有良好的稳性和水密性，方可主动采取漂滞的方法。

除此之外，船舶在大风浪到来时，应尽早了解风况，选择好避风锚地或选择上风岸风浪较小的水域航行。

11.3.6 大风浪中掉头

大风浪中掉头是一项较为困难和危险的操作,必须认真、谨慎地对待。一般来说,从顶浪转向顺浪较为容易,而从顺浪转向顶浪比较困难和危险,尤其是空船。在大风浪中无论在何种情况下掉头,都必须在掉头前详细地观察江面的风浪情况及其变化规律,并做好充分的掉头准备。特别应注意本船的稳性(包括货物的积载和移动的可能性,以及自由液面的影响等),并事先通知机舱备车和做好随时变速的准备,改换熟练的舵工操舵。掉头时必须做到以下几点:

(1)仔细观察波浪规律,选择适当时机掉头。

波浪大小的变化是有规律的,一般情况下,连着三四个大浪之后,必接七八个小浪,俗称"三大八小",要利用这个规律,抓紧江面较为平静的一段时间,渡过横风或横浪阶段,并争取在下一组大浪到来之前完成掉头。

(2)大风浪掉头应掌握的基本原则和要求:

① 在掉头过程中,原则上要求前冲距离小,并减小船舶在掉头中的横倾。因此,在掉头开始时宜用慢车、中舵,力求避免掉头产生的横倾角与波浪引起的横摇角叠加而导致较大的横倾,危及船舶安全。

② 要求尽可能缩短掉头过程的时间,在掉头中可适时用短暂的快车和满舵以增加舵效,既可缩短船身横向受浪时间,又可安全顺利地完成掉头任务。

③ 若因在掉头中判断失误,造成在掉头过程中遇上大浪,而处于危险局面时,切忌强行掉头和急速回舵,甚至操相反方向的反舵。正确的措施是及时减速并缓慢回舵,恢复原航向,并再等待时机掉头。

(3)无法在两组大浪之间较为平静的江面完成掉头时的操纵:

① 顶浪转向顺浪。

船舶从顶浪转向顺浪时,在掉头前应适当减速,转向应在平静的江面到来之前开始,以求在平静江面来临时正好转向横浪。此后,可适时用短暂快车、满舵加速完成后半段的掉头。

② 顺浪转向顶浪。

船舶从顺浪转向顶浪时,主要是在后半段转向较为困难,因此必须在掉头之前及时减速、等待时机,以求后半段在较为平静的江面进行,否则大浪到来便难以转向顶浪。因此,可根据当时情况使用快车、满舵,加速掉头。

11.3.7 停泊船舶遇大风浪时的措施

停泊中的船舶分锚泊船和系浮船舶两种情况。

11.3.7.1 锚泊船舶遇大风浪时的措施

(1)起锚检视或移泊。

在下列情况下,船舶一旦受大风浪的袭击,会引起锚损坏或抓力不足而发生走锚甚至碰及他船时，必须进行锚检视或向良好的锚地移泊，以确保理想的锚泊状态。

① 当锚和锚链被泥沙淤埋或锚地条件恶化时。

② 当本船受风浪影响产生偏荡范围内有他船锚泊时。

③ 锚地处的风浪较大时。

（2）增加锚抓力和减小船舶偏荡。

① 松长锚链以增加抓力。

锚抓力随松出链长的增加而增加，特别是对吸收动力负荷非常有效，但应注意锚链的增长会使船舶偏荡运动大幅度增加。

② 抑制船舶偏荡。

抑制船舶偏荡的方法即压小舵角抑制偏荡；恰当使用车速以缓解偏荡；压载增加吃水以缓解偏荡；将船舶调整为船首纵倾以缓解偏荡；抛止荡锚以缓解偏荡；将单锚泊改抛八字锚以缓解偏荡。

（3）减少波浪引起的纵摇和垂荡。

锚泊船受风浪影响，会产生激烈的纵摇和垂荡，使锚链承受很大的动力负荷。因此，在控制船舶偏荡的同时，必须设法减少波浪引起的纵摇和垂荡，可采用以下方法：

① 压载增加吃水并尽量使船首纵倾。

② 松长锚链，抛止荡锚，使之形成八字锚形式。

③ 在主锚锚链的悬垂部分靠近河底处，悬吊小锚或适当的沉砣使之横卧河底，以便在移动中吸收锚链所受到的动力负荷，缓和船舶的纵摇和垂荡，对河底部分的锚链起稳定作用。

④ 车、舵并用抵抗外力。大风浪到来时，船长应下令备车，使之处于随时可用状态，以保证船舶锚泊安全之用。当船舶受到异常风动力作用，偏荡运动激烈致使锚泊危险时，使用车、舵配合抵抗外力，其目的在于缓和锚链张力。所以要用舵经常保持迎风姿态；要用车在锚链紧张的情况下给予适当的推力，以减少锚链负荷，但应避免产生过大的风舷角和推力。

11.3.7.2 系浮船舶遇大风浪时的措施

1）系单浮筒时的措施

系单浮筒的船舶遭遇大风浪时，一般是以浮筒为中心的船首迎风作大致与单锚泊相似的偏荡运动。因此，应采取以下措施：

（1）适当增加系浮缆长度。

随着风浪的增加，应将船舶系于浮筒的系浮缆适当放长。因为从河底到系于浮筒上的浮筒锚链长度是固定的，而且是很短的，所以，在大风浪中对作用于船体上的动力负荷的吸收能力很差，有时可能导致浮筒锚链损伤或将浮筒锚链从河底拉起。因此，适当增加系浮缆的长度，可有效吸收大风浪作用于船体的动力负荷。

（2）增加系浮船缆舶长偏度荡会使船舶偏荡加剧，导致浮筒锚链承受较大的动力负荷，反而降低浮筒的抓住效果。因此，必须在增加系浮缆长度的同时，在迎风一舷抛下止荡锚。但必须注意抛锚操纵时不得使本船的锚和锚链与浮筒锚链绞缠。

2）系双浮筒时的措施

系双浮筒时，当风来自船首，其防风措施与系单浮筒相同，即适当增加系浮缆长度；当风来自浮筒连线以外时，如果风力不大，只要加强船舶系浮缆即可；如果风力较大，舰首尾系浮缆将承受过大的应力，特别是船舶处于横风时，则有断缆危险甚至导致浮筒移位走锚。

因此，在剧烈的风浪作用下，有时不得不解掉船尾系浮缆，使之成为系单浮筒状态，并采用与系单浮筒相同的措施。

3）改为锚泊时的措施

在采用上述措施后，系浮船舶仍不能确保系泊安全，则应改为大风浪锚泊或另选择避风锚地锚泊。

11.3.8　靠泊码头船舶遇大风浪时的措施

11.3.8.1　加强系缆并保护好船体

为了抵抗风、浪的作用力，要增带系缆，并使各系缆均匀受力，避免或减小系缆承受顿力。为了保护系缆，在导缆孔或导缆钩与系缆接触处涂油或垫上油布防止摩擦，并适当地将缆绳接触部分错开。为了防止船舶靠泊一舷与码头之间的摩擦和挤压，应配备足够的靠垫。

11.3.8.2　抛锚并缓和船体摇荡

靠泊船舶在风浪、涌浪的作用下极易产生横摇、纵摇和垂荡，导致船体和系缆损伤。因此，为了缓和船舶摇荡，可增加吃水并抛下首锚，以抵抗风浪对船舶的冲击力，减轻摇荡。

靠泊船舶遇到恶劣天气时，如果风从岸上吹来，则外力增加不大，所以增加系缆即可抵御；如果风从宽阔的江面吹来，靠泊船舶就容易陷入危险，此时应根据具体情况，必要时选择避风锚地锚泊。

11.4　河流溢油应急抢险

11.4.1　应急抢险原则

河流溢油应急处置总体原则是第一时间对溢油进行控制，防止溢油进入水体，并将溢油控制在上游最小范围（最短的河段）内，通过采取各种措施将溢油对水体及敏感资源的污染降到最低。

在具体处置过程中应遵循以下原则：

（1）溢油事故发生后应第一时间对溢油进行回收，防止溢油乳化后影响回收效率。

（2）选择河道较宽，水流较平缓区域进行围控及回收。

(3)能够利用机械法进行回收的尽量不使用吸油毡等吸附材料。

(4)河流溢油不建议使用消油剂。

11.4.2 应急抢险程序

河流溢油应急处置按照"寻找、封堵、围控、回收、清理、修复"六大程序进行作业,具体步骤为:信息收集—源头控制—溢油围控—溢油回收—岸线清理—生态修复。

11.4.3 处置方案

11.4.3.1 信息收集

溢油事故发生后应第一时间对溢油信息及环境信息进行收集,为下步应急方案制定提供依据。

1)溢油信息

事故发生后应以最快的速度准确全面地收集事故现场的溢油信息,包括溢油时间、地点、溢油源头、溢油量、溢油速率、油膜位置、溢油飘逸方向及速率等。

2)环境信息

收集现场环境信息,包括河流走向、河流各段大概深度及宽度、可能危及的干流及各级支流等。

3)敏感资源

收集污染点及下游河道及岸线敏感资源信息。河流敏感资源主要有饮用水储备库、水中及岸线养殖业,珍稀鸟类及列入国家保护范围内的其他生物。

以上信息收集可以采取人工巡视、飞机监测及卫星遥感等手段进行获取,具体选用哪种手段,应根据企业现有资源及条件进行选择。但总体原则是确保信息的时效性及准确性。

11.4.3.2 源头控制

河流溢油源主要有输油管道泄漏及船舶泄漏两种。在发生事故时应第一时间对溢油源进行控制。

1)岸基管道溢油源控制措施

(1)封堵措施。岸基管道溢油源控制主要是第一时间关闭阀组停止输油,并采取措施(具体封堵方案由管道封堵队伍进行设计)对泄漏点进行封堵。

(2)导流措施。在封堵溢油源的同时,在污染点上游合适位置挖掘导流渠,使上游河水绕过污染源进入下游(该种方法适合于较窄的河道)。

(3)集油措施。在泄漏点附近挖掘集油坑(采取防渗措施,如布设无纺布等)用于聚集大面积溢油,并及时进行泵吸回收,防止或减少溢油持续进入水体。

2)水中船舶泄漏溢油源控制措施

(1)封堵措施。船舶泄漏溢油源主要是利用船舶堵漏工艺对泄漏点进行控制,防止溢油持续泄漏。

（2）过驳措施。若泄漏点无法及时封堵，应及时将剩余油品过驳至完好油舱或其他船舶。

（3）围控措施。在封堵泄漏点及过驳剩余油品的同时应在事故船舶下游布放围油栏对进入水体的溢油进行围控（围控方法见下文）。

11.4.3.3　水面溢油围控

河流发生溢油事故后围控溢油的主要目的是对溢油进行围控集中防止溢油扩散或将溢油引导至指定位置，为溢油回收做好准备。

1）确定围油栏布设点

河流溢油围控地点对溢油围控的效果有很大的影响，因此应选择合适的布控点，主要有实施围控和预防围控两种。实施围控是指对水面已存在的油膜进行围控。预防围控是指在溢油可能到达的下游区域进行预防性围控。

（1）围控地点选择原则：一般选择原则是在河道较宽水流平缓区域进行布控。另外也可以在河道库坝、桥梁等设施上游布设围油栏。

（2）溢油源头围控：在溢油入水点尽可能近的位置（具体距离应根据事故点地理条件确定，原则是尽可能靠近事故点）布设多道围油栏，对溢油进行第一道防护。

（3）源头下游布设点确定：溢油源头下游布设具体地点及数量应根据上游泄漏量及溢油可能到达的区域实施围控和预防围控。

2）围油栏选用

河流围油栏主要根据河流的特点及作业条件进行选择，在选用围油栏时主要考虑以下因素：

（1）选用整体重量较轻围油栏，以便于人工搬运及布放。如 PVC 固体浮子式围油栏。

（2）在满足干舷高的情况下尽可能选用浮重比较小的围油栏，以避免围油栏倾倒。

（3）围油栏的吃水要满足（根据）水深要求并能克服水流影响。通常情况下，围油栏的吃水不能超过水深的 1/3，并且遵循流速越大，吃水约小的原则。

（4）对于一些小溪等浅水区域，应根据实际考虑选用岸滩围油栏与固体浮子式围油栏配合使用。

表 11.1 给出了河流围油栏选用参考依据，在具体选用时应综合考虑事故水域的地理条件及水纹环境。

表 11.1　河流围油栏选用标准

河面类型	围油栏类型	干舷	吃水	浮重比
平静河面	固体浮子式/栅栏式	0.2～0.4m	0.2～0.5（小于水深1/3）	3∶1～10∶1
潮汐急流河面	固体浮子式	0.3～0.5m	0.3～0.7（小于水深1/3）	3∶1～10∶1

3）围油栏布控结构

（1）围油栏布放夹角。

为了将溢油导向合适位置进行回收，并防止围油栏失效，在布控围油栏时应参考表 11.2 围油栏布放角度与水流速度的关系。围油栏布放角度与水流速度的关系。

表 11.2　围油栏布放角度与水流速度的关系

序号	水流速度，kn	水流速度，m/s	围油栏夹角，(°)
1	1	0.51	48
2	1.5	0.77	29
3	2	1.02	22
4	2.5	1.27	17
5	3	1.53	15

（2）支流水域。

小型支流河流围油栏的布放要充分结合事故河流的地形，尽可能将溢油导向流速较低的区域进行回收，并借助橡皮艇或冲锋舟配合布放。

一般河流中心流速为最大区域，靠近岸边流速较低，对于顺直流型河道可以采取图 11.1 的结构布放，将溢油引导至岸边进行回收。

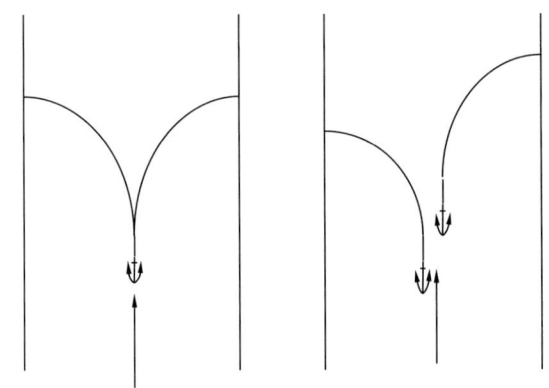

图 11.1　人字形和错列人字形围油栏布放结构

在一些特殊地域如岸壁突出及凹洼区域，水流趋于平缓，在弯曲型河流的转弯处，靠近弯道内侧的区域一般都存在流速为 0 的平衡区域，可以按照图 11.2 所示结构进行围控，并将溢油引导至岸边进行回收。

对于一些敏感区域需要保护时要及时将溢油导向远离该区域的河道，在该种情况下，可以人为地在河流岸壁挖掘凹坑或设置屏障制造合适的收油环境。另外可以利用多层导流围控，将溢油导向制定地点如图 11.3 所示。

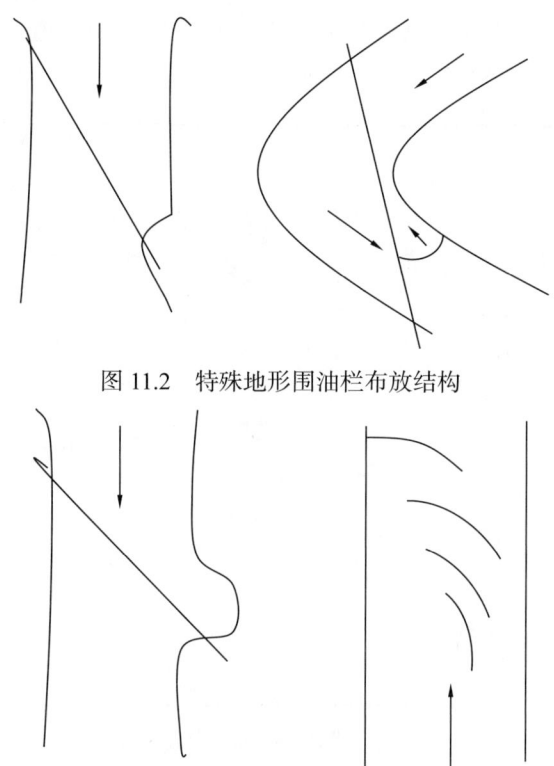

图 11.2　特殊地形围油栏布放结构

图 11.3　导流及多层导流式围油栏布放结构

（3）干流水域。

大型干流河流布控围油栏需要船舶进行辅助作业，布控结构如下：

① 对于顺直型河道，溢油量较大，流速较小时时采用图 11.4 U 形布控结构，也可以按照以下结构布放多道围油栏。回收溢油时将溢油回收船舶放置在围油栏底部进行溢油回收。

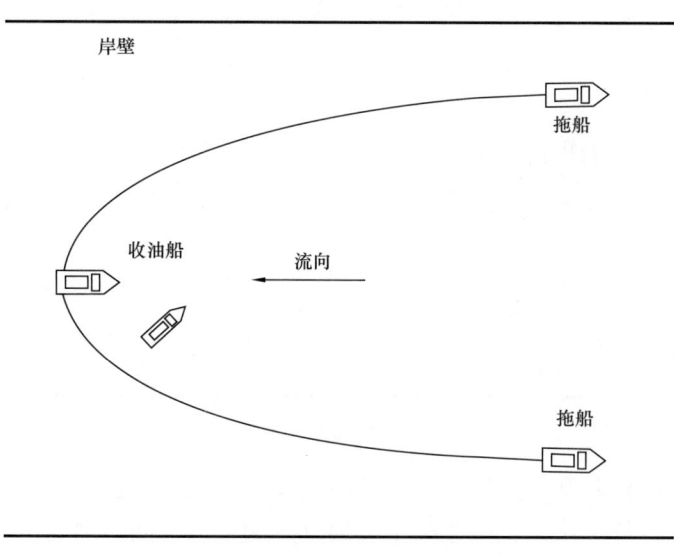

图 11.4　U 形布控结构

② 错列 J 形布控结构适合于风向与流向夹角较大的扩阔河道（图 11.5）。溢油回收时将收油船舶放置于各道围油栏底部进行作业。

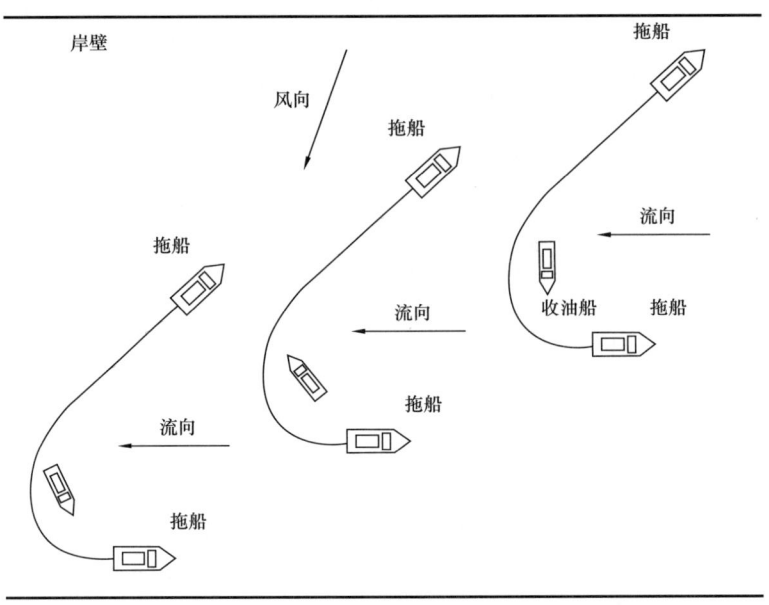

图 11.5　错列 J 形多道布控结构

③ 导流型布控结构适合于风向与流向夹角较大，并且需要将油引导至岸边进行溢油回收的情况（图 11.6）。回收溢油时将回收设备的动力机组及储油设施放置于岸边，进行溢油回收作业。

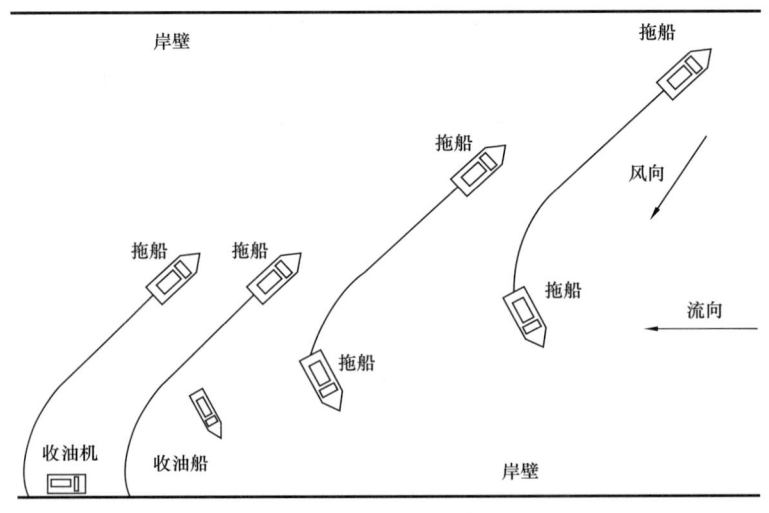

图 11.6　导流型布控结构

以上介绍了围油栏典型围控结构，在具体的溢油事故处置过程中应根据事故现场具体情况，对上述结构进行优化，总体原则是利用合适的地形，调整围油栏与水流夹角，以便能够有效地围控溢油。

（4）围油栏固定：对小型支流水域河流一般将围油栏两端固定在岸线两边树木、巨石或人工桩基上，对于大型干流河流除过利用船舶定位外，可以利用锚对围油栏进行固定。

4）拦油坝围控溢油（图11.7）

（1）人工筑坝。如果河道没有合适的溢油回收作业区域，现场可以考虑人工筑坝。人工筑坝能够形成宽阔的静水面，有利于溢油回收及围控作业。

注意事项：一是在筑坝时应保证人工坝泄流量于河水流量相匹，以保证水面高度稳定。二是在泄流孔附近不能形成较大的旋流，否则溢油将会逃逸。

（2）利用河道现有库坝。除过人工筑坝外也可以利用河道现有库坝及桥梁。利用河道固定坝栏油，应借助已有水坝结构，沿坝方向增设围油栏及吸油拖栏，将溢油引导至适合溢油回收的区域；若存在大型的水库，则应在靠近入水口方向根据溢油多少布设多道围油栏对溢油进行围控，并利用收油机及溢油回收船舶进行回收。

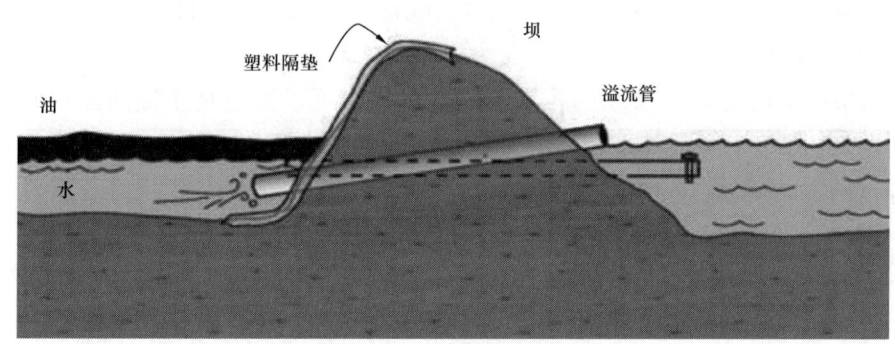

图11.7 拦油坝结构示意图

11.4.3.4 水面溢油回收

溢油回收措施受溢油飘逸、扩散、挥发及风化等形态变化及油品类型等多种因素影响，在制定溢油处置方案时主要考虑油品类型和油品厚度两个主要因素。

1）根据油品类型确定回收措施

溢油回收的方法大致有机械回收、化学试剂、燃烧法及生物降解等方法，目前应用较多的为前三种。不同的油品类型所选取的回收方法及回收设备不同，根据各种回收方法的适用性及原理，通过试验并结合实践处置经验得出适用于不同油品的回收方法及回收设备如表11.3所示。

从表11.3可以看出不同黏度的油品在回收过程中所采用的方法，其中燃烧法适合于大型宽阔河流（在使用该方法时应防止次生灾害发生），在采用燃烧法时油层厚度一般在2～3mm。

表 11.3　不同油品类型所用回收方法

油品类型	机械回收法（收油机）							吸附材料	燃烧法
	堰式	盘式	刷式	带式	真空式	绳式	收油网		
轻质蒸馏油	√	√						√	√
轻质原油	√	√	√		√			√	√
中质原油	√	√	√	√	√				√
重质原油			√	√					√
重质燃料油				√			√		√

另外对于河流溢油对消油剂的使用应该严格执行国家的相关法规标准。

2）根据油层厚度确定溢油回收措施

油层的厚度直接影响着溢油回收的效率及所采取的方法，一般油层较厚时采用机械法很容易回收溢油，且效率较高。而油层较薄时收油机的回收效率将大大降低，甚至失效。则需要采用吸附材料进行回收。

（1）油层厚度确定。油层厚度在实际操作过程中可以通过观察溢油在水面的颜色来确定溢油的大概厚度，一般油层越薄颜色越浅，油层越后颜色则越深。应急现场可以参考表 11.4 进行确定。

表 11.4　油膜颜色于油层厚度关系

油膜外观	大约厚度 mm
良好的光线条件下刚好看到油膜	0.00005
在平静海面上看去呈银光色	0.0001
初显油的彩色踪迹	0.00015
明亮的彩虹色	0.0003
在平静水面上呈现阴暗的彩色	0.001
在飞机上可以辨别出微黄色—光滑的棕色	0.01
在飞机上能够看到淡棕色或黑色	0.1
深棕色，黑色或橘黄色的乳状油	1

（2）不同厚度处置方法选择。确定了溢油厚度后就可以根据不同的厚度选择合适的收油方法，不同厚度的溢油处置措施如表 11.5 所示。

表 11.5 不同厚度溢油处置措施

油层厚度 mm	回收方法
小于 0.01	吸附材料及化学试剂
0.01~0.1	吸附材料法及机械法（轮毂式）
0.1~1	机械法（轮毂式、绳式）
大于 1	机械法（毛刷式或轮毂式）
大于 2	燃烧法或机械法

（3）注意事项：① 化学试剂中的消油剂一般不建议在河流中使用，如果需要使用须取得相关主管部门的许可。② 一般油层厚度大于 2mm 时采用燃烧法处置效果最好，但燃烧法容易造成大气污染及火灾等次生灾害，如果选择燃烧法处置溢油首先应选择合适的燃烧地点，燃烧地点应远离城市、村庄及易燃易爆场所，另外应做好安全防护措施，做到可控燃烧，另外需要征得相关主管部门的许可。

11.4.4 收油机使用方法

（1）小型河流：小型河流一般使用单机收油机，在回收作业时将动力机组放置在岸上进行操作，收油机头利用吊车吊至水面进行溢油回收。

（2）大型河流：大型河流除过可以采用小型河流的使用方法外，也可以将收油机动力机组放置在船舶上进行操作，另外也可以选择船载固定式收油机进行溢油回收。

11.4.5 吸附材料的应用

目前市场上吸附材料有吸油毡、拖油栏及吸油颗粒等，基本原理都是利用亲油性材料对溢油进行吸附，但不同的原料及加工工艺对吸油效果具有一定的影响。

（1）适用场合。吸油毡及吸油颗粒适合于回收油层较薄溢油。吸油拖栏一般布放在围油栏的内侧，配合围油栏使用。

（2）材料选择。吸油毡及吸油拖栏目前有孔隙度较小的和孔隙度较大两种，孔隙度较小一般适合于回收轻质油，孔隙度较大的适合轻质以上油品。吸油颗粒一般适合于无法进行机械法回收的场合。

（3）布放方法。吸油毡采用人工投放，在投放时注意保证吸油毡平铺于水面上。吸油颗粒分袋装和散装，袋装直接投掷向溢油表面即可，散装需要人工均匀地洒在油膜表面。吸油拖栏与围油栏布放方法相同，采用人工或船舶拖拉布放。

（4）回收方式。吸油毡采用钩子或垃圾回收船进行回收。拖栏一般利用吊车进行回收。吸油颗粒采用钩子、网兜或垃圾回收船进行回收。

11.4.6 岸线清理

水面溢油清理干净后，则需要对岸线进行清理，岸线溢油清除比河道中的清除工作量更大，更复杂，需要大量的人力进行处理。岸线类型各异，具体的岸线处置措施大不相同，大致可以将岸线分为：岩石、卵石，沙及泥地三种类型。在岸线清除时要对清理时要对清除进行评估，如果清除过程后对环境造成的危害比溢油本身还大的话，则可以不进行清除。具体处置措施如下：

11.4.6.1 清理评估

在岸线清除前需要对岸线清除效果进行评估。如果岸线上没有重要的敏感资源，且残留溢油不会对水体及周围环境造成污染，则可以不进行清除。另外，对于一些名贵生物栖息地，如果在清除过程中对环境造成的损害比溢油污染本身还大同样不需要进行清除。

11.4.6.2 清理方法

（1）机械清理法：一般是利用高压清洗机、推土机及收油机对岸线表面附着的溢油进行冲洗、推铲及回收处理。高压清洗一般用于冲洗岩石、卵石上的油物。推土机用于将沙粒及泥类岸线表面的溢油推铲集中进行处理。收油机一般选择真空式，用于对冲洗后聚集的油污进行回收。

（2）人工清理法：一般利用钩、铲、勺等简单工具对岸线表面的油物进行回收。

（3）注意事项：在清理岸线时应用围油栏对水体进行围控保护，防止冲洗的油物再次污染水体。

11.4.7 后续生物修复

水体和岸线溢油清除完毕后，则需要对土壤（植物、微生物）、地表水、河道沉积物等受污染资源进行修复。修复的目的是消除溢油泄漏对土壤、水体等环境要素产生的直接影响和潜在影响，恢复因溢油、事件应急抢险及处置导致的生态环境的破坏，防止较重污染土壤产生污染转移及次生污染事件的发生，最大限度恢复河道水体与河流沿线的生态功能。生物修复一般需要国家环境部门给予配合和支持，需要制定科学的修复方案。

第12章 企业水上搜救和应急抢险工作的对策与建议

12.1 强化合规性管理

12.1.1 小型船舶登记

依据《中华人民共和国船舶登记条例》《中华人民共和国船舶登记办法》《中华人民共和国内河交通安全管理条例》的相关规定，除了船舶上装备的救生艇筏之外，长度大于或等于5m的船舶（艇筏）均应按照规定进行船舶登记，取得船舶登记证书、船舶国籍证书、船舶所有权登记证书，并按照规定涂装船名、船籍港、载重线等内容。船舶登记适用法律法规条目见表12.1。

表 12.1　船舶登记适用法律法规条目

序号	法律法规名称	发布机关	条目	内容
1	中华人民共和国船舶登记条例（2014修订）	国务院	第五十六条	本条例下列用语的含义是：（一）"船舶"系指各类机动、非机动船舶以及其他水上移动装置，但是船舶上装备的救生艇筏和长度小于5m的艇筏除外
2	中华人民共和国船舶登记条例（2014修订）	国务院	第三十一条	船舶应当具有下列标志：（一）船首两舷和船尾标明船名；（二）船尾船名下方标明船籍港；（三）船名、船籍港下方标明汉语拼音；（四）船首和船尾两舷标明吃水标尺；（五）船舶中部两舷标明载重线。受船型或者尺寸限制不能在前款规定的位置标明标志的船舶，应当在船上显著位置标明船名和船籍港
3	中华人民共和国船舶登记办法	交通运输部	第七十五条	长度小于5m的艇筏的登记可以参照本办法执行。游艇登记另有规定的，从其规定
4	内河交通安全管理条例	国务院	第六条	船舶具备下列条件，方可航行： （一）经海事管理机构认可的船舶检验机构依法检验并持有合格的船舶检验证书； （二）经海事管理机构依法登记并持有船舶登记证书； （三）配备符合国务院交通主管部门规定的船员； （四）配备必要的航行资料

12.1.2 小型船舶检验

依据《内河小型船舶检验技术规则（2016）》的相关规定，船长大于或等于5m，但小于20m 的内河小型船舶需按照规定进行船舶检验。

船舶检验包括建造检验和营运检验，其中营运检验包括现有船舶初次检验（以下简称"初次检验"）、年度检验、换证检验、船底外部检查、附加检验、特别定期检验。船舶建造时，船舶的所有人或造船厂应向船舶检验机构申请建造检验。现有船舶初次在船舶检验机构登记检验时，船舶的所有人或经营人应向船舶检验机构申请初次检验。船舶在营运时，船舶的所有人或经营人应向船舶检验机构申请船舶的年度检验、换证检验、船底外部检查、特别定期检验。船舶有下列情况之一时，船舶的所有人或经营人应向船舶检验机构申请附加检验：

（1）因发生事故，影响船舶适航性能。

（2）改变船舶证书所限定的用途或航区。

（3）法定证书失效。

（4）船舶所有人或经营人变更及船名或船籍港变更。

（5）涉及船舶安全的修理或改装或改建（包括证书中注明的遗留项目的消除）。

（6）船舶封存后，再次启用时。

（7）其他临时性检验。

船舶检验适用法律法规条目见表12.2。

表 12.2 船舶检验适用法律法规条目

序号	法律法规名称	发布机关	条目	内容
1	内河小型船舶检验技术规则（2016）	中华人民共和国海事局	总则 2.1	除另有规定外，本规则适用于船长大于或等于5m但小于20m 的我国内河水域的中国籍船舶（本规则中简称"内河小型船舶"），具体要求按各章的规定，对船长小于5m的我国内河水域的中国籍船舶，可参考本规则的规定执行；对船长大于或等于20m的我国内河水域的中国籍船舶，应符合本局《内河船舶法定检验技术规则》的规定
2	内河小型船舶检验技术规则（2016）	中华人民共和国海事局	第1章 通则 1.1.6.1	船舶检验分为建造检验和营运检验，其中营运检验包括现有船舶初次检验（以下简称初次检验）、年度检验、换证检验、船底外部检查、附加检验、特别定期检验
3	内河交通安全管理条例	国务院	第六条	船舶具备下列条件，方可航行： （一）经海事管理机构认可的船舶检验机构依法检验并持有合格的船舶检验证书； （二）经海事管理机构依法登记并持有船舶登记证书； （三）配备符合国务院交通主管部门规定的船员； （四）配备必要的航行资料

虽然国家海事局、交通运输部等机关部门相关的法律法规中并未明确要求小于5m的船舶进行船舶检验，但根据实际调研的情况来看，部分省市自治区为了保障内河运输安全，出台了地方性政策法规（表12.3），如京津冀地区，联合出台了《五米以下小型船舶检验技术规范》（DB11/T 3025—2020），明确了京津冀地区小于5m的船舶检验规范及要求，各涉水企业应根据企业所在地的政策，进行相应检验。

表12.3 船舶检验地方性政策法规

序号	法律法规名称	发布机关	条目	内容	适用地区
1	DB11/T 3025—2020 五米以下小型船舶检验技术规范	北京市市场监督管理局	1 范围	本标准规定了对船长（不易测量的按总长计，下同）5m以下（不含5m，下同）船舶进行检验的适用环境、检验技术要求、检验规则和试验方法	京津冀地区
2	DB11/T 3025—2020 五米以下小型船舶检验技术规范	北京市市场监督管理局	4.1	按本标准检验的船舶，限于以下环境使用： a）在划定的安全水域内航行，航行区域内设有与营运活动相适应的应急救助设施和条件； b）限浦氏风力4级及以下、能见度良好时使用，航行距岸不超过1km；连续航行时间不超过4h。高速船航速不超过28km/h，其他船舶航速不超过18km/h； c）船舶营运期间，所有乘员应身穿救生衣并坐在座位上	京津冀地区
3	DB11/T 3025—2020 五米以下小型船舶检验技术规范	北京市市场监督管理局	5.1.1	船舶应具备以下技术资料： a）全船说明书； b）总布置图（含船舶设备布置、机电设备布置和人员布置）； c）船舶稳性试验报告（同批次同一船型可允许只试验首制船）； d）载客船舶的乘客定额计算书； e）干舷核定书或浮力安全性试验报告（同批次同一船型可允许只试验首制船）	京津冀地区
4	DB11/T 3025—2020 五米以下小型船舶检验技术规范	北京市市场监督管理局	6.1 检验内容和要求	6.1.1 出厂检验 6.1.2 初次检验 6.1.3 营运检验	京津冀地区

12.1.3 小型船舶安全检查

依据《中华人民共和国小型船舶安全检查规定》中的相关规定，5m或5m以上的小型船舶必须配备《小型船舶安全检查记录簿》，并接受海事部门依据我国有关法律、法规、规章和船舶检验技术规则、规范对船舶开展的安全检查。小型船舶安全检查适用法律法规条目见表 12.4。

表 12.4　小型船舶安全检查适用法律法规条目

序号	法律法规名称	发布机关	条目	内容
1	中华人民共和国小型船舶安全检查规定	中华人民共和国海事局	第二条	本办法适用于中国籍 200 总吨和主机功率 750kW 以下的海船、50 总吨和主机功率 36.8kW 以下的内河船舶（以下简称"小型船舶"）
2	中华人民共和国小型船舶安全检查规定	中华人民共和国海事局	第三条	本办法不适用于总长不足 5m 的船舶及军事船舶、公安船舶、渔船和体育运动船艇，但法律、法规另有规定的除外
3	中华人民共和国小型船舶安全检查规定	中华人民共和国海事局	第五条	适用本办法的船舶必须配备《小型船舶安全检查记录簿》（以下简称《记录簿》），并应在办理船舶进出港签证时出示。《记录簿》由海事机构核发。《记录簿》用完后应在船上保存一年
4	中华人民共和国小型船舶安全检查规定	中华人民共和国海事局	第六条	中华人民共和国海事局船舶安全检查人员（以下简称检查人员），依据我国有关法律、法规、规章和船舶检验技术规则、规范，检查小型船舶的技术设备状况、人员配备及安全管理体系等是否符合相关要求

12.1.4　小型船舶船员配置

依据《中华人民共和国内河交通安全管理条例》《中华人民共和国内河船舶船员适任考试和发证规则》《内河船舶最低安全配员标准》的相关规定，所有内河船舶（包括小于 5m 的内河船舶）均应按照要求配备取得相应的适任证书或者其他适任证件的船员。内河船舶船员配备适用法律法规条目见表 12.5。

表 12.5　内河船舶船员配备适用法律法规条目

序号	法律法规名称	发布机关	条目	内容
1	中华人民共和国内河交通安全管理条例	国务院	第九十一条	本条例下列用语的含义：（二）船舶，是指各类排水或者非排水的船、艇、筏、水上飞行器、潜水器、移动式平台以及其他水上移动装置
2	中华人民共和国内河交通安全管理条例	国务院	第六条	船舶具备下列条件，方可航行：（三）配备符合国务院交通主管部门规定的船员
3	中华人民共和国内河交通安全管理条例	国务院	第九条	船员经水上交通安全专业培训，其中客船和载运危险货物船舶的船员还应当经相应的特殊培训，并经海事管理机构考试合格，取得相应的适任证书或者其他适任证件，方可担任船员职务。严禁未取得适任证书或者其他适任证件的船员上岗

续表

序号	法律法规名称	发布机关	条目	内容
4	中华人民共和国内河船舶船员适任考试和发证规则	交通运输部	第三十一条	本规则下列用语的含义： （一）"内河船舶"，是指符合内河船舶建造规范，仅在内河通航水域航行的各类船舶，但不包括军事船舶、渔业船舶和体育运动船舶
5	中华人民共和国内河船舶船员适任考试和发证规则	交通运输部	第六条	参加航行和轮机值班的船长和高级船员应当取得与任职船舶吨位、主机功率、航区（线）和职务要求相对应的《适任证书》。 持证人任职不得高于《适任证书》所记载的类别和职务资格，也不得超出《适任证书》所记载的航区（线）
6	中华人民共和国内河船舶船员适任考试和发证规则	交通运输部	第八条	在内河船舶担任船长和驾驶部职务船员的《适任证书》类别按照船舶总吨位确定，其中在拖轮担任船长和驾驶部职务船员的《适任证书》类别按照拖轮的主推进动力装置总功率确定，分为以下类别： （三）三类《适任证书》：300总吨以下的内河船舶以及150kW以下的内河拖轮
7	中华人民共和国内河船舶船员适任考试和发证规则	交通运输部	第九条	担任轮机部职务船员的《适任证书》按照船舶主推进动力装置总功率确定，分为以下类别： （一）一类《适任证书》：适用于500kW及以上的内河船舶； （二）二类《适任证书》：适用于150kW及以上至500kW的内河船舶； （三）三类《适任证书》：适用于150kW以下的内河船舶
8	中华人民共和国内河船舶船员适任考试和发证规则	交通运输部	第十条	《适任证书》按照船员职务资格分为以下类别： （一）一类《适任证书》：船长、大副、二副、三副；轮机长、大管轮、二管轮、三管轮； （二）二类和三类《适任证书》：船长、驾驶员；轮机长、轮机员

综上所述，内河小型船舶应符合表12.6的要求。

表12.6 小型船舶合规性管理总体要求

序号	项目	小于5m的内河船舶	大于或等于5m的小型船舶
1	船舶登记		应取得船舶登记证书、船舶国籍证书、船舶所有权登记证书，并按照规定涂装船名、船籍港、载重线等内容
2	船舶检验	应符合企业所在地地方性政策法规要求	需完成现有船舶初次检验（以下简称"初次检验"）、年度检验、换证检验、船底外部检查、附加检验、特别定期检验

续表

序号	项目	小于 5m 的内河船舶	大于或等于 5m 的小型船舶
3	安全检查		必须配备小型船舶安全检查记录簿
4	船员配备	均应按照《内河船舶最低安全配员标准》的要求配备取得相应的适任证书或者其他适任证件的船员	

12.2 强化内河交通安全风险识别

为了改变内河交通安全现状,要实现以"预"字为核心,从人、物、环境、管理等影响因素入手,运用风险管理理念,评估和管控安全风险,将事故消灭在萌芽状态,避免安全风险进一步演变成事故隐患。

12.2.1 内河交通安全影响因素分析

12.2.1.1 人为因素

人为因素一般指由于人的某些行为对某些系统的正确功能所造成的消极影响。从狭义上讲,人为失误仅指海员的个人因素,包括海员的教育背景、健康状况、心理素质、航海经验等因素;人为因素广义涉及范围很广,船员因素、管理因素及船员环境因素均为考虑的要素,而为了更好地将人为因素所带来的风险用可视化的数据衡量,我们用船员的培训投入、船员的素质和监管人员的履职情况来衡量。

1)培训学时因素

船员培训囊括基础安全操作培训、熟练程度、技术及补充安全培训等方面。目前,培训的来源主要有航运公司自行组织的安全知识培训、船上培训和每年由海事主管机关组织开展的适任知识更新培训和为掌握新设备、新技术而参加的专项知识培训。由于无法量化参加培训船员所掌握的知识多少,所以在划定等级时,是按照船员培训学时多少来衡量掌握培训知识的多少,同时船员培训因不同地域产生的效果也不同。

2)船员素质因素

船员素质是指船员的业务能力,也是反映船员安全水平的重要指标,包括渠道熟悉度、应急反应能力、船员资格等。对于内河水域的熟悉程度决定了船舶在水域航行的安全。航海是一项理论与实践结合十分紧密的活动,只有把在校学到的东西在实际的工作场所中运用,消化吸收学到的知识与技能才能说真正成为一名合格的船员。内河水域船员随着船上工作时间的增加可以不断积累相应的工作经验,以便发生突发情况时能够提出相应的应对策略。船员应急能力强,可以很好地处理各种危险情况,为船舶航行安全提供保障。

3)工作态度

工作态度是船员反映船员责任心、事业心、进取心的重要组成部分。保证船员具有积极向上的工作态度是实现船舶安全运营的先决条件。只有船员树立了高度的安全意识，才能保证其完成相关的安全操作，以尽可能降低由于态度消极引发的船舶安全事故。

4）疲劳程度

船舶驾驶员的疲劳程度受多方面影响，其包括自身身体状态的影响，同时还受在船正常值班工作及其他工作导致的疲劳。目前，根据大量研究结果表明导致内河交通事故频发的主要原因之一是由于船员疲劳而造成的错误操作。为此，国际海事组织与国内主管机关均提出了许多相关针对性措施与建议，但这一问题所面临的局势依然很严峻。

12.2.1.2 船舶因素

1）关键设备保养频率

通过对近年来事故原因的分析，许多事故都是由于设备本身质量不过关和关键设备的频繁故障造成的。目前为止，我国针对内河船舶运营尚未出台明确的设备更换制度，这就导致许多运营单位为了节约成本，延迟对老化及不合格设备进行更换，以至于设备有时出现无法正常运作。保证船舶具有良好的船体结构、正常的设施设备是船舶安全航行的基础。因此，船舶关键设备的良好维护将大大提高船舶的安全性，降低船舶的事故率。

2）导助航仪器配备覆盖率

内河船舶助航仪器的投入能够直接增加驾驶员操船的安全，辅助驾驶员判断突发状况。船舶助航仪器主要由导航通信和其他辅助设备组成，包括雷达、电/磁罗经、测深仪、船舶自动识别系统（AIS）、电子江图等。内河船舶导助航仪器的覆盖对船舶航行安全有举足轻重的作用，完备的助航仪器可以帮助驾驶员了解内河航道内的各种潜在风险，同时方便驾驶员根据环境突变而迅速采取相应措施。

3）船舶安全检查缺陷数

海事主管机关安全检查人员会定期对营运船舶进行相关科目的安全检查，其中包括船上证书、船体、船员及安保等各个方面。因此，船舶安全检查缺陷数可以作为评价内河水域交通安全风险大小指标之一。

12.2.1.3 环境要素

环境要素主要包括船舶航行所经水域周边的自然环境及通航环境。

1）自然环境

能见度是反应能见距离的一个要素。据相关事故统计数据表明，船舶因能见度不佳而造成的事故数量与其当时的能见度成指数关系。当航行水域能见度低于某一数值时，船舶发生事故的数量呈指数型急剧增加。

大风是影响船舶航行安全的重要自然因素之一。风力的大小影响船舶航行危险性的大小，通常来说风力越大，导致船舶操纵性能越差，发生事故的危险性也就越大。风向对船舶航行安全的影响随着风舷角的增大而增大。

水流主要从流向、流速来影响船舶航行安全。水流对于船舶航行的操纵性与旋回性均有一定程度的影响。当船舶顺流时，由于船舶航行方向与流向相同导致对地航速增加，舵效降低；顶流时，由于二者方向相反，导致对地航速减少，舵效提升。另外，当船舶在水道内逆流航行时，会增大船舶与船底及船舷两侧与水的相对速度，更易导致岸壁效应的发生。

2）通航环境

（1）航道条件。航道指允许船舶由外海、大型湖泊等深水区域航行至浅水码头区域的水道，其中大型航道还包括分支航道。航道水深、宽度及其弯曲程度是影响船舶在航道内交通安全的主要航道要素。在进行内河航道风险性评估时，将通常将船舶最大宽度与河道宽度比、船舶富裕水深及河道弯曲度作为评价指标。

（2）船舶交通流量。船舶交通流量大小是一个可以直接表示某一水域交通繁忙程度的指标，同时从另一方面来讲也是表达该水域内船舶拥挤程度和危险性大小的指标。在船舶平均航速及河道宽度一定的情况下，船舶交通流量越大，则船舶密度越大，河道越拥挤，航行危险性也越大。

12.2.1.4 管理因素

1）机构设置

公司的管理模式不可避免地存在层次过多，机构重叠的弊端，导致最底层执行机构丧失了灵活的决策权和执行权，整体效率较为底下，容易引发新的风险。

2）执行力

考核手段和监督机制都不健全，仍是以内部监督为主，形式和手段都比较单一。

3）制度体系

我国沿海港口及其附近水域及相关对外开放水域的相关管理统一由中国海事局执行，而中央管理水域范围以外的内河、湖泊和水库等管理归属于各地方海事管理机构。由于权责分离及不同管理机构所拥有的制度也因地而异，所以目前管理机构所施行的制度是否符合当地的情况即制度体系是否合理严重影响内河交通的安全。

12.2.2 内河交通安全影响因素辨识

12.2.2.1 危险有害因素辨识

组织相关部门和船舶对作业单元内存在的危险有害因素进行辨识，通过人的因素、物的因素、环境因素和管理因素进行辨识。分析事故案例的诱原、致害物、伤害方式、可能引起的事故类型等。同时考虑过去、现在、将来三种时态和正常、异常、紧急三种状态。

12.2.2.2 安全风险评估

组织相关部门组成专家组，运用作业条件危险性分析或风险矩阵法等方法对固有风险、控制风险进行评估，识别危险有害因素所伴随的风险，评估风险可能造成的结果，确定风险等级的评估结果"安全风险分级管控清单"，包括固有风险评估和控制风险评估。

12.2.2.3 安全风险分级管控

安全风险分级管控按照固有安全风险等级越高、管控层级越高的原则，对操作难度大、技术含量高、固有风险等级高、可导致严重后果的设施、部位、场所、区域及作业活动进行重点管控。上一级负责管控风险，下一级同时负责管控风险与逐级落实具体措施。

12.2.2.4　船舶安全风险动态管控

（1）船舶航次风险评估。船舶在接到公司下达的航次任务后，应按照体系文件从海务风险、机务风险、安保风险、卫生防疫风险方面对航次风险进行评估。

（2）船舶日常风险管控。船舶每次开航前，都要召开工前会，针对当天工作中的安全风险评估、安全防护、人员分工、任务分配、工具使用、操作程序、应急处置等提出具体要求，相关内容记录在"工前会安全风险评估"记录表中。

（3）船上特殊活动安全风险管控。船舶在航次风险评估、日常风险评估后，发现新风险或风险变异，而目前公司的风险管控措施无法控制风险时，船舶应进行特殊风险评估，公司职能部门提供必要的岸基支持，制定特殊风险管控措施。

12.2.2.5　监控和评审

将危害因素识别及风险管控作为公司体系运行的一个部分统一进行监控和评审，与公司的内部审核、考核、外部审核和管理评审等相结合。

12.3　规范安全操作规程

合理可行的船舶安全操作规程，能很好地规范职工的操作，预防内河水上交通事故的发生。忽视船舶安全操作规程在生产工作中的重要作用，就有可能导致出现各类内河交通安全事故，给公司和员工带来经济损失和人身伤害。

各涉水企业不仅要针对公司船舶制定合理可行的安全操作规程，同时要对船员进行安全操作规程培训，确保船员在操作船舶前将安全操作规程熟记于心，杜绝一些技术较差、安全操作规程掌握不到位的人员上岗。

本书编制了内河船舶操作规程及船舶作业指导书模板供各企业参考（附录2至附录6）。

12.4　规范船员管理

12.4.1　国内企业内河小型船舶船员管理问题分析

从调研情况来看，国内企业内河小型船舶船员管理主要存在以下几方面问题：

（1）部分涉水企业未按配备足够的海事部门认可的专职（或兼职）适任船员，由无适任证书人员操作内河小型船舶。

（2）内河船员整体文化素质不高。据海事部门统计，在注册内河船员中，高中以上文化水平约占10%，初中文化水平约占50%，其余为小学以下文化水平。船员适任考试通过率不高，尤其是职务晋升通过率更低。

（3）内河船员来源不足。内河船员从业门槛低、学历要求低、船上生活和工作环境普遍较差，职业吸引力下降，内河船员全日制教育机构从单位数量和招生规模上均成大幅萎缩的态势，从业人员逐年递减。尤其是内河航运公司管理人员面临断层，管理人才培养和储备面临十分的困难。

（4）部分涉水企业未建立内河小型船舶的船员管理办法，缺乏有效的船员培养体系和能力评估体系。

12.4.2　内河小型船舶船员管理问题对策与建议

（1）目前国内各省市因地域不同，对内河小型船舶船员的要求各有不同，各涉水企业应根据所在地区地方性法规和当地海事主管部门对内河小型船舶船员的规定，配备符合要求的适任船员。

（2）进一步推进小船船员培训工作。应针对本公司小型船舶船员的特点，培训内容应突出船员的安全、环保意识和技能培养；选配好教师，采用灵活多样、适应性强的教学形式，例如案例教学等；另外，目前对小型船舶船员的培训内容偏重于理论知识，因此，各企业应加强内河船员的船舶实操技能培训和应急应变演习及训练，提高船员的应急反应能力。

（3）加强人性化管理，改善船员工作、生活环境，提高船员的身体和心理素质。在管理中不但要严格遵守法律、法规，还要切合实际，实行人性化管理，因此应该"设身处地"站在对方的位置思考问题，应注意到小型船舶船员是一个非常特殊的社会群体，他们有自己的一些特殊生活方式与传统，只有全面地了解他们并给予必要的关心，才能使我们的船员管理更富有社会意义。小船船员管理还是一项长期性的管理工程，因此在管理中不但要有阶段性的突出重点，还要有长久的连续性，才能使船员整体素质得到逐步提高，从而减少人为因素引起的事故发生，保障船舶航行安全。

（4）各企业应结合企业所在地政府部门对内河船员的要求和自身实际情况，制定合理有效的船员管理制度。

本书根据目前国内大部分地区的管理规定编制了小型船舶船员管理制度模板供各企业参考（附录7）。

第13章 水上事故案例分析

13.1 采油厂内陆河套水上抢险船只航行事故

13.1.1 事故概况

2018年9月27日10：00，某油田采油厂在组织处理水淹区域漏失的掺输管线时，抢险船只行驶过程中发生水上意外交通事故，12人落水，船只沉没。造成5人溺水身亡，1人受伤；直接经济损失181万元。

13.1.2 事故单位基本情况

（1）采油厂基本情况。该采油厂位于嫩江、洮儿河、呼尔达河交叉的河套地带，油区南北跨越6个乡镇、26个村屯，东西跨度54km（不含套保区块），南北跨度124km。拥有油井1342口，水井288口，其中695口油水井位于行洪区内。全厂员工总数1452人。

（2）采油队基本情况。采油队西临大屯镇英台村，东临嫩江，全部油水井都处于嫩江行洪区内。共管辖高架计量间21座，3座中转站，416台设备。油水井管线总长约310km，油井370口、水井81口。

13.1.3 事故经过

结合事故水域地理、水文、气象数据，在调查访谈驾驶员和乘员后，还原事故大致经过：

（1）在两栖船通过土坝豁口时，豁口水浅导致船舶托底颠簸。

（2）颠簸造成船上未绑扎固定的沙袋及乘员向船艏左前方滑移，船体重心改变，船舶失去稳定，船艏左前方侧向首先入水，斜插至河床；船体平躺在距土坝十多米远、约5m水深的涨水冲击坑中。

（3）全体乘员落水，驾驶员逃生成功。

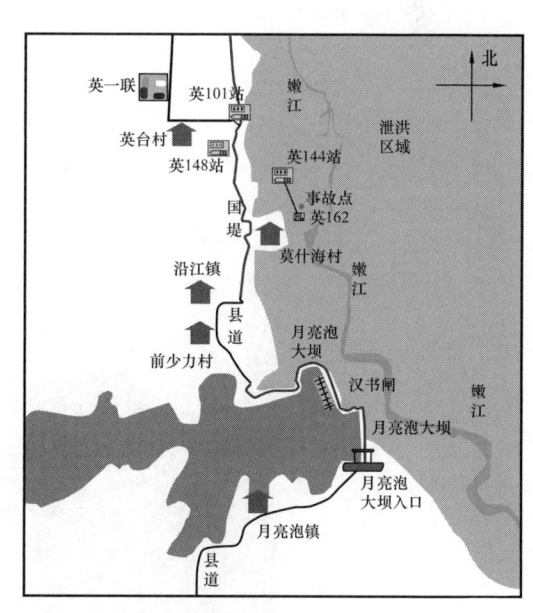

图13.1 事故位置示意图

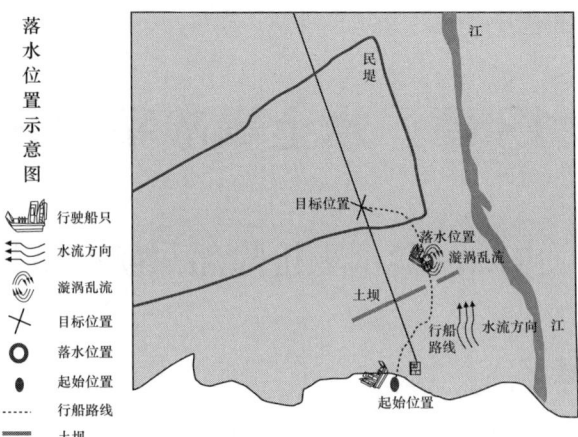

图 13.2　落水位置示意图

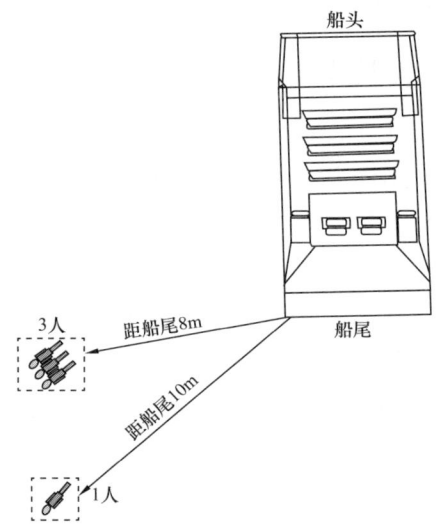

图 13.3　人员落水位置图

图 13.4　事故现场

13.1.4 事故原因分析

13.1.4.1 直接原因

船舶右方后侧局部碰到水下土坝受阻，失去平衡入水沉没，人员落水。

13.1.4.2 间接原因

（1）违规改装船舶，私自拆卸前两排座位。

（2）设施不合法，进口船舶无经船级社审核的设计图纸，未能在地方海事部门注册备案。

（3）违规人/货混装，没有乘员定员数量。

（4）船上可移动物资（沙袋）未固定或绑扎，防止移动。

（5）不是海事认可航道，水位逐渐变浅，航行风险辨识不清。

（6）驾驶员不熟悉设备操作，驾驶员为采油厂保安，虽有驾驶证，但对此船舶仅仅是第二次驾驶，同时该船舶的驱动方式十分特殊，不同于普通船舶。

（7）水上作业人员均未参加水上救生培训（针对江河、湖泊的油气开发，海洋石油安全生产规定要求参照执行，未对泄洪区作出明确要求）。

13.1.5 责任判定及追究

根据当地安监局、海事局认定的事故调查结论和集团公司管理人员违纪违规行为处分规定、生产安全事故与环境事件责任人员行政处分规定，对相关责任人进行了处理，根据责任轻重分别给予通报批评、行政警告、行政记过、行政记大过、免职处理。

13.1.6 事故应吸取的教训

（1）船舶在开航前风险识别不足，对航线内水文情况不了解，开航前检查不到位，人货混装、货物未固定。

（2）违反船舶检验条例，违规改装船舶。

（3）船员对所操纵船舶的操纵方法、技术参数不了解，不适任。

（4）事故发生时，该公司未建立船舶运行管理制度和水上作业制度。

（5）事故船舶未按规定进行船舶登记。

13.2 肇庆轮船碰撞事故

13.2.1 事故概况

2014年11月11日03：41，某船务有限公司所属 A 轮空载行驶途中，在某下游砂场对开水域，与另一家船舶运输有限公司所属的 B 轮发生碰撞，造成 B 轮 3 名船员死亡，直接经济损失约24万元,构成重大水上交通事故。

13.2.2 事故船舶概况

(1) A轮:

船籍港:清远;船舶种类:散货船。

船体材料:钢质;总吨:1491。

净吨:834。

(2) B轮:

船籍港:广州;船舶种类:散货船。

船体材料:钢质;总吨:1444。

净吨:808。

13.2.3 天气、水文情况

据肇庆市气象台预报,11月11日小雨转阴天,17~20℃,东北风1至2级。

当时天气阴,微风,能见度良好,水流平缓,事故水域为非感潮河段水域。

13.2.4 事故经过

根据对船员的询问笔录,AIS记录数据和现场勘查、船舶检验报告等,经综合分析,得出事故经过:

(1) A轮:

2014年11月10日17:00,卢某驾驶A轮从广州新造空载开往云浮。18:00,该船航行至广州大尾角附近水域,李甲接替卢某驾驶。

03:34,该船航经肇庆西江大桥,能见度良好,据李甲陈述,他看到前方船(B轮)一前一后显示两盏白色环照灯,前方船离本船约1km,此时值班水手杨某经李甲默许离开驾驶台去一楼卫生间。

该船驶过肇庆西江大桥后,一直沿左岸以约7kn的航速上行。李甲在发现B轮后,将B轮显示的2盏白光环照灯信号,判断为同向航行船舶的灯光信号,认为B轮是与其同向航行的船舶,然后对着B轮保速保向上行,当两船不断接近并形成紧迫危险时,才发现B轮为锚泊船舶,采取转左舵、减速、停车和倒车等措施已无法避免碰撞发生。

03:41,该船航速约2.8kn,航向基本没有改变,传输带架插入在该水域锚泊的B轮船尾左舷二楼船员起居室并卡住。

(2) B轮:

2014年11月10日09:00,B轮空载从东莞麻涌出发开往云浮。

18:40,该船航经肇庆峡时,接到货主通知,改变计划去肇庆亨达码头装石粉。

19:30,该船航至肇庆西江大桥上游的龙母庙砂场对开水域时,在离肇庆西江大桥上游约 1km，距左岸约 200m 的水域锚泊，该船顺河道锚泊于上行与下行航路之间的水域，且远离下行航路，近上行航路，抛船首左锚，显示船首输送带龙门架白光环照灯及船舶副桅杆上的锚灯，主桅"眠桅"。

该船锚泊时，值班安排为船长李乙、轮机长徐某、水手唐某。事发时值班的船长李乙、轮机长徐某在房间睡觉，水手唐某在驾驶室的床上玩手机，其他船员均在房间睡觉。

11 月 11 日 03：41，该船船尾与上行的 A 轮碰撞，3 名船员被传输带架推压掩埋在船尾左舷二楼船员起居室。

13.2.5 事故原因分析和责任判定

13.2.5.1 事故原因分析的基础

（1）根据船员询问笔录、AIS 记录数据，结合实地勘查记录、船舶检验报告等相关证据资料，经分析得出事故原因。

（2）本起事故发生在内河通航水域内，因此适用《中华人民共和国内河交通安全管理条例》《中华人民共和国内河避碰规则》《中华人民共和国船员条例》。

13.2.5.2 A 轮的行为及过失

（1）该船航行时，当班船长李甲航经肇庆西江大桥底发现 B 轮前部和尾部各显示 1 盏白色环照灯，将锚泊的 B 轮误判为同向航行船舶，同时没有通过雷达、AIS、望远镜等手段对该船的动态进行全方位保持连续、不间断的观察和鉴别，因此，该船未能做到随时用视觉及一切有效手段保持正规瞭望，随时注意周围环境和船舶动态，以便对局面和碰撞危险作出充分估计，违反了《中华人民共和国内河避碰规则》第六条的规定。

（2）该船没能对当时通航密度和适合当时环境等主要因素充分考虑，在发现 B 轮后仍保向保速上行，没有使用安全航速，以便采取适当而有效的避让行动，防止碰撞，违反了《中华人民共和国内河避碰规则》第七条第 1 款的规定。

（3）按照"船员通常做法"和良好船艺的要求，在航船舶应保持戒备，运用良好驾驶技术让清锚泊船。该船作为在航船舶，没有按照"船员通常做法"和良好船艺，运用良好驾驶技术让清锚泊的 B 轮，而是认为与 B 轮同向航行，进而发生碰撞。因此，该船驾驶员在戒备上存在疏忽，没有按照"船员通常做法"和良好船艺的要求让清锚泊船。

13.2.5.3 B 轮的行为及过失

（1）该船在肇庆西江大桥上游，白沙龙母庙下游砂场对开约 200m 近上行航路的水域锚泊时，该船值班的船长李乙、轮机长徐某在房间睡觉，水手唐某在驾驶室的床上玩手机，其他船员均在睡觉，该船没有人员保持正常值班。因此，该船未能做到随时用视觉及一切有效手段保持正规瞭望，随时注意周围环境和船舶动态，以便对局面和碰撞危险作出充分估计，违反了《中华人民共和国内河避碰规则》第六条的规定。

（2）按"船员通常做法"，锚泊船舶应保持戒备，在他船逼近本船时应及时采取鸣放声号或其他一切有效手段警告他船，以避免碰撞事故或减轻碰撞损失。但该船没有保持正常值班，碰撞前未发出任何警告信号。因此，该船船员戒备上存在疏忽，违背了"船员通常做法"的要求。

（3）该船锚泊时显示船首自卸砂带龙门架的白光灯（前灯）和副桅杆上的白光环照灯（后灯），前灯低于后灯，主桅处于眠桅状态，违反《中华人民共和国内河避碰规则》第三十四条第（一）项及第四十条的规定。

13.2.5.4 事故责任认定

（1）A轮疏忽瞭望，对局面判断错误，误判他船态势，是造成与B轮发生碰撞的主要原因，应负事故主要责任，当班船长李甲是事故发生的主要责任人。

（2）B轮在锚泊时，值班人员没有履行瞭望职责，瞭望存在疏忽，未按规定显示锚泊信号，应负事故次要责任，李乙作为该船船长和值班驾驶员，在值班期间睡觉且没有督促相关船员做好值班工作，是事故次要责任人。

13.2.6 事故应吸取的教训及安全建议

（1）船舶驾驶员应加强对《中华人民共和国内河避碰规则》、船舶航行和停泊的有关规定及对船舶助航设备使用知识和技能的学习。船舶通过桥梁、架空设施需要眠桅的，通过后应立即恢复原状。

（2）船公司、船舶应聘用合格船员，加强对所管理船舶船员的安全知识、岗位职责、职业道德等方面的培训教育。

（3）船公司应抓好各项安全管理制度的落实，督促船舶加强内部管理，落实值班制度，规范船员任解职手续，明确船员职责分工。

13.3 长寿滚装船与客渡船碰撞事故

13.3.1 事故概况

2002年12月18日约07：25，某汽车滚装船运输有限公司汽车滚装船与某水上运输有限公司客渡船，在上游某水域（上游航道里程581.9km处）发生碰撞。客渡船沉没，40人死亡、失踪。

13.3.2 船舶及船员概况

（1）滚装船所有人、经营人为某汽车滚装船运输有限公司。2002年1月建造，总吨1983，净吨1189，核定载车数量不超过30辆。核定最低安全配员共14人，实际配员12人，缺2名机工。船员所持证书均在有效期内，均经内河滚装船特殊培训合格。该船舶证书齐全，并在有效期内。

事故发生时，当班驾驶员为原船长宋某（持一等船长证书，因违反船舶管理规定，于

2002年9月15日被该地区港监局给予扣留其船长适任证书6个月的行政处罚），船长葛某和轮机长周某均不在船上（已分别于2002年12月17日和16日离船回家）。

（2）客渡船

客渡船为某水上运输有限公司所有。1986年8月建造，1998年5月改造，总吨127，净吨76，乘客定额250人。核定最低安全配员为7人，实际在船船员9人，其中轮机员唐某有轮机员适任证书。该船的船舶证书齐全，并在有效期内。事故当班驾驶员为陶某，大管轮王某轮休未在船上。

13.3.3 事发时通航环境情况

气象情况：根据长寿区气象局观测站值班室2002年12月18日08:00观测，能见度为1200m；当日羊角堡信号台提供的雾情记录，07:00—11:00为轻雾。

根据相关安全管理规定，羊角堡水位2.5m以下时，观音滩（长江上游航道里程582.2km）至大沙坝（587.7km）为王家滩川江控制河段，俗称"槽"。

13.3.4 事故经过

（1）滚装船：

2002年12月18日02:05，滚装船从重庆市某滚装船码头装载30辆货车发航下驶，目的港为宜昌市秭归县某港，满载平均吃水为1.50m。该轮于当日04:25驶至周家碛抵岸停泊，等候天亮过柴盘子弯曲狭窄航段。

07:00，天色渐亮。开航前，大副杨某用甚高频电话与骑马桥信号台、羊角堡信号台联系，得知两信号台均揭示下行信号，于是由宋某指挥，二副杨某执舵掉头。船掉头后，由大副杨某引航。船行至棺材石（上码头碛尾）时，由船员宋某替换大副杨某引航，仍由二副杨某执舵，大副杨某离开驾驶台去吃早饭。船员宋某接班后，常车继续下驶，航速约28km/h。

约07:22，船行至长江上游航道里程约583.3km处，二副杨某发现前方水域（长江上游航道里程582.7km处）有一艘下行小机船（即客渡船），并告知船员宋某。宋某随后用甚高频电话呼叫联系，未听到应答。鸣放声号一长声，并松了一点车（减小主机转速），继续下驶，船至长江上游航道里程582.5km处时，下行的客渡船已到长江上游航道里程582.2km处，船位在主流偏北。

07:24船行至长江上游航道里程582.1km处常车出槽，下行的客渡船已到长江上游航道里程582km处，此时两船相距约100m。滚装船右舵将船摆至主流偏南一点，并再次鸣一长声，继续下驶，突然发现下行的客渡船正在向右转向（此时两船相距约60m），立即将三部车急停、急倒，同时左满舵避让，并鸣放声号两短声。但因两船距离很近，于07:25滚装船首跳板左部与客渡船尾部驾驶室右侧碰撞。

（2）客渡船：

2002年12月18日07:20，客渡船由陶某驾驶，载客38人，由长寿区景渡口（长江上游航道里程 582.8km 处）发航，向左掉头下驶，开往南岸某渡口趸船（长江上游航道里程 581.9km 处）。船舶掉头调顺船身后，沿主流下驶。当航行至某水域时，稍用左舵将主流丢船右舷，过该水域，鸣放声号一长一短声（由于开航时间不长，笛声达不到可听距离），采用左快进、右慢进的车速，用右舵由北向南掉头。船在向右转向过程中，船上部分船员及旅客发现一滚装船挂南岸下驶逼近，同时大声向当班驾驶员叫喊："有个下水大船来了！"此时两船相距约 60m。陶某在发现滚装船后，仅将舵从右舵扳至左 3°的位置，在船首尚未向左转向的情况下，于 07：25 与滚装船首跳板左部碰撞，客渡船随即向左倾覆。

事故经过如图 13.5 所示。

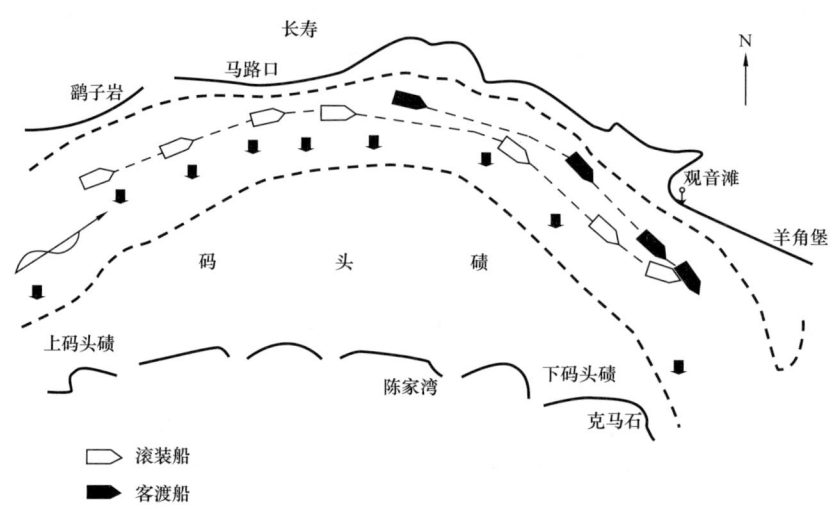

图 13.5　滚装船与客渡船碰撞事故示意图

13.3.5　事故损害

滚装船船体受损；客渡船沉没，10 人死亡，30 人失踪。

13.3.6　事故原因分析

13.3.6.1　直接原因

1）滚装船

（1）疏忽瞭望。发现客渡船以后，没有认真进行瞭望和观察，误认为客渡船是一艘普通下行小机船，未对该船保持连续观察，未能及早发觉其由北向南掉头的动态，以致在客渡船掉头过程中形成紧迫局面。

（2）未采用安全航速。滚装船在航行中未充分考虑到能见度、船舶操纵性能、水流及航道情况和周围环境等因素，仍采用较快的航速，与客渡船未保持足够的安全距离，以致紧急情况发生时来不及采取有效的避让措施。

（3）盲目追越。滚装船在与客渡船迅速接近的过程中形成追越态势，而且既未与前船取得有效联系，又未按规定鸣放追越声号，直接赶上客渡船并构成紧迫局面。

（4）临危避让措施不当。在紧迫局面形成后，滚装船采取的避让行动不当，未能避免碰撞。

2）客渡船

（1）疏忽瞭望。客渡船在航行中未注意航道情况和周围环境，虽然配备了便携式甚高频电话，但未正常守听和使用，因而未发现逐渐接近的下行船。

（2）盲目掉头。客渡船在掉头前未注意周围环境，鸣放的声号可听距离不足，盲目掉头，使双方进入紧迫危险，最终导致碰撞。

（3）临危避让措施不当。客渡船在发现滚装船，紧迫局面形成后，未能采取有效避让行动，临危措施不当。

13.3.6.2　间接原因

经调查认定，当事双方船舶公司管理责任制不落实，严重疏于管理；有关职能部门和地方政府监督管理不力，工作不到位是事故发生的间接原因。

1）滚装船及所在船舶公司

（1）企业管理混乱，安全生产责任制不落实。该公司自成立以来至发生事故时，未真正实行公司化管理，没有对船舶运营实行统一管理，仍由原船东自主经营，以包代管，安全检查流于形式。

（2）公司对技术船员没有实行统一管理，驾驶人员违章指挥船舶航行。滚装船的经营管理由原船东控制，对船员包括船长的聘用都由原船东自主行事，且无任何任命文件和用工合同，此次事故就是宋某在无适任证书的情况下违规指挥船舶航行时发生的。

（3）船舶配员严重不足，在不适航的状态下航行。滚装船配员不仅未达到海事部门核定的最低安全配员要求（差2名机工），且事发时该轮轮机长周某和持证船长葛某不在船上，违反了《内河交通安全管理条例》关于船舶安全航行必须具备的必要条件，给船舶安全航行埋下隐患。

2）客渡船及运输公司

（1）企业管理混乱，安全生产责任制未落实。该公司将"长运1号"客渡船承包给职工经营后，没有制定相应的安全管理制度，也没有采取有效的安全管理措施，以包代管，使得公司的安全管理与客渡船运营有脱节的现象。其擅自聘用没有适任证书的人员担任技术船员问题得不到及时整改，给航行安全埋下了隐患。

（2）船舶设备管理不到位。该船存在汽笛声响不够响亮的问题且一直未得到整改。同时该船虽然配备了便携式甚高频电话，但船员经常不按规定正常守听和使用，此次事故发生时，该船船员就没有守听和使用甚高频电话，将其放在柜子里，致使滚装船不能及时与该船进行联系沟通。

13.3.7 事故应吸取的教训及安全建议

(1) 应加强对非公有制船舶公司和船舶的安全监督管理。有关地方政府及水上交通安全监管部门,必须采取有效措施,严格按照相关法律、法规的要求,对不具备安全生产条件的企业和不具备安全资质的个体承包经营者不得进行注册登记和承包经营,要严把汽车滚装船公司的市场准入关,彻底改变目前重审批、轻管理的现象,建立、健全对汽车滚装船及其公司安全监督的有效制度。

(2) 企业应依法建立健全安全生产责任制。各船舶公司要认真贯彻实施《中华人民共和国安全生产法》和《内河交通安全管理条例》,建立、健全企业安全生产责任制,把船舶安全管理责任和安全操作规程落实到每一个岗位、每一个船员。特别是要切实落实船舶公司主要负责人对安全生产工作全面负责的责任制度,完善安全管理机制,加大对船舶安全设施、设备和安全管理的投入,严格遵守船舶安全配员的规定。

(3) 加大对船员安全意识和技能的教育培训力度。要加强对船员安全意识和技能的培训、教育。对船员的安全教育和技能培训要不留死角,不仅要教育技术船员,也要加强对其他船员的教育,切实使他们牢固树立"安全第一,预防为主"的思想;同时要加强船员的安全技术教育,真正做到在航行中依法遵章操作,并努力提高船员的综合素质,尤其要提高船舶驾驶人员在紧急情况下的应急处置能力。

(4) 交通、海事等有关监督管理部门要采取有效措施,强化水上交通安全监督和对船舶公司的管理。有关水上交通监管职能部门应认真吸取此次事故的深刻教训,举一反三,有针对性地采取有力措施;海事部门应加强对船舶的水上安全执法监督,不断完善船舶的签证管理制度,对不符合安全要求的船舶不得签证和准予航行。有关地方政府及交通管理部门要有针对性地对船舶公司进行整顿,严格进行管理,实行规范化运作,切实落实船舶公司及船舶安全生产责任制。

(5) 加强对船长的监督管理,进一步落实船长负责制。有关船舶公司应依法加强对船长的管理,严格落实船长负责制,建立和落实船舶安全管理责任制和各项船舶安全管理制度,使每一名船员能够各司其职、各负其责。特别是要强化对船长的监督和管理,使船长严格依法遵章,认真履行船长职责,并加强对船舶安全生产和船员的管理,以保证船舶航行安全。

13.4 九江渡船与货轮碰撞事故

13.4.1 事故概况

2005年2月2日19:30,江西省九江县个体渡船与安徽省某水运公司货轮,在长江下游九江水道姚港2号红浮附近水域(长江下游航道里程799km)发生碰撞。渡船沉没,

5人失踪。货轮肇事逃逸，后被查获。

13.4.2 船舶及船员概况

13.4.2.1 渡船

江西省某乡个体经营。客渡船，船籍港九江，1983年由江西省九江县航运公司船厂建造。船长14.10m，船宽3.20m，型深0.95m，船高3.00m，满载吃水0.50m，总吨10，净吨7，额定功率10.00kW，乘客定额30人，船舶适航证书有效期至2005年8月5日止。

当班驾驶船主王某，男，1936年出生，无船员适任证书。

13.4.2.2 货轮

船舶经营人和所有人为某水运公司。船籍港信阳，2002年由河南省淮滨轮船公司船舶修造厂建造。船长70.00m，船宽12.50m，型深4.05m，船高8.10m，总吨992，净吨555，额定功率202kW×2，满载吃水3.5m，参考载重吨B级1120，船舶适航证书有效期至2005年10月30日止。

货轮当班驾驶员为船主胡某，持重庆至上海航线二等船长适任证书，证书有效。

13.4.3 事发时通航环境情况

当日晴天无风，能见度1000m以上。事发水域航道顺直，通航秩序良好。

13.4.4 事故经过

13.4.4.1 渡船

渡船核定由湖北省黄梅县二套口渡口横江对驶至江西省九江县（现柴桑区）永安乡爱国村渡口。

2005年2月2日（农历腊月二十四，俗称"小年"），九江县（现柴桑区）永安乡爱国村村民蔡某等共5人（农村红白喜事乐队）于19:00分乘两辆摩托车来到长江北岸的二套口渡口，登上靠在渡口过夜的渡船，要求船主摆渡。船主王某声称天黑已经收班不肯开航，但在乘客李某等人的恳求并加价（正常白天摆渡每人次1元，协商后5人共付60元）的情况下，船主王某在驾驶员彭某不在船的情况下，与其老伴郭某同意开航。19:20，渡船由长江北岸二套口渡口驶出，驶往对江南岸永安乡爱国村渡口，乘客蔡某由于天黑怕出事，多了一个心眼，一直站在舱外船头。

19:30，行至江心偏北岸时发现前方一下水单船（船名不详），渡船保持横驶，待该船驶过后从其船尾往前继续航行。刚会过该船，站在船头的乘客蔡某突然发现右前方约60m处有手提灯的亮光，并听见附近有异常响声，说了声"好像有下水船"，就用手电照看；而此时渡船明显左右摇摆，船主老伴郭某在乘客程某的要求下到船头探看，发现在渡船右侧几米远有一下水船，立即喊"不得了，不得了"，很快两船发生碰撞，渡船立即向左侧翻，船上所载摩托车翻倒将旁边的郭某压倒，蔡某在船头及时攀上对方船右舷板获救。渡船很快翻覆倒扣在肇事船右舷侧水面，程某在舱内几经碰擦后钻出舱，先攀上翻过的渡船底部，后掉入水中，随即被蔡某和肇事船船员一起将其救起。不久渡船没入水中，其余船员和乘客共5人落水失踪。

13.4.4.2 货轮

2005年1月26日18：00，某货轮在奉节港装煤炭1000t下水开往安徽贵池。

2月2日18：00由船主胡某当班，与前方一下水单船保持400～500m距离下水；19：00许过蝙鱼滩；19：20至九江姚港锚地中部；19：30胡某先从雷达上、后肉眼发现一小型船舶在该船左前方约300m处（有一盏很暗的桅灯，不注意看不见，无红绿舷灯）。随即打探照灯照射，发现该船由北朝南横穿航道，没有减速的迹象，即停车、倒车，但在船舶惯性作用下，很快形成碰撞紧迫危险，至两船相距约30m时胡某紧急打左满舵，船首刚开始偏转，但因两船相距过近瞬即发生碰撞，货轮船首右侧碰上对方右舷中后部驾驶台部位。

事故发生后，货轮船主等人通过被救起上船的蔡某介绍，始知被撞沉没的是一艘小型横江渡船并有6人落水，后船舶掉转船头，发现落水的程某，将其救起。经简单搜寻，未发现其他5名落水人员，于是掉头继续下驶。20：00，过九江大桥。

2月3日02：00，货轮在下三号洲掉头抛锚，船主胡某拿出17000元，将被救的蔡某、程某两人手机卡取下，用救生筏将两人送至下三号洲洲上，起锚开航；2月3日14：00，货轮抵目的港安徽贵池港，整个过程未向海事部门报告。

2月5日经公安调查专案组认定货轮为涉嫌肇事逃逸船。2月6日，肇事逃逸船主胡某被押解至九江。事故经过如图13.6所示。

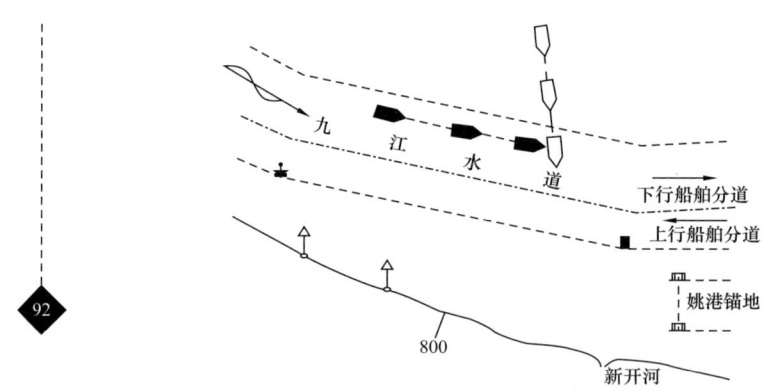

图13.6 渡船与货轮碰撞事故示意图

13.4.5 事故原因分析

13.4.5.1 直接原因

1）渡船

（1）非法航行。渡船为客渡船，桅灯很暗，无红绿舷灯，也未配备甚高频、雷达等助航设备，完全不具备夜间航行条件而夜航，从而导致事故发生。

（2）疏忽瞭望。渡船作为横江客渡船，没有及时发现下水的货轮，在没有及时发现对方、及早避让的情况下，盲目横驶过江，没能主动避让顺航道行驶的船舶。

（3）应急措施不当。在两船相距约60m时，有乘客发现右前方有手提灯的亮光，并听见附近有异常响声，说了声"好像有下水船"，渡船船舶明显左右摇摆，这些异常现象没有引起驾驶员的重视，采取立即停车、倒车的避让措施，而是由船主老伴郭某到船头探看，以致错过了避碰的最佳时机。

2）货轮

（1）疏忽瞭望。货轮虽然配备了雷达，但当班驾驶员胡某在两船相距约300m时才从雷达上首先发现对方，错过了最佳避让时机。

（2）应急处置措施不当。从雷达上发现对方后没有立即采取停车、倒车避让措施，在肉眼看到对方的桅灯后，仍没有立即采取停车、倒车措施，直到用探照灯照射，发现是一小型船由北朝南横穿航道没有减速迹象时，才停车、倒车，但为时已晚。

13.4.5.2　间接原因

（1）渡船船主王某无证驾驶，且年事已高，应急应变能力差。本次事故中，驾驶员彭某不在船，船主王某在碍于乡亲情面及增加票价的情况下，与其老伴郭某同意开航，构成无证驾驶。同时王某已年近七旬，视力、体力及应急应变能力等均难以达到船舶驾驶要求。

（2）货轮肇事后逃逸导致事故损失的扩大。事故发生后，货轮未积极搜寻和救助渡船落水人员，同时未向海事部门报告，反而逃离事故现场，导致渡船落水人员得不到进一步和更有效的搜救。由于事发时正值深冬，天气严寒，错过了人员搜救的最佳时机，人为地扩大了事故的损失，情节特别恶劣。

13.4.6　事故应吸取的教训及安全建议

（1）渡船从业人员应深刻汲取本次事故的教训，树立高度安全责任心，严格落实客渡船禁航制度，严格规范航行行为；根据内河避碰规则要求，主动联系、避让顺航道行驶的船舶，同时加大对个体运输船舶船员的安全意识教育，提高船舶驾驶操作技能。

（2）地方政府应完善乡镇船舶管理责任制，加大对渡口渡船安全隐患的整改力度，坚决打击违法渡运行为。

（3）加强对沿江两岸群众的安全宣传教育，提高人民群众对渡运安全知识的认识，增强渡运安全意识，不坐"冒险渡""非法渡"，避免类似事故再次发生，保障人民群众生命安全，保持社会稳定。

（4）加大对肇事后不报告、逃逸事故现场的船舶查处打击力度，对当事人从重从严进行处罚，涉嫌构成交通肇事罪的一律移送公安机关追究刑事责任。

13.5 武汉快艇触损事故

13.5.1 事故概况

2003年7月18日18：10，武汉市轮渡公司某快艇因机器故障失控下淌，碰撞武汉港2号基地（长江下游航道里程1043.5km）翻沉，1人死亡，2人失踪。

13.5.2 船舶及船员概况

快艇属武汉轮渡公司所有。船籍港武汉，船长11m，船宽2.2m，型深1.1m，满载吃水0.50m，乘客定额14人。

当班驾驶员贾某，适任资格为三等大副（滑翔类型高速船），航区纱帽至叶家洲。

13.5.3 事发时通航环境情况

事发时，晴到多云，偏南风2～3级。

当天汉口水位14.57m。

汉口水道地处长江中、下游分界处，武汉大桥下1.8km处的左岸有汉江汇入长江，长江主流由此冲向右岸，并沿右岸深槽而下。武汉港2号基地为武昌锚地内的干散货驳停靠基地，是进出港船舶（队）锚泊、编解队主要作业地。基地上界线位于武汉港十五码头至对江南岸连线。基地靠泊囤船全长90m。

13.5.4 事故经过

2003年7月18日18：00左右，武汉市某公司所属快艇，载员15人（其中船员3人）由武昌中华路快客码头开航，驶往对岸苗家码头。快艇驶离码头后，向上至武昌汉阳门码头处掉头下驶。

约18：02，该艇下行至武昌大堤口对开水域，驾驶员贾某发现螺旋桨失去推动力，在考虑到可能是螺旋桨车叶被水下不明物体缠绕后，采取了倒车的措施，但倒车仍然无力，船舶失控下淌。于是驾驶员贾某派随船水手对船舶主机及齿轮箱进行检查。在检查过程中，水手发现船舶齿轮箱的机油压力表管爆裂，造成船舶尾轴、螺旋桨停止转动，船舶无运行推力。贾某当即要求水手用手堵住油管破口处，并再次用车依然无效。然后贾某和另一水手用轮渡公司内部高频电话和乘客手机与快客船队及调度室联系，告之船舶情况并要求派船救助，快客船队及调度室均答应了。

约18：07船上三名船员开始用竹篙撑水和船上小舱盖板划水，企图将停车淌航的快艇偏过武汉港二号基地及其旁靠泊的分节驳，同时要乘客们穿上救生衣，舱内部分乘客开始穿救生衣。驾驶员贾某到客舱内拿救生衣，从舱内抛出了七八件救生衣。此时离二号基地已非常近了。快艇虽采取了撑水和划水措施，但在洪水期湍急的水流推动下，仍冲向了二号基地上右舷靠泊的三节满载分节驳。

约 18：10 快艇艇艏首先撞上了二号基地右舷靠泊的"节甲 21107"驳船首部，随即船尾向右偏转横困驳前。在水流的作用下，快艇开始向迎水面方向（即船左舷方向）翻转，随即翻沉。船上 3 名乘客和 3 名船员有的爬上、有的被救上二号基地，其余 9 名乘客落入江中，其中 2 名乘客被二号基地人员救上基地，随后赶来的救助船舶也救起 5 人（其中 1 人被救起时已死亡），其余 2 人失踪。

事故经过如图 13.7 所示。

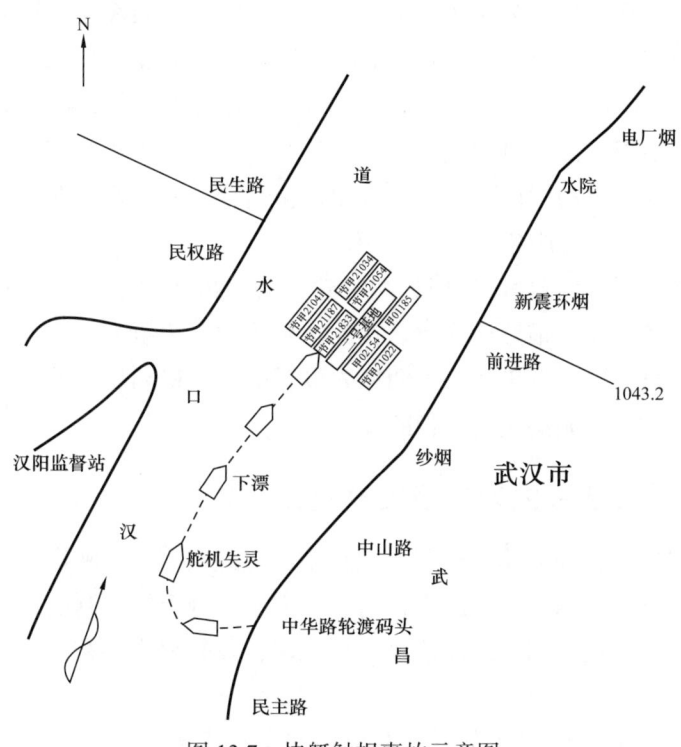

图 13.7 快艇触损事故示意图

13.5.5 事故损失情况

快艇沉没，1 人死亡，2 人失踪。

13.5.6 事故原因分析

（1）船舶机械故障使船舶失去动力失控漂淌是导致此次事故的直接原因。

由于平时检查维修保养不到位，未及时检查出机器隐患、更换受损部件，因此，在航行中快艇用齿轮箱压力表与箱座之间的压力表接头处断裂，致使齿轮箱失去油压，螺旋桨无法正常工作，以至船舶失去动力失控漂淌。同时该船未按船舶检验证书的要求配置 10kg 四爪锚，致使遇突发事件时无锚可用。

（2）船员对武汉港汛期水流估计不足是导致此次事故的重要原因。

武汉港汛期流速较快，特别是 2 号基地前沿水域位于长江、汉江交汇处，流速、流态与上游的水流截然不同，一到此处流速明显变急加快。快艇失控后，刚开始漂淌速度不快，使船员对即将发生的紧迫局面未引起足够重视，一进入交汇水域，该船急速下淌，船员再采取措施要求乘客穿救生衣、用舱盖、撑篙划水等为时已晚。

（3）应急处置不力是导致此次事故损失扩大的主要原因。

① 船员麻痹大意，对危险局面估计不足。乘客上船后，未及时向乘客宣传乘船安全须知，当机器故障发生后，未能预见事态发展的严重性，只是一味地忙于排除机器故障，未向海事部门报告，也未告之乘客实际情况和危险性，指导乘客穿上救生衣，做好逃生的思想准备，未组织有效的自救和及时显示求救信号，错过了最佳救助时机。

② 对机器故障处置不当。MA142 船用齿轮箱设有机械应急装置，接头处故障应急处置方法在该齿轮箱使用维护说明书中已有明确说明。如遇到意外故障，液压控制系统失效，无法及时修复时，可利用该装置使离合器机械结合，保证船只继续航行。但该船船员未能按照说明书的方法进行应急处置。

③ 船公司收到求救信号后，反应迟缓。轮渡公司虽建立了营运管理措施及干部值守制度，但在贯彻落实上没有很好地执行。在此次事故中，快艇为当日收班船，在驶离中华路码头后，岸上人员已处于下班状态，而原先设置的应急机动艇也处于停航状况，船公司接到求救信号，但未能形成快速反应救助。

13.5.7 事故应吸取的教训及安全建议

（1）针对公司安全管理的薄弱环节，尤其是通过此次事故反映出的一些问题，应对公司的一系列内部安全管理制度、措施进行清查，完善、健全检查制度，多考虑不可预见性的危险局面，对日常出现的问题，应认真分析原因，及时解决存在的问题，真正消除安全隐患。

（2）全面落实已制定的工作制度。在公司安全管理措施的执行方面，要加大检查力度，保障各项措施、制度的到位，安全工作要常抓不懈，落实安全生产责任制，不能存在侥幸的心理。

（3）理顺安全生产与效益之间的关系，加大对船舶保养的投入。不能因为一味追求经济效益、降低运行成本而减少对安全的资金投入。对船舶设备要经常进行维修保养，船舶的机务故障要及时排除，严格杜绝不适航船舶投入营运。

（4）严格落实安全航行责任人制度，加强从业人员的素质教育。要加大对从业人员尤其是船舶驾驶人员安全意识、技术素质的培训，增强责任心，提高对突发情况的应变能力，强化快速反应，保障航行安全。

（5）本案例是一起典型客渡船因采取的应急措施不当而酿成的重大事故。回顾本次事故的全过程，快艇在发生险情后，没有采取有效的补救措施，而岸基部门在接到快艇的报警后，没有立即派出有力支援，贻误了救助的最佳时机，造成了无法挽回的后果。消防、救生知识和险情快速反应能力是船员应熟练掌握的基本技能，如何将演习和快速反应的成效真正地体现在事故应急处置中，在关键时刻挽救船员和乘客的生命财产安全，需要我们每一个人深思。

13.6 长江客轮翻沉事故

13.6.1 事故概况

2015年6月1日21:32左右，重庆某轮船公司客轮由南京开往重庆，当航行至湖北省荆州市监利县长江大马洲水道（长江中游航道里程300.8km处）时翻沉，造成442人死亡（事发时船上共有454人，经各方全力搜救，12人生还，442具遇难者遗体全部找到）。

13.6.2 船舶及船员概况

某客轮为重庆某轮船公司所有的长江干线普通客船。具体情况如下：

（1）主要技术参数。某客轮为尖艏双艉双底钢质船舶。经核查，船舶总长76.50m，两柱间长66.00m，型宽11.00m，最大船宽12.40m，型深3.10m，最大船高18.60m，满载排水量890.602t，满载吃水2.16m，总吨位2200，主机额定功率441.00kW×2，乘客定额534人，船员定额50人。

（2）船舶持证情况。经调查，该客轮法定证书齐全有效。该轮具有船舶国籍证书、船舶最低安全配员证书、内河船舶适航证书、川江及三峡库区船舶航行证书、内河船舶防止生活污水污染证书、内河船舶防止油污证书、内河船舶吨位证书、内河船舶载重线证书、内河船舶乘客定额证书、符合证明（副本）、安全管理证书。

（3）船舶航区。重庆市船舶检验局万州船检局为客轮核发的内河船舶适航证书核定航区为B级航区（自涪陵李渡长江大桥至江阴长江大桥）、J2航段（急流航段）。事发水域属于B级航区，船舶航行区域符合核定航区要求。

（4）船舶装载。客轮内河船舶乘客定额证书核定乘客人数为534人、船员50人。经调查，事发时该轮实际在船人员为454人，其中乘客408人、船员46人，实际载客符合内河船舶乘客定额证书要求。船舶由南京开航时，航次签证申请书载明船艏吃水2.10m，船艉吃水2.10m，未超该轮核定最大吃水。

（5）船员配备情况。客轮船舶最低安全配员证书要求，该轮应配备：船长1人，大副2人，二副1人，水手6人，轮机长1人，大管轮1人，机工1人，客运部最低配员11人。合计24人。

经调查，该轮本航次实际配备船员46人，其中：船长1人，大副3人，水手7人，轮机长1人，大管轮1人，二管轮1人，三管轮1人，机工3人，电工1人，客运部27

人。在船船员数量、职务满足该轮最低安全配员要求。

（6）值班持证船员。船长、轮机长、当班大副和大管轮在"东方之星"轮上均有较长的任职经历。

13.6.3　事发时通航环境情况

（1）航道水文等情况。

航道情况。相关部门提供的资料说明：根据交通运输部批复，2015年6月份大马洲水道航道维护尺度为5.0m×100m（航道水深×航道航宽）。依据6月3日江图量算，事发水域江面宽度约1060m。长江航道局外网公布：6月1日—7日大马洲水道实际维护尺度为6.0m×150m。据长江武汉航道局6月3日测图显示，事发水域未发现浅点、障碍物，大马洲水道河床形态、滩槽格局基本稳定，水流平顺。

大马洲水道航道左侧自下而上设置大马洲白浮标11座、沿岸标1座，另设置了航道整治工程施工专用标2座；右侧自下而上配布44号过河标1座、大马洲红浮标8座。

水文情况。据长江水利委员会长江科学院提供的资料表明：6月1日20：00，监利流量11700m³/s，监利水位29.77m，事发当时南岸堤顶距水面高度约10.6m；6月3日08：19在事发地点上游400m处实测，监利流量11600m³/s，断面面积11900m³，平均流速0.97m/s，最大流速2.34m/s，监利水位30.01m。事发河段6月3日观测的流量与监利站6月1日的流量很接近，6月1日的流速可参考6月3日观测的流速。

（2）天气情况。

6月1日21：00—22：00，客轮航行水域上空出现飑线❶天气系统，该系统伴有下击暴流、龙卷风、短时强降雨等局地性、突发性强对流天气，客轮倾覆水域遭受强风暴雨袭击。

21：00—21：17，客轮航行水域为偏南风，风力总体不大，瞬时极大风速为6.3～10.2m/s（风力4～5级）；约21：18，客轮航行水域受到飑线天气系统影响，风力开始加大，风向转为西北风，21：18—21：25，瞬时极大风速达24.6m/s左右（风力10级）；约21：26，"东方之星"轮航行水域遭受下击暴流影响，影响时间约6min，在此期间，风力进一步加大，瞬时极大风速达32～38m/s（风力12～13级）。

21：00—22：00，"东方之星"轮倾覆水域出现了短时强降雨天气并伴有雷电，1h累计降雨量达94.4mm，其中1min最大降雨量达2.6mm（24h降雨量超过50mm为暴雨，超过100mm为大暴雨）。

13.6.4　事故经过

2015年5月28号，客轮在从南京出发开往重庆，中途还停靠了南京多个港口。事发

---

❶ 飑线是由许多单体雷暴云连在一起并侧向排列而形成的强对流云带。下击暴流是指一种雷暴云中局部性的强下沉气流，到达地面后会产生一股直线型大风，越接近地面风速越大，最大地面风力可达15级。

时，船舶处在长江中游的湖北水域。据了解，该水域距南京约1400km。

2015年6月1日21：30，载有400多人的巨大客轮，突发翻沉。

2015年6月1日22：10左右，长江海事局下属岳阳海事局指挥中心接到一个船员来电，该船因暴风雨抛锚时看到两个人沿江往下漂，一个穿着救生衣一个抱救生圈，因风雨太大无法施救，特报警。后来这两个人被海巡船救起，告知客船沉没。

2015年6月1日23：51，湖北省委省政府部门接到自救上岸的船上落水人员电话报警后，立即启动应急预案。

2015年6月2日01：00左右，长江干线水上搜救协调中心接报，重庆某公司所属旅游客船在长江湖北监利段突遇龙卷风瞬间翻沉。

2015年6月2日05：00左右，省政府应急办发布消息：某客轮上行至附近水域某水道过河标水域处（长江中游航道里程299.9km），突遇龙卷风翻沉。

13.6.5 事故处置情况

中国海上搜救中心信息：据航道部门扫测，沉船位置已确定，事故水域水深约15m，沉船船底已露出水面，沉船处已设沉船标。

航务、海事等部门已经抵达现场展开搜救，并启动航运突发事件一级应急响应。

事故发生后，湖北省启动突发事件一级应急响应，成立水上搜救指挥部。航务管理局和省、市、县已调集力量在现场开展紧急搜救。湖北组织预备人员580人、武警1000人、公安干警600人、群众1000余人在事发江段开展巡查，全力配合水面搜救。在湖南方面，湖南出动安监、消防、公安、医疗等多个部门的大量人员和装备参与救援。

2015年6月2日凌晨，消防等部门人员和装备已经赶赴现场，在现场附近的湖南华容洪山头新江渡口等沿江地带全力展开搜索。

2015年6月2日凌晨，武警湖北总队抽调武汉、荆州、荆门、宜昌支队共1000多名官兵、40艘冲锋舟，赶赴现场展开搜救和外围警戒等任务。6月2日早上，接国家卫计委通知，湖南湘雅二医院组建紧急医疗救援队赶往事发现场。

截至2015年6月2日08：00，长江干线水上搜救协调中心已协调34艘公务船及多艘过往船舶在现场搜寻。

截至2015年6月2日09：00，有14艘海巡艇、8艘航标艇、9艘冲锋舟、2艘长航公安艇、2艘地方海事艇、17艘社会船、100艘渔船，正在事发江段开展搜救，5艘打捞船和20名潜水员正赶往事发地点，荆州军分区组织300人赶到现场。

2015年6月2日上午，长江防总对三峡水库进行三次调度，减少出库流量，从17200m³/s减少到7000m³/s，紧急减少水库出库流量可以减缓水位上涨趋势，为长江沉船救援创造有利环境。当日晚间，调度的影响到达事故发生地监利江段。

海军从北海舰队、东海舰队、南海舰队和海军工程大学抽调潜水兵力组成140余人的搜救力量，携作业装备紧急赶赴湖北。2015年6月2日上午，北海舰队53人应急救援分队已乘军机前往，14：00 左右，东海舰队队伍也登机启程。到 20：00，海军已救起 2 名遇险群众。

2015 年 6 月 2 日上午，救援指挥部开辟了专用通道，对救援车辆实行快速放行。事发地附近的荆岳大桥主线收费站、白螺匝道收费站、监利收费站实施救援通道免费放行。2 日下午，空降兵派出 3 架直升机巡视现场以及运送潜水员、物资。工信部也调集应急通信车 12 辆、应急抢修车 20 辆及卫星电话、发电油机等应急设备，救援现场通信保障正在全力开展。

2015 年 6 月 2 日晚，成立国务院客轮翻沉事件调查组，立即展开调查工作，彻底查明事件原因。

2015 年 6 月 5 日被整体打捞出水。该船破损严重，位于顶端的第四层受挤压变形为扁平状，船顶的桅杆、烟道等设备已经脱落，部分房间门窗已严重变形。

13.6.6 事故原因分析

2015 年 12 月 30 日，事故调查报告公布，经调查认定，客轮翻沉事件是一起由突发罕见的强对流天气带来的强风暴雨袭击导致的特别重大灾难性事件。

调查组认定，客轮航行至长江大马洲水道时突遇飑线伴有下击暴流袭击，瞬间极大风力达 12～13 级并伴有特大暴雨。船长虽采取了稳船抗风措施，但在强风暴雨作用下，最大风压倾侧力矩达到该客轮极限抗风能力的 2 倍以上，船舶持续后退，处于失控状态，倾斜进水并在一分多钟内倾覆。

调查组查明，该客轮抗风压倾覆能力虽符合规范要求，但不足以抵抗所遭遇的极端恶劣天气。船长及当班大副对极端恶劣天气及其风险认知不足，在紧急状态下应对不力。

13.6.7 事故应吸取的教训及安全建议

（1）从事后的调查报告中可以看到，在 6 月 1 日傍晚，湖北省荆州市气象中心发布了监利等县水域的风暴预警后，客轮并未采取靠岸避让的措施，即便在 21：00 左右已经身处狂风暴雨的恶劣情况下，依然顶风冒雨继续高速航行；是客轮没有接收到气象局的恶劣天气预警信息，还是接收到了但是没有采取措施呢？如果是前者，那么是设备问题，还是系统问题。但不管是设备还是系统问题，问题为什么没有被处理。如果是后者，那么是船长的误判，还是安全意识问题，抑或是船长想靠岸避让，但受到了外界条件，比如游客或旅行社的压力而被迫妥协。根据《中华人民共和国船员条例》第二十四条，"船长在保障水上人身安全与财产安全、船舶保安、防治船舶污染水域方面，具有独立决定权，并负有最终责任"的规定，在船上，船长就是"终审法官"和最高领导，在保护航行和人员安全方面拥有至高无上的权利，在质疑并谴责他是否行使了决策权的这一权利，或者是否履行了合理决策这一义务的同时，也应该深刻反思，当时为什么没有做出靠岸避让的这一决定。是什么制约了这一本该采取的措施，是安全意识的不够，还是对形势判定的失误，是专业能力的欠缺，还是对制度规定的无视；是经济利益的因素，还是被迫执行的无奈；是上级做出的决定，还是现场游客的压力。在很多情况下，问题本身固然重要，但问题背后的问题才更值得深究和反思。

在对事件从严、延伸调查中，也检查出相关企业、行业管理部门及有关部门在日常管理和监督检查中存在以下主要问题：

一是轮船公司管理制度不健全、执行不到位。违规擅自对客轮的压载舱、调载舱进行变更，未向船舶检验机构申请检验；安全培训考核工作弄虚作假，对客船船员在恶劣天气情况下应对操作培训缺失，对船长、大副等高级船员的培训不实，新聘转岗人员的考核流于形式；日常安全检查不认真，对船舶机舱门等相关设施未按规定设置风雨密关闭装置、床铺未固定等问题排查治理不到位；船舶日常维护保养管理工作混乱；未建立船舶监控管理制度、配备专职的监控人员，监控平台形同虚设，对所属客轮未有效实施动态跟踪监控，未能及时发现客轮翻沉。

二是有关管理部门监督管理不到位。港口航务管理局（船舶检验局）未严格按照要求进行船舶检验，未发现轮船公司违规擅自对船舶压载舱和调载舱进行变更，机舱门等相关设施未按规定设置风雨密关闭装置、床铺未固定等问题；对船舶检验机构日常管理不规范，对验船师管理不到位；对公司水路运输许可证初审把关不严，对公司存在的安全生产管理制度不健全、执行不到位、船员培训考核不落实等问题监督检查不力。交通委对港口航务管理局安全监督管理工作指导和监督不到位；有关部门未认真落实"一岗双责"，对公司未严格开展安全监督检查，对公司存在的培训考核弄虚作假、安全管理制度不健全等问题督促检查不到位。相关部门的安全生产督促检查不到位，对辖区水上交通安全工作指导不力。

三是相关下属海事机构对长江干线安全监管执法不到位。未有效落实航运行政主管部门职责，办理水路运输许可证工作制度不健全，审查发放水路运输证照把关不严；有关部门对轮船公司安全管理体系审核把关不严，未认真履行对航运企业日常安全监管职责，日常检查中未发现企业和船舶存在的安全隐患和管理漏洞等问题。未严格落实对客轮跟踪监控的要求，未建立跟踪监控制度，值班监控人员未认真履行职责，对辖区内客轮实施跟踪监控不力，未及时掌握客轮动态和发现客轮翻沉。

（2）为深刻总结吸取教训，牢固树立安全发展观念，健全完善相关法制体制机制，编织全方位、立体化的公共安全网，进一步加强长江等内河航运安全工作，提出以下建议：

① 进一步严格恶劣天气条件下长江旅游客船禁限航措施。交通运输部门要及时发布并严格实施长江旅游客船恶劣天气条件下禁限航规定，遇以下情况船舶不得开航或要采取其他有效避险措施：一是气象部门预报或船舶发现出发港有7级以上（含7级）或超过船舶抗风等级的大风，船舶必须采取有效避、抗风措施，船舶不得开航；二是气象部门预报船舶途经水域有7级以上（含7级）大风或超过船舶抗风等级的大风，船舶必须采取提前停航等避风措施；三是船舶出发港能见度不足1000m时，船舶禁止进出港口；船舶航行

途中下行能见度不足 1500m 或上行能见度不足 1000m 时，船舶必须尽快择地抛锚停航。

② 提高船舶检验技术规范要求，完善船舶设计、建造和改造的质量控制体制机制。交通运输部门要研究完善内河船舶检验技术规范，提高内河客船抗风能力等安全性能。对涉及船舶稳性和尺度的改建、改造应当严格控制和审批。研究提高船舶检测检验机构准入门槛。主管部门应建立健全船舶设计能力评估和规范机制，完善船舶建造企业生产条件规范体系，推进企业船舶设计、建造能力水平的动态评估制度，进一步提高船舶设计、建造企业规范化水平。

③ 进一步加强长江航运恶劣天气风险预警能力建设。气象部门要针对中小尺度强对流天气强度大、突发性强、致灾重等特点，进一步加大科研投入，加强监测预警方法研究，提高监测预警能力。适应长江航运安全保障需求，进一步加强长江沿岸天气雷达、自动气象观测站网建设，并加强船舶自动气象探测系统建设，提高恶劣天气预测预警能力。完善气象部门与海事部门信息快速共享机制，强化短时临近预警信息的快速发布，健全长江水上交通安全广播电台甚高频气象广播、手机短信等多种接收方式，确保海事监管机构和航行船舶及时准确获取灾害性天气预报预警信息。制定气象灾害防御法，进一步提高全社会防御气象灾害的能力。

④ 加强内河航运安全信息化动态监管和应急救援能力建设。交通运输部门要进一步健全完善水上交通动态监控相关措施，大力推进 AIS、VTS 等水上交通管理动态监控系统建设和应用，充分发挥信息技术在提高安全防范和应急反应能力方面的重要作用。建立重点客运船舶动态监控系统，合理安排值班人员，加强重点船舶、重点水道、极端天气值班值守。地方政府和交通运输部门要进一步加强长江应急救援体系建设，加大投入，增加设置长江搜救站点，强化救援队伍建设，配备结构合理、性能高效的救援装备，提高应急反应能力，做到及时发现，快速反应，科学施救，保障有力。

⑤ 深入开展长江航运安全专项整治。交通运输部门要进一步严格航运尤其是客运市场准入，加强客船运输经营人资质动态跟踪管理，严格经营资质年度考核和不定期资质现场抽查，强化对水运经营人和客船进入市场后的监管。加快内河老旧客船升级换代，优化客船运力结构，提高客船安全性。进一步加强长江等内河航行安全管理，严禁旅游客船在恶劣天气条件下航行，加大现场监督执法力度，及时发现并纠正船舶违法违章行为。

⑥ 严格落实企业主体责任，全面加强长江旅游客运公司安全管理。长江旅游客运公司要按照《中华人民共和国安全生产法》和水上交通管理的法律法规及规章制度，严格实施公司安全管理体系，健全企业安全生产责任体系，全面落实企业主体责任；建立健全本公司船舶限航、停航、抛锚及预警的制度规定；加强企业员工尤其是船员的培训考核，针对不同船舶、不同航线、不同险情，定期组织针对性船岸应急演练，不断提高船舶和岸上应急反应能力；利用企业 CCTV、GPS、AIS 等手段，对公司所属旅游客船进行 24h 不间断监控，加强船舶驾驶台资源管理，强化船舶航行动态管理，确保及时发现和解决船舶航行中存在的问题。

⑦ 加大内河船员安全技能培训力度，提高安全操作能力和应对突发事件的能力。交通运输部门商有关部门统筹规划航海院校和培训机构的培训教育工作，完善内河船员职业培训教育和船员考试基础设施建设，提高客运船舶船员考核培训标准。教育、人力资源社会保障部门要在船员教育培训和社会保障等方面出台优惠政策，提升内河船员职业吸引力，提高内河船员特别是船长等高级船员整体素质和业务能力。

附　　录

附录 1　内河船舶最低安全配员标准

一般船舶最低安全配员标准见附表 1。

附表 1　一般船舶最低安全配员标准

船长和甲板部						
总吨位	总吨位 3000 及以上	总吨位 1000 及以上至未满总吨位 3000	总吨位 600 及以上至未满总吨位 1000	总吨位 300 及以上至未满总吨位 600	总吨位 100 及以上至未满总吨位 300	总吨位 100 以下
一般规定	船长 1 人、大副 1 人、二副或三副 1 人、普通船员 1 人	船长 1 人、大副或二副 1 人、普通船员 1 人	船长 1 人、驾驶员 1 人	船长或驾驶员 1 人（集装箱船、多用途船舶须为船长 1 人、普通船员 1 人）	船长或驾驶员 1 人（集装箱船、多用途船舶须为船长 1 人）	驾驶员 1 人
附加规定	连续航行作业时间超过 16h，须增加二副或三副 1 人、普通船员 1 人	连续航行作业时间超过 16h，须增加三副 1 人	连续航行作业时间超过 16h，须增加驾驶员 1 人；连续航行作业时间不超过 10h 或定线航行航程不超过 100km 的船舶可减免驾驶员 1 人	连续航行作业时间超过 10h，须增加驾驶员 1 人	连续航行作业时间超过 10h，须增加驾驶员 1 人	连续航行作业时间超过 10h，须增加驾驶员 1 人
轮机部						
主机总功率	500kW 及以上		150kW 及以上至未满 500kW		75kW 及以上至未满 150kW	75kW 以下
一般规定	轮机长 1 人、大管轮或二管轮或三管轮 1 人		轮机长或轮机员 1 人		普通船员 1 人	无
附加规定	连续航行作业时间超过 16h，须增加普通船员 1 人		无		无	无

客船类、液货船类船舶最低安全配员标准见附表 2。

附表2 客船类、液货船类船舶最低安全配员标准

	船长和甲板部						
	总吨位	总吨位2000及以上	总吨位1000及以上至未满总吨位2000	总吨位600及以上至未满总吨位1000	总吨位300及以上至未满总吨位600	总吨位100及以上至未满总吨位300	总吨位100以下
客船类	一般规定	船长1人、大副1人、二副1人、普通船员2人	船长1人、大副1人、普通船员2人	船长1人、驾驶员1人、普通船员2人	船长1人、驾驶员1人、普通船员1人	船长1人、普通船员1人	驾驶员1人
客船类	附加规定	连续航行作业时间不超过4h,可减免二副1人;连续航行作业时间超过10h,须增加二副1人、普通船员1人	连续航行作业时间超过10h,须增加二副1人;连续航行作业时间超过16h,须再增加二副1人、普通船员1人	连续航行作业时间超过10h,须增加驾驶员1人	连续航行作业时间超过10h,须增加驾驶员1人	连续航行作业时间超过10h,须增加驾驶员1人	连续航行作业时间超过10h,须增加驾驶员1人
液货船类	一般规定	船长1人、大副1人、二副或三副1人、普通船员2人	船长1人、大副1人、普通船员2人	船长1人、驾驶员1人、普通船员2人	船长1人、普通船员1人	船长1人	驾驶员1人
液货船类	附加规定	连续航行作业时间超过16h,须增加二副或三副1人、普通船员1人	连续航行作业时间超过16h,须增加三副1人	连续航行作业时间超过16h,须增加驾驶员1人	连续航行作业时间超过10h,须增加驾驶员1人	连续航行作业时间超过10h,须增加驾驶员1人	连续航行作业时间超过10h,须增加驾驶员1人
	轮机部						
	主机总功率	500kW及以上		150kW及以上至未满500kW	75kW及以上至未满150kW	75kW以下	
	一般规定	轮机长1人、大管轮或二管轮或三管轮1人、普通船员1人		轮机长或轮机员1人、普通船员1人	普通船员1人	无	

附录2 内河船舶操作规程

一、出航前的准备

出航前船长(驾驶员)应履行以下职责:

（1）接到航次命令后，应即时宣布开航时间，通知所属船员按时回船，并备足燃油物料及全船生活物品。

（2）检查船员证书是否齐全有效，如有临时代职人员，应办理好代职手续，对值班人员，应详细介绍本船的各种设备及操纵性能，并安排好工作。

（3）检查本船及附拖驳船的航行证书及其他有关证件是否办好进出口签证手续，如装运危险物品，应办理危险物品准运证。

（4）检查本轮及附拖驳船的助航仪器，操作机械、工属具、拖带设备、锚泊设备、消防救生设备等必须适航，如发现问题，应采取措施排除，严禁带问题出航。

（5）检查货物装载情况，货物装载应符合安全要求，不符合要求的，应通知有关人员及时整改。

（6）通知机舱对主机、副机、轴系、管系电器设备等进行一次全面检查，做好开航准备。

（7）开航前，召开航次会议，认真布置安全措施，明确分工，职责到人。

二、开航前的备车检查与准备

（1）轮机员接到开航通知后，立即做好开航前的准备工作。

（2）将燃料油、润滑油、冷却液、压缩空气管系中的有关阀门打开，泄放日用燃油柜中的积水和沉淀物，并补足清净燃料油和润滑油，保证膨胀水箱适当水位。

（3）检查齿轮箱、推力轴承油位，并保持正常向尾轴套筒压油，直至回油为止；向各人工加油处加注适量的润滑油或润滑脂。

（4）检查有关电器设备必须正常，打开需供电线路的开关，有警报装置的应打开开关试验必须正常。

（5）检查并补充起动空气压力，泄放空气瓶中的存水，打开起动空气管路和气笛管路的供气阀，如果电力起动者，应检查接线必须紧固，蓄电池电量充足。

（6）检查水泵等传动三角皮带的松紧程度，机器各运动部件及轴系附近不应有遗留工具和杂物。

（7）打开气缸上的放气试验堵塞，脱开离合器，人力盘车数转，当确认无碰、卡滞现象时，方可动车。

三、柴油机启动

1. 135 柴油机

（1）用燃油手泵（或打开日用油箱阀）排除燃油系统内的空气，
同时将燃油控制杆固定在相当于空运转（约 700r/min）时的油门位置。

（2）将电钥匙打开（拨到右位），摁动电钮，使柴油机起动。如果掀下电钮 5s（起动机的连续工作时间不宜超过 15s）尚不能起动时，应立即释放电钮，待经过 1min 以后，再作第二次起动,如连续起动四次以上仍无法起动时,应检查并找出故障的原因。

(3)柴油机启动后的初期转速宜为600~700r/min。

(4)柴油机起动后应将电钥匙拨到左方接通充电回路,密切注意仪表板上各项仪表的读数(特别是机油压力表)再检查柴油机各部分有无不正常情况,并着手排除。

2.160柴油机

(1)先将开车把手置于开车位置。再于冷气瓶上旋开辅阀和总阀。

(2)启动时,将启动阀手柄提上,柴油机即行启动。启动后应先放下启动手阀手柄,并立即将冷气瓶上各阀关闭。

(3)如在3s内未能起动,应立即放下开车把手以停止喷油,并检查原因,予以排除。

(4)启动后10min内如无冷却水从机器内排出或润滑油压力表上无压力表示时,应立即停车检查。

(5)如启动后一切正常,应先以低速运转进行暖车,并在20~30min以300~400r/min逐渐加高至额定转速。此时油温、水温也均应达到正常。

四、柴油机的运转

1.135柴油机

(1)柴油机由空载转速700r/min逐渐增加到1000~1200r/min时,进行柴油机的预热运转,当出水温达到55℃,机油温度达45℃时才允许进行全负荷运转。

(2)负荷与运转的增加应逐渐而均匀地上升,尽量避免突然增加或卸去负荷。

(3)在柴油机运转期间,必须随时注意仪表的读数和柴油机工作的情况。

(4)新柴油机不宜一开始就以全负荷工作,在最初运转的60h以内,应适当降低功率使用,最好不超过额定功率80%,以改善柴油机运动件的磨损情况,提高其使用寿命。大修后的柴油机第一次开车时,经过0.5~1h运转后,应停车打开侧盖板,检查主要运动部件必须正常。

2.160柴油机

(1)柴油机运转过程中,应巡回检查各仪表读数,通过看、听、摸、嗅观察运转必须正常。

(2)柴油机正常安全运行负荷,为90%额定负荷。

(3)注意滑油压力和冷却水温度,滑油压力应保持在0.2~0.5MPa,冷却水出水温度应控制在50~55℃。

(4)经常注意排气烟色,以此鉴别喷油的工作性能和使用负荷的变化情况。

(5)经常注意柴油机运转有无异常杂音或振动。

(6)如负荷变化在超负荷运转时,应立即减低负荷,否则柴油机过热,将使柴油机造成损坏。

附录3　内河船舶航行作业指导书

一、岗位要求

（1）年龄满18周岁，初中（含初中）以上文化程度，无妨碍从事水上作业的疾病和生理缺陷。

（2）船舶驾驶员参加过航运交通部门培训，并取得船舶驾驶内河船舶适任证书。

（3）船舶轮机员参加过航运交通部门培训，并取得船舶轮机内河船舶适任证书。

（4）经过三级安全教育，并考试合格者。

（5）熟悉本岗位HSE作业指导书。

二、船舶航行操作规程及注意事项

"认真瞭望，谨慎驾驶，安全航速，及早避让"是确保船舶安全航行的重要原则，船舶驾驶人员必须领会和掌握。

1. 航行前的准备

（1）证件齐全：

① 持有经船舶制造厂、船舶检验部门检验合格的有效船舶证书、船舶检验证书、航行图书等有关资料。

② 持有水路运输许可证、船舶营业运输证、保险证。

③ 持有合格的内河船舶船员适任证书（船长、船舶驾驶、轮机长、船舶轮机）。

④ 签证簿手续齐全，航行日志、轮机日志按规定填写清楚。

⑤ 执行任务的运单与证书所载一致。

（2）配备足够持有证书的船员负责航行值班。

（3）检查船体的锈蚀、水密情况，以及载重水线处、流水孔及舷窗下等部位。

（4）检查推进器无损伤、裂纹、变形。

（5）检查舵杆、鱼尾、连接杆有无裂纹和断裂现象，液压缸及液压管线有无渗漏现象。

（6）检查锚冠、锚爪有无裂纹和变形，螺丝是否松动，并逐节对锚链进行目测检查。

（7）检查系缆、系缆口、缆桩、绞盘、棘爪有无腐蚀、磨损，绞盘是否转动灵活，必要时进行防腐、调整、紧固、加注润滑油脂。

（8）检查系缆钢丝绳是否完备。

（9）检查投光灯、探照灯、照明等设备，查看电缆、开关有无老化、损坏、失灵现象，灯具接头有无松动，线路和操作装置有无异常。

（10）检查救生衣、救生圈的配备是否完备。

（11）检查消防泵、水龙带、灭火器、砂箱、太平斧等消防器材是否完备。

（12）检查潜水泵、木塞、棉絮、木锯等堵漏器材是否完备。

（13）检查雷达、望远镜、甚高频电话、GPS 导航仪、测深仪等助航仪器是否完好。

（14）船长主持航前会议，总结上航次安全生产及完成任务情况，布置本航次任务和安全生产要求。

2. 顺直河段的上水航行操作及注意事项

（1）上水船舶应尽量避开主流，在缓流区中航行，尽可能减少阻力，以利用缓流增加航速。在充分利用缓流时，应根据船舶的具体情况，恰当选择岸距，防止因浅水阻力的增加而降低航速，同时还可能导致的搁浅和扫坡。

（2）上水船舶一般以抱滩走夹找缓流的方式航行，但不必每逢缓流区都去利用，如果缓流区不大，则应适当拉直走。

（3）在用舵时，一定少用舵，用小舵，不用回头舵，因为增加操舵次数既会增加阻力和航程，又增加操作复杂性，对安全航行是不利的。特别注意少用急舵或大角舵，大角舵会产生过大负荷，使系缆松弛甚至破断，影响整个船队的系结牢固。

（4）少作过河航行，过河航行时必须驶过主流区，而横驶会增加航程，增加阻力。

（5）船队因质量和惯性大的特点，应早用舵、早回舵，尽量不压或少压反舵，避免缆绳突然受力。

（6）船队在过河航行中，不是特殊情况下，船队首尾线与流向间的夹角不宜过大，一般以 20° 左右为宜，夹角过大，易产生倒头，影响安全。

（7）在船舶会让时，上水船应主动避让，尽量把下水航道让出来，同时用声号或高频与对方联系清楚。

3. 顺直河段的下水航行操作及注意事项

（1）下水船舶应放在主流范围内并使船舶航向与主流流向平行，避免航速损失或船位横移。

（2）选择航向应满足适当拉长定向航距的要求，在拉长定向航距后，船舶航向仍能基本平行于流向或只有在很少一段时间内未能处于平行状态。

（3）下水船位应依据主流位置，或正中分心，或四六分心，或三七分心下驶。

（4）用舵时，少用舵、用小舵、不用回头舵，并且早用舵、早回舵。

（5）下水船队遇到大风大浪时，应尽早了解风力大小选好避风锚地，根据本船的抗风能力及时抗风。

（6）在追越中，不论上下水航行，由于两船间距较近，为防止碰撞、浪损和船吸等事故，追越船除应从河心一侧追越前船外，还应谨慎掌握船位，使两船具有较大间距，并适当调整车速。

4. 弯曲河段的上水航行操作及注意事项

（1）根据当地的水位及主流位置确定上行航线，如主流贴近凹岸扫弯而下，应采用沿凸岸边滩一侧的缓流上行的小弯航法。如主流趋中，上行船应采用沿凹岸一侧缓流上行的大弯航法，并注意船身与岸形或浮标连线平行。

（2）通知首驾人员备锚。

（3）注意开门叫舵时机，不可墨守成规，非要在看到开门后才开始回转。船队可能因抬不起头来而作反方向的顺流回转，甚至碰岸。

（4）由于船队质量大，来舵慢，注意提前转舵。

（5）船头要"活"，即在回转开始点之前，就应使船头具有一定的回转动向，切忌船头向相反的方向偏摆。

（6）进入弯道前，应密切注意船舶动态和船位，加强高频联系，不可盲目进槽，不可抢航，必要时掉头等候，尽量避免在弯道内会船。

（7）保持适当岸距，注意滩尾回流乱水的推压，防止擦浅及钻套。

（8）夜间航行用雷达、GPS助航。开启高频，加强与来往船舶联系，明确意图和方位。

5. 弯曲河段的下水航行操作及注意事项

（1）进入弯道前应通知机舱人员配合，首驾值班人员备锚。

（2）进入弯道前应特别警惕和注意上行船的动态和船位，加强高频联系。

（3）依据主流位置确定航线、船位、航向，但又不完全追寻主流，做到"船位挂高，航向取矮"，针对一般弯曲河段和急弯河段主流的不同，高不单指凸岸，应为横流上方，即占上流，矮指船头朝横流下方，并减小船向与横流间的夹角。

（4）在弯道上口，船位应摆在主流偏凹岸一侧，同时也是将船位置于背脑水水势较高一侧，航向与主流一致，逐渐穿越主流。进入弯道以后，向凸岸一侧过渡，将船位远离凹岸，摆在扫弯水水势较高一侧，船向则指向航道的下方并略有抬头之势。在弯道下口，船舶摆脱了扫弯水影响后，再恢复正常航行。

（5）在挂高取矮的原则下，应尽可能加大航路的曲率半径，争取把弯道"走直"。

（6）由于船队质量大、来舵慢，应注意提前转舵，保持适当舵角连续转向，避免多次大舵角叫舵，延误转舵时机，应注意提前回舵，防止用舵过分，切忌用反舵"稳死"船首向。

（7）船头要"活"，即在回转开始点之前，就应使船头具有一定的回转动向，切忌船头向相反的方向偏摆。

（8）在进入弯道前应慢车，降低航速，待驶达弯曲顶点前，再加大车速，提高舵效，双车船可以外舷车大于内舷车，以增加回转。

（9）注意"开门"叫舵时机，不可墨守成规，非要在看到开门后才开始回转。船队可能因抬不起头来而作反方向的顺流回转，甚至碰岸。

（10）夜间航行用雷达、GPS助航。开启高频，加强与来往船舶联系，明确意图和方位。

6. 浅滩河段的上水航行操作及注意事项

（1）上水过浅时，应首倾 3~5cm，这样当剩余水深不足时，仅首部擦浅，不易造成船舶搁浅。

（2）上水过浅滩时，当驶近下水沙嘴外方时即应拉大档子，同时用舵使船回转，边转边上浅滩，同时注意适当挂高船位，防止横流推压。

（3）慢车进槽，防止过大的动吃水增值。

（4）垂直上滩，以免沙背后坡形成的回流使船位偏离。

（5）及时加车，克服纵向流速过大带来的上滩困难。

（6）注意避免"钻套"及横流的推压，必要时辅以测深等手段，防止搁浅。

（7）因浅滩属单向航道，不论上下水航行，当发现对驶船已进槽口，就应停车等候。

（8）禁止追越他船。

7. 浅滩河段下水航行操作及注意事项

（1）下水过浅时，最好尾倾 3~5cm，当剩余水深不足时，仅船尾擦浅，不会造成横拦航道。

（2）进出槽口时特别注意挂高船位，防止横流推压，提前转舵，船头要活。

（3）在保证操纵灵活，安全有效的前提下，慢车驶过，减小动吃水。

（4）必要时辅以测深，保证船舶吃水相对较大。

（5）禁止追越。

（6）因浅滩属单向航道，不论上下水航行，当发现对驶船已进槽口，就应停车等候。

8. 桥梁河段的上水航行操作及注意事项

（1）了解桥区航道情况，助航标志的相对位置、灯色、闪次，以及风向、风力对船舶的作用。

（2）检查桥梁的通航高度是否足够，船队尺度是否超过规定，是否需要采取放桅、压载、解队等措施。

（3）过桥前按规章显示相应的信号，并与海事部门联系申请过桥。

（4）做好安全准备工作：加强系缆、机舱备车、驳船值班。

（5）按桥区的规定上限航速进入桥区，以保证舵效和操纵安全。

（6）从两墩正中间或偏水势较高一侧加车垂直过桥，以加强舵效。

（7）过桥后，撤销信号，恢复正常航行。

9. 桥梁河段的下水航行操作及注意事项

（1）了解桥区航道情况，助航标志的相对位置、灯色、闪次，以及风向、风力对船舶的作用。

（2）检查桥梁的通航高度是否足够，船队尺度是否超过规定，是否需要采取放桅、压载、解队等措施。

（3）过桥前按规章显示相应的信号，并与海事部门联系申请过桥。

（4）做好安全准备工作：加强系缆、机舱备车、驳船值班。

（5）因桥区下水航道一般较长，故进入桥区前，就应摆好船位。有横流时，必须挂高船位，甚至紧抱横流上方，减小与流向的夹角。

（6）船队进槽后，应分次逐步转向对准桥涵标，不可一舵转向。航行到桥墩之间时，船位恰在两墩正中或略偏水势较高一侧为准。如发现船位不当应立即采取措施纠正，不能犹豫不决，延误时间。

（7）临近桥墩时，小舵角调正航向，校正船位，以船首向与桥梁垂直或略偏水势较高一侧进入两墩间。

（8）进入两墩后，加车快速通过，以加强舵效。

（9）过桥后，撤销信号，恢复正常航行。

10. 回流水域的航行操作及注意事项

一般来说，顺流船应避开回流航行。但由于航道条件限制，而不得不沿主流与回流的分界面进入回流区航行时，在回流区上部应注意回流出水推压，可向内舷用小舵角进入回流边缘或其外侧，切忌大舵角将船首深入回流区，以免因回流推压船首，主流推压船尾而产生的转船力矩使顺流船"打抢"。驶出回流区时也应用小舵角。逆流船根据本船的操纵性能、推力、航速等情况，在能保证航行安全的前提下，可适当地利用局部（下部）回流，变逆流为顺流，以提高逆流航速。进入回流时，应注意回流向岸边推压，可向外舷用小舵角抵御回流向内的压力，以免船首向岸边偏移过多。驶出回流应及时用小舵角调顺船身，以较小的流压差角驶出回流，切勿贪入回流直抵回流上部，又用大舵角调向驶出，造成"打张"的危险局面。

11. 横流水域的航行操作及注意事项

船舶因航道等条件限制，不得不驶入横流区时，首先应充分挂高船位，让横流压力与推力的合力使船位能落在既定航线上。进入横流区时，应向横流一侧用舵，抑制横流对船首的横向推移，驶出横流区时，应向另一侧用舵，抵御横流对船尾产生的横向推移。在横流区航行时，如横流较强，可适当向横流一侧压小舵角，形成一定偏航角，控制船舶因横流的推压而产生的船位偏移。

12. 漩水水域的航行操作及注意事项

强度、范围均较小的漩水对行船的影响不大，但强度较大的漩水对行船有严重影响。由于航道等原因的限制，船舶不得不从漩水区通过时，船舶首先要搞清漩水的旋转方向（一般主流左侧的漩水逆时针方向旋转，主流右侧的漩水顺时针方向旋转），再及时调整航向和船位，让船首向与漩水旋向一致作顺漩航行（称为上顺漩），这样，船速与漩水流速叠加，使航速增大，加强船舶在漩水区作曲线航行时惯性离心力，以便抵抗漩水区外高内低的水压力，有利于航行安全。此外，出漩时应及时用舵将船身调出。船舶应避免上反漩作逆漩航行（原因与上相反）以及从强大漩水中心通过，以免发生恶性事故。

13. 泡水区域的航行操作及注意事项

航行中船舶遇孤立的泡水时，如航道等条件允许，可从泡水中间"骑泡"驶过，以避免因泡水作用于一舷而产生的航向、船位偏移及操作的复杂性。

如航道等条件不允许"骑泡"，船舶不得不从泡水一侧通过时，船舶宜采用"一泡三舵，四舵还原"的操作方法。即：船首位于泡水一侧时，向泡水一侧用舵，当船中部位于泡水一侧时，回至中舵。当船尾位于泡水一侧时，向泡水所在的反方向用舵，船尾脱离泡水后，舵回正中，恢复正常航行。此方法的关键在于根据泡水作用于船体不同部位时，采用不同方向的舵角来抵御泡水对船体局部形成的横向推力，避免航向发生大的改变和船位产生横移。

航行中船舶遇两泡夹峙，而又无法绕过时，船舶可从两泡之间的水面低凹处通过，并视两泡的相对强度，同上法用舵迎较强一泡水。

14. 洪水期的航行操作及注意事项

（1）在洪水期航行，在保证安全的前提下，应有效利用缓流。

（2）河水漫滩时，流向指向岸边，沿岸航行船舶，必须防止船舶受横流影响而发生困边和搁浅事故。

（3）沿岸行驶，不宜太拢，防止浪损堤岸和护堤工程，行经危险堤岸时，应慢车通过。

（4）航行时注意避开花水、泡水、旋水和回流水等。

（5）航行中注意避开流木、漂浮物，以免打损桨叶。

（6）船舶驶经分汊河口（或缺口）时，应绕开航行，以免被水流吸入。

（7）船舶通过跨河建筑物时（如桥梁等）应计算留有足够的安全高度。

（8）洪峰来临，流量激增，流速高，上、下行船队往往在特高水位时需扎水停航以确保安全。

（9）下水通过急弯河段，应及早抬头转向，与凹岸保持足够的安全距离，顺主流内侧行驶。

（10）驶经堤防险情处和要求船舶减速的航段，要适当减速防止浪损事故。

（11）漫坪地段的泛滥标，只能作航行参考，应随时根据岸上的天然物来核对船位，防止标志流失，移位或灯光熄灭而走错航道。

（12）夜间航行，切忌将陆地上防护林当成岸形或把陆地上灯光误作为岸标灯光，应随时根据航向和周围环境核对船位。

（13）注意收听水位公告和航行通报。如因航标失常，失去船位或无把握航行时，应立即停车稳舵，弄清情况后再继续行驶。

15. 夜间航行的操作及注意事项

（1）在能见度不良时，尤其是下毛毛雨的夜间，禁止夜航。

（2）加强瞭望，不论夜间能见度如何，切不可疏忽大意，如果发现可疑情况或判断不明，应时刻注意其动态，直到驶过让清为止。

（3）接班前，应先在黑暗中停留观察片刻，使两眼适应于黑暗，提高视觉，并了解航道内的情况后再进行交接，不可草率接班。

（4）驾驶室内应保持黑暗，不使外来光线射入。驳船房间灯光不得外露，使用探照灯不得向来船驾驶台照射，以免影响对方视线。

（5）如需查看仪表时，应使用弱光，务使眼睛对黑暗的适应性不受影响。

（6）善于应用雷达、GPS定位，测定本船航速、相对航速，判定是否存在碰撞危险等。

（7）接班前应熟知地形、地物、岸嘴、礁石等情况，熟悉航段内的主流、缓流及不规则水流的分布情况。

（8）熟记航段内航标配布，天然标志及其间的相对位置，并合理加以利用。

（9）可打开两舷的探照灯，照清两岸岸形航行。

16. 雾中的航行操作及注意事项

航行中遇能见度小于500m的雾时，应果断采取扎雾停泊的措施，禁止冒雾航行。若能见度较好，且有好转趋势，前方航道宽阔，水流缓慢，船舶方可航行。

航行时必须注意下列事项：

（1）通知机舱备车并立即使用安全航速缓速航行，按章鸣放雾号，并报请船长。

（2）开启雷达，指定专人瞭望，并将所观察到的信息报告值班驾驶员。

（3）驾驶员应熟悉航道，及各航标间的相对位置，抓住岸形、航标，摆正船位、稳住舵向，勤测勤算（测定船位、航速，估算到达下一标志的时间），以免迷失船位和方向，做好应变的准备。

（4）通知水手备锚，随时作好抛锚的准备。

（5）打开高频，随时通报本船的船位和动态，并听取他船的动态，与其取得联系。

（6）上水航行可沿深水岸上驶，以便抓住岸形；下水航行更应准确地掌握本船及他船船位，及时调头锚泊。

（7）应始终保持驾驶台肃静，以便随时听清他船的声号，以便对方位和距离作出判断。

（8）船舶航经桥梁、船闸等水域时，应遵照有关规定执行。

（9）打开测深仪，随时了解船位所在水域的水深，注意风、流对船位的影响。

17. 风浪中的航行操作及注意事项

（1）当风力大于4级，有碍航行安全时，应及时择地抛锚避风。

（2）船队应加强系缆，保证强度。

（3）及时控制船位，使船舶靠上风岸或小浪区航行。

（4）航向变化时尽量使用小角度逐步调向，舵角严禁过大。

（5）需作曲线运动或掉头时，回旋方向应不使惯性离心力、风压、流压、波浪同时作用一舷为宜，并使用慢速、小舵角谨慎操作。

（6）顶浪航行时，应降低车速，作"Z"行航行，使两舷轮换受浪。

（7）顺浪航行时，加大车速，保证航向稳定。

（8）尽量避免横浪航行，迫不得已时，可作"Z"形航行。

（9）甲板工作人员应穿好救生衣。

（10）保证船体水密，船上所有开口应加盖或加固。

（11）舱内外活动物品应加绑固定。

18.会船操作及注意事项

（1）船舶在交会前都要认真瞭望，随时注意周围环境和交会船动态，如动态不明，信号不统一时，应严禁交会。

（2）上行船应当避让下行船，但在潮流河段，逆流船应当避让顺流船；在湖泊、水库、平流区域，两船中一船为单船，而另一船为船队时，则单船应当避让船队。

（3）在潮流河段、湖泊、水库、平流区域，两船对遇或者接近对遇，除特殊情况外，应当互以左舷会船。

（4）机动船驶近弯曲航段、不能会船的狭窄航段，应当按规定鸣放声号，夜间也可以用探照灯向上空照射以引起他船注意。

遇到来船时，按（2）、（3）项规定避让，必要时上行船（逆流船）还应当在弯曲航段或者不能会船的狭窄航段下方等候下行船（顺流船）驶过。

（5）两船对驶交会，顺流船（下行船）应当在相距1km以上处，谨慎考虑当时环境和航道条件，及早鸣放会船信号；逆流船（上行船）听到信号后，如无特殊情况，应立即回答相应的会船信号，并采取避让行动。双方信号统一后不得改变。在鸣放会船声号时，应同时配合使用红绿闪光灯或白色号旗，以明确自己的会船意图。

（6）在滩险、狭窄地段交会，应加强测水，适时保持横距，做好防碰措施。

19.追越操作及注意事项

（1）船舶在追越前必须充分考虑航道条件，周围环境及当时风向、水流情况，确定最佳追越方案。在狭窄、弯曲航道、船闸引航道、桥梁、险滩处及有明确规定不能追越的航段不得追越或齐头并进，严禁强行追越。

（2）在可以追越的航道中，应按章鸣放追越信号，在取得前船的同意后，方可追越。

（3）在追越过程中，追越船应当避让被追越船，不得和被追越船过于逼近，禁止拦阻被追越船的船头。

（4）单船追越时，应适当控制车速，预防他船受吸流失控。并且必须保持一定横距，以防船吸。

（5）在追越过程中，要谨慎操作，加强瞭望，随时注意被追越船和前方动态，切实做好防碰措施。

（6）被追越船听到追越船要求追越的声号后，应当按规定回答声号，表示是否同意追越。在航道情况和周围环境允许时，被追越船应当同意追越船追越，并应当尽可能采取让出一部分航道和减速等协助避让的行动。

（7）信号未统一，严禁追越和强行追越。

20. 横越操作及注意事项

（1）横越船在横越前，应当注意航道情况和周围情况，在无碍他船行驶时，先鸣放信号一长声，才可以横越。

（2）横越船应主动避让顺流船，不得在顺流船的前方突然和强行横越。

（3）两横越船同流向交叉相遇，居左者应当避让居右者。

（4）不同流向的两船或两船队横越相遇，逆流船应当主动避让顺流船，待顺流船驶过后再行横越。

21. 尾随行驶操作及注意事项

（1）机动船和船队尾随行驶，后船与前船都应保持适当距离，以防前船突然发生意外时，能有充分的避让余地。

（2）后船尾随前船行驶，应加强瞭望，提高警惕，密切注意前船和前方动态，随时准备采取减速、停车、倒车和抛锚。

（3）前船在行驶中，如遇到特殊情况，必须倒车或后退时，应立即鸣放三短声，以引起后船注意。

22. 调头操作及注意事项

（1）船舶调头必须选择河面宽阔，水深足够的平直河段进行。

（2）根据风、流的情况和方向及航道的特点确定调头方法。

（3）调头前应按规定显示灯号、鸣放声号，密切注意来往船舶的动态及周围环境，在确认无碍他船航行后方可调头，调头不能抢越他船船头。

（4）正确使用车舵，调头前应适当减速，船队顺流调头，更应及早减速。开始时操舵要慢，待船队跟随回转后，再加车助舵，结束前应立即回舵，保持航向稳定。

（5）航道正常情况下，船舶应尽量驶向航道一侧，保持较大的回转直径，不得采用硬调头的方法。

（6）有流航道，顺水调向逆水，应从主流向缓流掉头；逆水调向顺水，则应从缓流调向主流；单船顺流向逆水调头时，调头前应减速，转舵的舵角不要太大，防止流压及离心力的作用，使船发生横倾。

（7）风浪较大时，应选择上风一侧或较平稳区域调头，切忌在大浪区仓促调头。

三、异常情况的判断及处置要求

1. 两船相遇，有碰撞危险并形成紧迫局面时的处置要求

（1）立即停车、倒车，必要时抛锚制止船舶前进。

（2）两船迎面对驶，有碰撞危险时，应向外侧转舵，让开船首后，立即转操内侧舵，让开船尾。交叉相遇应避免船首对另一船中部。

（3）在碰撞不能避免时，应尽力做到避重就轻，减少损失，如使两船减小碰撞交角，防止直角相撞；或将本船驶出航道边界，宁可使船搁浅也要避免碰撞。

（4）船队有碰撞危险时，应立即通知人员远离系缆地点，以防断缆伤人。

2.两船碰撞后的处置要求

（1）立即停车，关闭所有水密门窗，并派人检查损坏情况，进水程度。如破洞进水，应迅速驶向浅水停泊，组织排水堵漏。

（2）如碰撞后有人落水，应立即抛下救生设备，组织施救。

（3）如有沉没危险，应加车抢坡搁浅。

（4）夜间两船发生碰撞，均应开启全部照明设备。

（5）如船首撞进他船船体，切不可盲目倒车远离，此时应慢车将他船缓缓顶往浅水处搁浅，再行施救。以防一旦退出，破洞大量进水，造成他船沉没危险。如他船急速下沉，则应急速倒车，退出船首，以保证本船安全。

（6）报当地海事部门申请事故处理，并报上级主管单位。

3.船舶搁浅后的处置要求

（1）立即停车，切忌乱用车舵，以防止船底部、推进器及舵受损。

（2）通知船长，按规章挂出搁浅信号。

（3）详细探测船舶四周水深和河床底质。

（4）及时了解舱内积水及搁浅部位，检查船体有无渗漏。

（5）如搁浅不严重，船尾尚有足够水深，就可试用车舵摇动船身，再倒车退出。如仍不能出浅，则应根据浅区的具体情况，进行细致分析，制定出浅方案。

（6）特别注意风、流的影响，采取必要措施固定船位，以防事态恶化。

（7）顶推船队搁浅，不宜立即解队，防止扩大搁浅范围。

4.船舶触礁后的处置要求

（1）立即停车，关闭水密门，迅速检查触损情况，测积水和探测四周水深。

（2）如有破洞，立即进行堵漏抢险。如损坏严重，船仍可行动，则应迅速驶向浅水区搁浅，及时排水堵漏。

（3）如船身架于礁石上，则不可用车，应采取轻载漂浮方法出礁。

（4）如船舶不能行动，切忌用车舵前进、后退或左右摆动，以免破损扩大。

（5）顶推船队如一驳触礁影响他驳安全时，则应迅速解队，避免带沉。

（6）报告当地海事部门及上级主管单位。

5.主机突发故障的处置要求

（1）如果双车船的一部主机发生故障，应使用另一部主机及早选择较为良好的锚地抛锚修复。

（2）如果完全无动力，则应抓紧时机利用余速用舵配合驶至缓流水域或抛锚修复。

（3）顺流航行船，应立即利用余速向缓流一侧掉头，必要时抛锚掉头，锚泊后抢修。

（4）自主机发生故障至锚泊前，应按规定显示信号，以引起他船注意。

（5）如果前方情况危急，对安全有威胁时，立即抛下双锚制动，以防止发生事故。

6. 舵机失灵的处置要求

（1）如果是油泵故障，立即启用备用舵机。

（2）如果是舵叶、舵杆故障，完全失去使用可能，就应立即采用"以车代舵"的操作方法摆正船位，驶至缓流浅水区锚泊修理，下水船需要掉头时，可采用"抛锚掉头"操作法。

（3）在未抛锚前应及时显示失控信号。

7. 船队断缆后的处置要求

（1）首先应停车，同时迅速检查断缆位置、缆绳是否落水绞缠螺旋桨桨叶。

（2）在确认断缆无危及螺旋桨的情况下，方可适当用车、用舵，稳住船队，防止驳船横卧于拖船边上，或风流把船队推向浅险区域。

（3）命令各驳船备锚，安全时，命令首驳抛锚。

（4）重新系结缆绳。一般在发生断缆后，应尽可能将船队拉向河道较宽广的安全位置，并稳定航向，然后进行重新系缆。

① 当断的缆为操纵缆或连接缆时，拖轮把舵操向断缆舷侧的相反方向，使他舷操纵缆保持紧张状态；迅速重新系缆以恢复正常。但当舵力控制不住水流的推压或在狭窄航道妨碍转舵操纵时，立即抛锚，以防碰撞或搁浅事故的发生。

② 若驳船的包头缆断了，拖轮亦向断缆的另一侧操舵，必要时可用倒车。

③ 若拖缆断了，可按当时具体情况适当倒车。

（5）发生断缆时，要竭力防止引起其他海损事故。

8. 船队散队后的处置要求

（1）拖轮减速，防止与散队的驳船相撞。

（2）通知各驳驾长、船员立即动员起来，由驾长指挥本驳备锚，防止被风浪推至浅区、礁石区、桥坝或危险水域发生事故。拖轮首先应当救助濒临危险的驳船。

（3）拖轮应陆续将驳船拖至风流小的安全水域抛锚，然后编队续航。

（4）救助驳船时应从该驳下风一舷带缆，操纵时应尽量避免处于被横浪袭击状态。

（5）万一有驳船搁浅或发生其他意外，拖轮不可贸然接近，应先了解该处水深，方能决定施救方案。

9. 人员落水时的处置要求

（1）立即停车，向落水者一舷转舵，防止螺旋桨将落水者打伤，与此同时，按规定鸣放人落水声号和显示信号。

（2）向落水者上游抛出救生圈。

（3）晚上应打开探照灯以便搜寻、救助。

（4）船舶应适当接近落水者位置，以便联络并且观察现场情况，决定对策。

四、存在主要危害及控制措施

存在主要危害及控制措施见附表3。

附表3 存在主要危害及控制措施

序号	作业步骤	危害及后果	风险程度	防范及控制措施
1	船舶航行	下水空载未避风,冒险航行致海事事故或自损	高	遇四级以上大风应采取避风措施
2		弯道航行操作不当,致困坡或海事事故	高	控制船速,摆好船位,谨慎驾驶
3		货物超载,致海事事故或沉船	高	禁止超载,预留足够干舷
4		未收听天气预报及水位公告,冒险航行致海事事故	高	及时收集航行信息,确保安全航行

附录4　内河船舶靠泊作业指导书

一、岗位要求

（1）年龄满18周岁，初中（含初中）以上文化程度，无妨碍从事水上作业的疾病和生理缺陷。

（2）船舶驾驶员参加过航运交通部门培训，并取得船舶驾驶沿海船舶适任证书。

（3）船舶轮机员参加过航运交通部门培训，并取得船舶轮机沿海船舶适任证书。

（4）经过三级安全教育，并考试合格者。

（5）熟悉本岗位HSE作业指导书。

二、靠泊作业操作规程

1.靠泊前的准备工作

（1）准备好靠泊时用的锚，检查锚、锚链有无裂纹。

（2）检查锚机、绞关是否完好，并对其进行试转。

（3）准备好系缆、靠球。

（4）检查船体侧面的防护垫是否脱落。

2.靠泊操作

1）滑行驶靠码头

主要适用于水流正常、风力较小、码头正下方水域宽敞的码头，如附图1所示。

（1）根据流速大小及本船冲程、倒车制动能力，在驶抵码头前适当距离减速、停车。

（2）以适当的角度（宜小）向码头游移驶进。

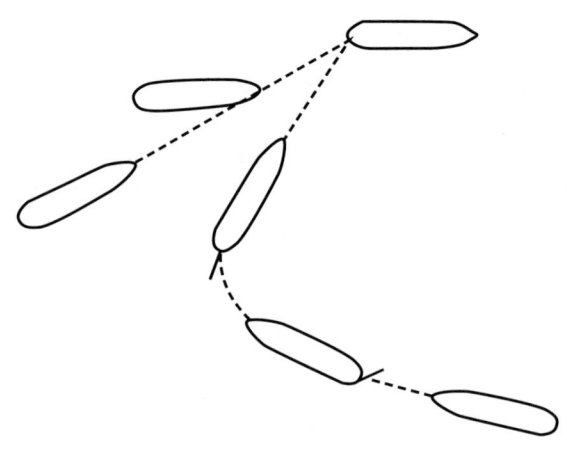

附图 1　滑行驶靠码头

（3）当船首接近趸船下角外方，逐渐用舵调顺船身，沿码头外缘以微弱速度继续游移驶进。

（4）当船首快要到达预定位臵，而速度尚未消失时，可用倒车制动并及时送出倒缆，带上首尾缆，用车舵配合收紧各缆。

2）平移驶靠码头

主要适用于水流比较急、泊位上下已靠泊其他船舶或有障碍物时采用。如附图 2 所示，采用边转舵、边稳舵、边顺身的操作方法。

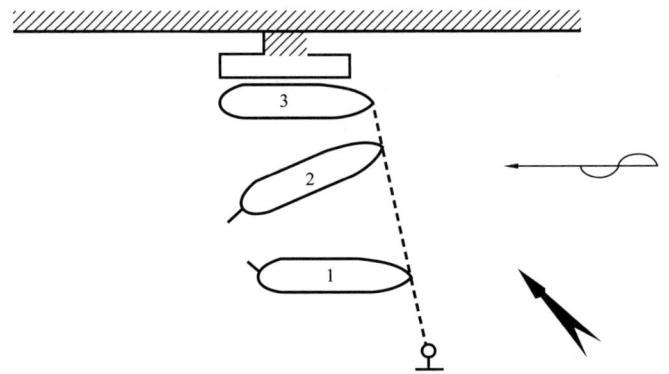

附图 2　平移驶靠码头

（1）船靠惯性游移驶至 1 位，控制船舶近于静止，操舵河心，顺身达 2 位。

（2）向码头用舵（舵角宜小）并略开数转顺车，既增加舵效又提住船身不随流下移，渐达 3 位。

（3）再向河心扬舵顺身，达 4 位，必要时如此反复操作几次，使船向码头平移，靠上码头，带好系缆。

3）抛锚驶靠码头

主要适用于吹拢风、困挡水、水流急、趸船小的情况下采用，除用车舵外，还可用锚的拉力来控制船位。如附图 3 所示。

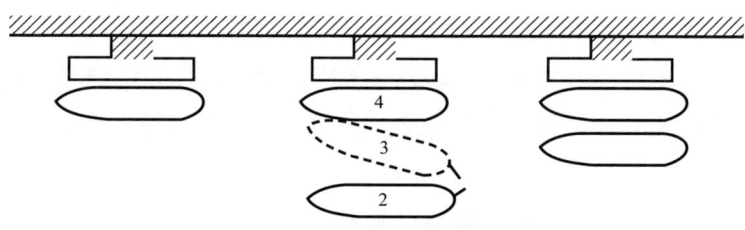

附图 3　抛锚驶靠码头

（1）船靠惯性，以适当的横距，一般在趸船中上方的 1 位，抛下外舷首锚，松链。

（2）如船首转进过快如 2 位，可刹住锚链；若船尾迫向趸船，必须用车舵拉住。

（3）再视实际情况松链，并适当用车舵配合，使船接近平行地贴拢趸船如 3 位，即可徐徐靠上码头。

4）大角度驶靠码头

（1）掌握本船的惯性和速度，在 1 位时以较大的角度对准趸船中部或趸船头部，驶达 2 位。

（2）用舵控制船首使之处于能随时外扬的态势，以免抬不起头而撞趸船。

（3）接近趸船，抓紧时机，以适当的横距（比游移时大），和适宜的角度操外舵，使船舶急速回转达 3 位。

（4）注意倒车、船靠回转时的偏移、克服风的影响和向码头转进所留的横距等问题。

（5）先带倒缆、用车舵配合，调整船位，系好各缆。

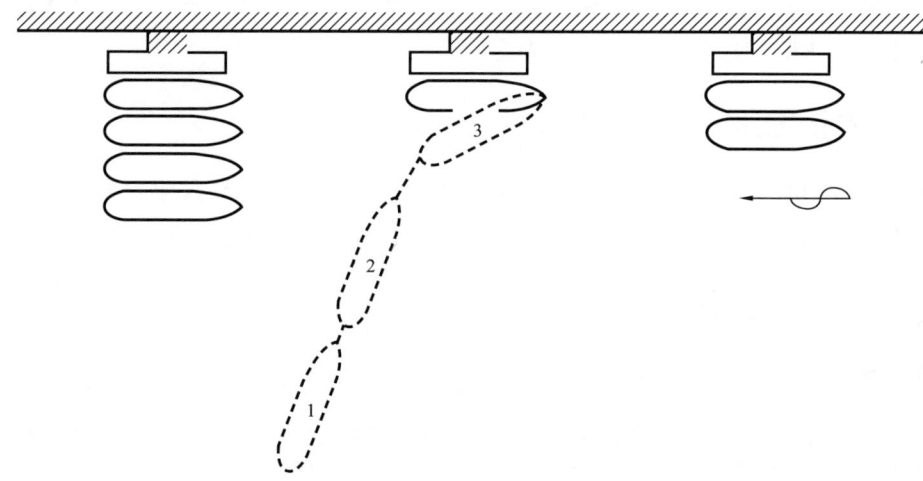

附图 4　大角度驶靠码头

二、注意事项

（1）抛开锚或领水锚时，应与趸船取得联系，防止钩挂趸船锚链。

（2）在码头旁调顺船身时，两者横距不宜过小，不然有可能发生碰撞，若船舶横移速度过大时,应该及时用舵减小迎流角加以抑制,谨防碰撞。

(3)若发现船速太快,可开倒车制动,一般推进器水花到船中部时,船即开始后退。

(4)船舶在靠码头时,驾驶员切勿操之过急,应当慢中有稳,稳中有快,即所谓"宁可进三车,切忌倒一车"。

(5)横风强时,为防止风压,航速要求稍大。

(6)码头边的流速比航道中缓慢,由航道中航至码头边时,会发觉航速变化较大,对此应有所估计。

(7)航速太大会撞击码头,航速太小不能保持舵效,不易控制船位,要求在保持舵效的基础上,航速慢些为好。

(8)控制船位是靠好码头的重要一环,一般来说,纵距一般为2~3倍船长的距离,主要视风、流的情况及冲程大小适当调整;横距视风、流、夹角的大小而定,在风、流影响不大的情况下,一般为1~2倍船宽;吹开风时,横距适量缩小;吃拢风时,改为3~5倍船宽。

(9)调整靠拢角度宜早,以防船舶进入泊位时陷入紧迫局面,而动车增加舵效调整角度,势必增加冲势而陷入被动。

(10)顶急流时,重载船、吹拢风时,靠拢角度宜小;空载船、吹开风时,靠拢角度稍大;嵌档驶靠码头时,应在外面调顺船身。

(11)有困档水的码头,在驶靠时应及早收船,调顺拉平。

(12)靠码头应以顶风、顶流为主,风流不一致时,一般以顶流为主;在缓流区域风力影响大于流的影响的地方,则以顶风为主。

三、异常情况的判断及处理要求

(1)在作业过程中,若发生船舶碰撞事故,应立即启动船舶碰撞应急程序。

(2)在作业过程中,若发生人员落水事故,应立即启动人员落水应急程序。

四、存在主要危害及控制措施

存在主要危害及控制措施见附表4。

附表4 存在主要危害及控制措施

序号	作业步骤	危害及后果	风险程度	防范及控制措施
1	调整船位	舵速快或舵效慢,撞击码头,造成财产损失	中	保持舵效的基础上,降低航速
		横距过小,发生撞船事故	中	选择适当横距
		未明确码头附近船舶动态,发生碰撞	高	加强瞭望和通信,及时拉响声号

续表

序号	作业步骤	危害及后果	风险程度	防范及控制措施
2	靠泊	靠泊角度和滑移速度控制不当，撞击码头	中	利用锚、车舵配合，调整适当
		抛锚与趸船锚链发生搅缠，造成财产损失	中	与趸船人员加强联系
3	系缆	不穿救生衣，造成落水	高	登船人员严格穿戴救生衣
		不穿戴劳保，造成人员伤害	中	严格遵守劳保制度
		系缆次序不对，造成缆绳断裂、设备损坏	中	听从指挥
		抓握钢丝绳方法不对，夹伤手指	中	严禁抓握钢丝绳与缆桩接触段
		系缆不牢固，导致走船	高	加强系缆的检查
4	停车	发动机未怠速运转，直接停车，导致设备损坏	低	怠速运转2～5min后熄火
		接岸电时，未断开负载，造成电气设备损坏	中	先断开负载再接通岸电
		电源线老化，造成漏电、触电	高	加强巡回检查，及时更换老化电源线

附录5 内河船舶离泊作业指导书

一、岗位要求

（1）年龄满18周岁，初中（含初中）以上文化程度，无妨碍从事水上作业的疾病和生理缺陷。

（2）船舶驾驶员参加过航运交通部门培训，并取得船舶驾驶沿海船舶适任证书。

（3）船舶轮机员参加过航运交通部门培训，并取得船舶轮机沿海船舶适任证书。

（4）经过三级安全教育，并考试合格者。

（5）熟悉本岗位HSE作业指导书。

二、驶离码头操作规程

1. 船舶离泊前的准备工作

（1）通知机舱备车。

（2）检查舵、传动装置。

（3）试转锚机、绞盘。

（4）了解天气预报和水位情况。

（5）查看前后水尺，拉起船舷护栏。

（6）试汽笛及检查有关的信号设备。

2. 船舶离泊

1）扬首驶离法

在码头前方水域宽敞，水深足够，且无障碍物时，采用此法简便，其操纵方法：

（1）解掉各缆。

（2）操舵河心，船借水流压力使船首扬开。

（3）回至微外舵，用慢速度进车。如船尾有扫趸船时，回微外舵改操内舷舵，短暂用车，停车，继用微舵进车。

（4）待船首离开扬出一定角度时，回舵稍稳，必要时停车。

（5）船尾离开趸船后，再用车舵，驶向航路。

2）坐艄驶离法

这是离码头的常用方法，如附图5所示，其操作方法如下：

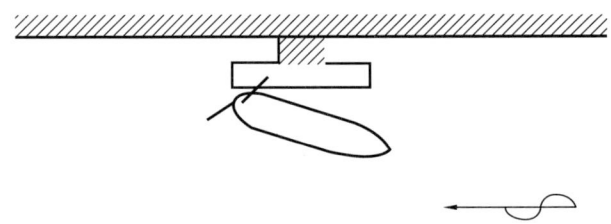

附图5　坐艄驶离法

（1）解掉各缆，只留船尾倒缆。

（2）向外舷操舵，船靠水流后退使船尾倒缆得力，船首外扬；如水流缓慢，又有吹拢风时，可用倒车，以提高船外扬的能力。

（3）一般情况，当摆开距离达一倍船宽时，解尾缆。

（4）向内舷压一点舵，慢速进车，摆一下船尾，随后用舵向外渐转，必要时可先停一下车。

（5）当船尾离开趸船时，再用车舵，驶向航道。

3）坐艄下移驶离法

在有强吹拢风情况下，且趸船下方有一定的空档，足够的水深且无障碍物时，可采用此法，如附图6所示，其操作方法如下：

（1）解掉各缆，只留尾倒缆，慢倒车，将尾缆松至一定的长度，一般约1/4船长，使之受力。

（2）加大倒车，微舵，船首外扬至风、流合力作用线即可，如2位。

（3）停车，急解尾缆，迅速提车，甚至加大车速，以防船舶迫拢，驶向航道。

4）绞锚驶离法

采用抛锚驶靠码头的船舶，离码头时可采用此法，其操作方法如下：

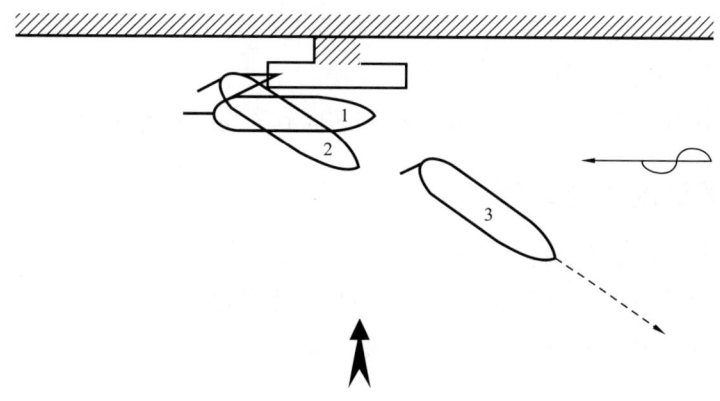

附图 6　坐艄下移驶离法

（1）先解尾缆，后解首缆。

（2）开始铰锚，船首受锚拉开向河心偏转，并向趸船侧适当的压舵，使船尾加速离开。

（3）为防止锚链过分受力和船尾向码头转进，适当用车、舵配合进行调整，双螺旋桨船可用鸳鸯车产生推力转矩控制船舶的转向。

（4）锚链绞起后，即可进入航道行驶。

5）飞艄驶离法

在尾吹拢风、码头前方有大片障碍物伸向河心及在有潮汐影响的港区，可用此法驶离码头，如附图 7 所示，其操作方法如下。

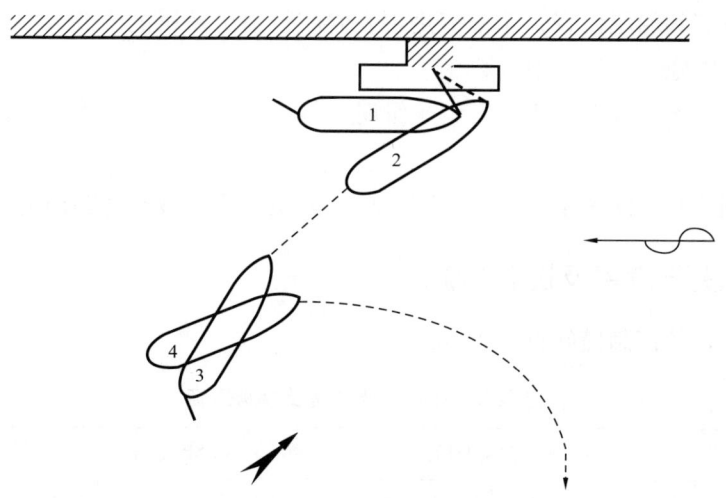

附图 7　飞艄驶离法

（1）解掉各缆，只留船首倒缆，必要时船首倒缆可以松长。

（2）向趸船一舷操满舵，首倒缆受力后，船尾在缆、车、舵的作用下逐渐飞开转向 2 位。

（3）当船尾转出一定的角度（视外因影响程度的大小而定，一般约为40°），到2位时停车，解首倒缆，中舵、倒车。

（4）船后退适当距离到3位，停车，再调航向到4位，用车舵驶离。

三、船舶离泊的注意事项

（1）确定开头或开尾的条件：

① 码头附近水流平缓，一般采用开头，有回流则开尾。

② 码头前方无障碍物或少量时，应开头；前方障碍物较多且外伸较开，不利于开头驶离，则应开尾。

③ 码头附近水深足够，水域较宽时，可开头，码头前方水深不够，且不足以供船开头驶向航道，则开尾。

④ 外档靠有他船和顶岸靠泊时，应开尾。

⑤ 首吹拢风时，采用开头；尾吹拢风，风压大于流压时，可开尾。

（2）掌握驶离角度的大小直接影响船舶离泊操纵的安全。常流及船首前方水域较清爽时，开首驶离的角度可小些；船首前方有他船靠泊或有吹拢风时，开首驶离的角度应大些，开尾驶离时，若开尾角度太小，当船首扬出时，船尾可能甩回码头；若开尾驶离角度太大，可能使船首扬不出来。

（3）为防止船尾扫碰码头或其他船舶，当船扬出一个不大的角度应即回舵稍稳，顺向离开泊位。

（4）驾驶员应到船尾检查趸船锚链是否有碍航行情况及尾倒缆的大小，并向值班水手交代松缆、收缆措施，做到心中有数。

（5）为防止钢丝绳绞缠推进器，解坐缆时，尽量不落水，当坐缆未收清前，不宜使用内挡的车。

（6）使用倒车时要注意掌握车速，防止拉断倒缆或船尾碰挂趸船锚链，损坏车舵。

四、存在主要危害及控制措施

存在主要危害及控制措施见附表5。

附表5　存在主要危害及控制措施

序号	作业步骤	危害及后果	风险程度	防范及控制措施
1	解缆	不穿救生衣，造成落水	高	登船人员严格穿戴救生衣
		不穿戴劳保，造成人员伤害	中	严格遵守劳保制度
		系缆次序不对，造成缆绳断裂，设备损坏	低	听从指挥
		抓握钢丝绳方法不对，夹伤手指	中	严禁抓握钢丝绳与缆桩接触段

续表

序号	作业步骤	危害及后果	风险程度	防范及控制措施
2	车舵配合，船舶与码头摆开一定的角度和距离	扫碰码头，造成财产损失	中	严格执行操作规程，选择合适方法及驶离角度
		推进器扫碰趸船锚链，造成财产损失	中	
		倒车速度过快，钢丝绳断裂，造成人员伤亡或财产损失	中	
		坐缆钢丝绳落水缠绕推进器，造成人员伤亡或财产损失	中	
3	停车	与他船发生碰撞，造成财产损失	中	了解周围水域动态，正确鸣笛

附录6 内河船舶锚泊、起锚作业指导书

一、岗位要求

（1）年龄满18周岁，初中（含初中）以上文化程度，无妨碍从事水上作业的疾病和生理缺陷。

（2）船舶驾驶员参加过航运交通部门培训，并取得船舶驾驶沿海船舶适任证书。

（3）船舶轮机员参加过航运交通部门培训，并取得船舶轮机沿海船舶适任证书。

（4）经过三级安全教育，并考试合格者。

（5）熟悉本岗位HSE作业指导书。

二、锚泊、起锚操作规程

1. 抛锚前准备工作

1）锚地的选择

（1）水流要平稳，没有不正常水流。不然，船舶就会在停泊中发生偏荡，引起走锚事故。

（2）水深要适中，太深了，操作不便，太浅了又可能引起搁浅或锚冠划破船底等事故。

（3）河床底质以黏土最好，沙夹泥的次之，再其次是沙底、砾石底、卵石底。

（4）锚泊地点，不要占用航道，以免妨碍她船航行。

（5）锚泊地附近应没有水下障碍物和水下设施（如过江电缆等），有足够的回旋余地。

（6）若作长期停泊时，锚地还必须能防浪避风，而且泥沙淤积也较少。

（7）锚地应远离装卸危险品码头、船舶。

（8）锚地附近有明显物标供测船位使用，以方便判断船舶是否走锚。

2）确定放链长度

确定放链长度一般根据经验按当地水深的倍数来确定，长江、汉江在锚泊中的放链

长度一般为水深的5~8倍。若锚地条件良好，停泊时间不长时，常出链3~5倍水深的长度。

3）备锚

（1）检查锚机电源线是否完好，电机连接线是否牢固。

（2）检查锚冠、锚爪有无裂纹，锚爪杆是否变形，连接环是否松动，并逐节对外部锚链进行检查。

（3）检查锚机底座螺丝是否松动。

（4）检查减速箱润滑油是否合格，各润滑点是否润滑良好。

（5）检查锚机离合器、传动齿轮、制动器是否灵活可靠。

2. 抛锚作业

根据锚地情况、水流、风流的影响，锚泊作业常采用单锚泊、八字锚泊、靠岸锚泊等方式。

1）单锚泊

（1）单锚泊方式适用于临时停泊或锚地水域宽敞、风浪影响不大时。单锚泊时，选用哪一舷的锚，应考虑：

① 锚地宽敞，风浪影响小，可抛任一舷锚。

② 风流来自一舷，宜抛上风、上水舷锚。

③ 为帮助掉头，应选用掉头方向一舷的锚。

④ 为靠泊码头，宜用外舷锚。

（2）单锚泊作业操作如下：

① 顶流慢车驶向预定锚位；（如风流方向不一致，则视其受风流影响的大小来决定）。

② 用制动带将链轮刹住，打开掣链器，脱开离合器。

③ 船舶开始后退时，松开制动带，锚便依靠自重抛出。

④ 锚到底后，出链近2倍水深时，就应刹住，使锚爪抓入河底，然后再断续放出。放链时，船要保持微弱的后退速度，并在锚链拉紧受力时，方可放链。

⑤ 待锚链放至预定长度，确认锚已抓牢后，合上掣链器。

2）八字锚泊

当锚地底质不太好或流速过大，以及狭窄锚地等情况下，可采用八字锚泊。

附录7　公司船员管理办法

第一章　总　　则

第一条　为了加强公司船员队伍建设，提高船员队伍素质，促进船员管理工作的科学化和标准化，维护船舶正常的生产和生活秩序，确保安全优质地完成运输生产任务，根据国家和国际有关法律、法规、公约，结合本公司实际和船员工作特性，特制定本办法。

第二条 本办法是公司规章制度的重要组成部分，是公司船员管理工作的主要依据，全体船员及相关人员必须严格遵守。

第三条 本办法适用于与本公司建立劳动或劳务关系的船员，以及本公司从事船员管理工作的部门、人员。

第四条 在公司所派遣船舶实习、见习、随船的人员，参照本办法。与本公司建立劳务合作关系的船员中心或公司参照本办法相关条款。

第五条 为了便于公司对船员实施管理，本办法将船员划分为高级船员和普通船员两大类。其中，高级船员是指船长、轮机长、船舶驾驶员、轮机员等职务的船员或上述职务的实习、见习船员；普通船员是指水手、机工等其他不属于高级船员的其他船员。

第二章 用工管理

第六条 公司录用的船员应具备以下条件方可准入：

（一）年满18周岁。

（二）符合船员健康要求。

（三）经过船员基本安全培训，并经海事管理机构考试合格。

第七条 船员的录用

（一）用人单位提出用人需求，报公司人力资源部门。

（二）应聘者提供个人履历、船员服务簿、适任证书、学历证书、市级以上医院近期体格检查表等相关资料，由公司人力资源部门审核。

（三）用人单位面试、游泳测试、技能测试。

（四）用人单位提出录用条件、试用期薪酬，双方协商后由用人单位提出是否录（借）用意见。

（五）岗前培训，跟班实习。

（六）跟班师傅和用人单位作出评价，报公司有关部门验收。

（七）进行三级安全培训、职业道德、岗位规范与应知应会、劳动保护、职业健康等教育。

第八条 签订劳动合同

公司与船员明确录用关系后，应按照《中华人民共和国劳动法》（以下简称《劳动法》）及当地劳动行政部门的有关规定，签订劳动合同。

第九条 解除劳动合同

船员本人提出解除劳动合同的，公司应按国家，当地劳动行政部门和公司有关规定，给予是否与其解除劳动合同的答复。

对未书面提交解除劳动合同申请而不履行劳动合同规定义务的船员，以及本人提出解除劳动合同书面申请后未经公司批准擅离工作岗位的，应按旷工处理。

船员严重违反劳动合同规定，公司按规定需要解除其劳动合同的，必须将有关法律文书送达本人，按《劳动法》和当地劳动行政部门的规定履行必要的手续。

第十条 解除劳动合同的船员，在办理具体手续时，公司应按规定收回有关证件、物品和公司招收、录用的费用，以及为其培训所支付的培训费、交通费、培训工资及其他相关费用。违反《劳动法》和劳动合同约定者，违约方应按规定支付相关的违约赔偿金。

协议解除劳动合同的，按协议的规定执行。

第三章 证书管理

第十一条 船员服务簿

船员服务簿是记录船员本人服务资历，参加有关专业训练和体格检查情况的证件，是船员申请适任考试，办理职务签证的证明之一。

船员服务簿一般由公司在所在地海事局办理，船员应在要求的期限内，按规定到海事局办理签证手续。

船长必须按要求认真如实地填写船员服务簿。

第十二条 船员适任证书和船员岗位证书

船员适任证书是船舶船长、驾驶员、轮机长、轮机员、值班水手和值班机工按规定应持有的表明其能够胜任所任专业技术职务能力的证件，一般由公司所在地海事局签发。

船员岗位证书是根据本公司和行业的特点，自行规定船员应持有的表明其能够胜任所任专业技术岗位的证件，由公司根据有关规定核发。

第十三条 船员健康证书

船员健康证书是船员经过身体检查，卫生部门确认符合适航船员体检标准后核发的证件，每次检查有效期为一年。

第十四条 船员特殊培训合格证

从事客船等特殊岗位的船员，应参加海事部门的专业培训和评估，领取内河船舶船员特殊培训合格证。

第十五条 船员证件的保管

船员证件必须妥善保管，谨防丢失。严禁私自涂改、转借或移作他用。如有遗失、污损，应立即向船员管理部门报告，按规定向原发证机关申请注销，并办理补发手续。为防止证件丢失，在船船员的证件应由船舶统一保管，船员离船后公司可根据实际情况决定船员证件的保管方法。

第四章 教育和培训

第十六条 教育培训管理

公司船员管理部门应制定船员队伍教育培训工作长期规划和年度计划；制订的各项措施要设定明确目标，责任到岗，责任到人，确保规划、计划的落实。

公司相关部门领导应对计划与规划贯彻落实情况及时进行跟踪、检查、监督和交流，确保公司船员人才队伍的素质保障。

公司要建立有效的船员教育培训工作机制，使教育培训与船员的职务晋升，工作考核，经济收入等切身利益紧密结合起来，充分调动船员参加培训，提高素质的主观能动性；要鼓励船员努力提高个人素质，参加各项业务培训，参加国家和本公司的船员技术职称评审，为船员的学习，培训和职称评审等提供便利条件。

公司船员管理部门应会同人力资源管理部门，统筹安排船员按期进行知识更新，履约，技能提高等培训，促进船员职业素质的不断提高，确保船员适岗，适任。

船员个人要充分理解公司的教育培训各项安排，认真参加公司安排的各项培训；要深刻认识提高个人素质对自身的重要意义，增强自我学习和自我提高的能力，主动申请参加各项技能培训及国家和本公司的各项船员技术职称评审。

第十七条　新船员的教育和培训

船员初次上船前，公司必须对其进行企业文化、职业道德、政治思想、安全环保、法律法规、劳动纪律、技术业务、外事纪律及礼仪等方面的教育和培训。其中，技术业务培训应按国家主管机关规定的上岗持证要求进行。

第十八条　上船前教育

公司应建立船员上船前的教育和谈话制度，确保船员思想的稳定，及对所上船舶和所从事工作的深入了解。

第十九条　在船培训和演练

船舶领导应针对本船各种设备特别是关键设备的技术要求，以及相关规定，组织安排在船船员的业务培训和应急演练，以提高船员的技术业务水平，实操能力和应变技能，增强安全环保意识。在船培训和演练应做好有关记录。

第二十条　特殊培训

公司应按有关规定，对特殊需要的人员或第一次上特种船舶工作的船员，预先进行持证培训或短期专项培训，选派专人带领或指导他们在船工作，并适时对他们实行跟踪指导和管理。

第二十一条　建立培训档案

公司应建立船员培训档案并实施跟踪管理，为船员的调配和使用提供依据。船员培训档案的内容应包括船员基本情况、健康状况、教育和培训记录及考核情况、考试发证记录等。

第五章　船员职责

根据《中华人民共和国船员条例》的规定，船员与船长必须自觉履行港航法定赋予的职责和行使相应的权利。

第二十二条　船员在船工作期间，应当符合下列要求：

（一）携带海事部门规定的有效证件。

（二）掌握船舶的适航状况和航线的通航保障情况，以及有关航区气象、海况等必要的信息。

（三）遵守船舶的管理制度和值班规定，按照水上交通安全和防治船舶污染的操作规则操纵、控制和管理船舶，如实填写有关船舶法定文书，按记载规则如实填写航行日志轮机日志，不得隐匿、篡改或者销毁有关船舶法定证书、文书。

（四）参加船舶应急训练、演习，按照船舶应急部署的要求，落实各项应急预防措施。

（五）遵守船舶报告制度，发现或者发生险情、事故、保安事件或者影响航行安全的情况，应当及时报告。

（六）在不严重危及自身安全的情况下，尽力救助遇险人员。

（七）不得利用船舶私载旅客、货物，不得携带违禁物品。

（八）船员在航次中，不得擅自辞职、离职或者中止职务。

第二十三条　船长在其职权范围内发布的命令，船舶上所有人员必须执行。船长管理和指挥船舶时，应当符合下列要求：

（一）保证船舶和船员携带符合法定要求的证书、文书以及有关航行资料。

（二）制订船舶应急计划并保证其有效实施。

（三）保证船舶和船员在开航时处于适航、适任状态，按照规定保障船舶的最低安全配员，保证船舶的正常值班。

（四）执行海事管理机构有关水上交通安全和防治船舶污染的指令，船舶发生水上交通事故或者污染事故的，向海事管理机构提交事故报告。

（五）对本船船员进行日常训练和考核，在本船船员的船员服务簿内如实记载船员的服务资历和任职表现。

（六）船舶进港、出港、靠泊、离泊，通过交通密集区、危险航区等区域，或者遇有恶劣天气和海况，或者发生水上交通事故、船舶污染事故、船舶保安事件及其他紧急情况时，应当直接指挥船舶。

（七）保障船舶上人员和临时上船人员的安全。

（八）船舶发生事故，危及船舶上人员和财产安全时，应当组织船员和船舶上其他人员尽力施救。

（九）船长在航次中，不得擅自辞职、离职或者中止职务。

（十）船长在保障水上人身与财产安全、船舶保安、防治船舶污染水域方面，具有独立决定权，并负有最终责任。

第二十四条　船长为履行职责，可以行使下列权力：

（一）决定船舶的航次计划，对不具备船舶安全航行条件的，可以拒绝开航或者续航。

（二）对船员用人单位或者船舶所有人下达的违法指令，或者可能危及有关人员、财产和船舶安全或者可能造成水域环境污染的指令，可以拒绝执行。

（三）当船舶遇险并严重危及船舶上人员的生命安全时，船长可以决定撤离船舶。

（四）在船舶的沉没、毁灭不可避免的情况下，船长可以决定弃船，但是，除紧急情况外，应当报经船舶所有人同意。

（五）对不称职的船员，可以责令其离岗。

第六章　船员职业保障

第二十五条　公司和船员应当按照国家有关规定参加工伤保险、医疗保险、养老保险、失业保险以及其他社会保险。

第二十六条　船员生活和工作的场所，应当符合国家船舶检验规范中有关船员生活环境、作业安全和防护的要求。

第二十七条　要做好船员的劳动保护和职业健康工作，为船员提供符合国家标准或行业标准的劳保用品，并监督、教育船员按照使用规则佩戴和使用。在夏季高温时节，要积极采取防暑降温措施，采取通风、送风、排气、专人监护等防护措施。按照规定向船员发放高温津贴或防暑饮料；组织船员定期进行健康检查，防治职业疾病，并建立船员健康档案。

第二十八条　船员在船营运工作时间应当符合国务院交通主管部门规定的标准，不得疲劳当班，保证船员有充足的精力工作。

第七章　船员考核评价

第二十九条　用船单位每年应对船员进行任职表现评价和岗位认知考核。考核内容分专业技能实操考核和专业技能理论考核。

第三十条　获得船员职务等级晋升、专业职称晋升的船员，应根据对其实际聘岗、任职表现评价、安全记录、专业技能实操考核和专业技能理论考核，由用人单位提出技能工资晋级意见，报公司批准。

第八章　船员档案管理

第三十一条　各用人单位应建立健全船员档案，做到一人一档。船员档案应包括的内容：船员基本情况、资格证书、任职资历、安全生产教育与培训情况、安全记录、岗位考核记录、任职表现评价、健康状况等，并根据每年度的实际情况及时登录、更新。

第九章　劳动纪律

第三十二条　船员应严格遵守以下劳动纪律：

（一）船员要认真履行《船员职务规则》规定的职责，服从工作分配，努力完成所承担的工作或领导临时交办的任务，严禁消极怠工。

（二）船员要遵守船舶工作时间，不迟到、不早退、不旷工。

（三）船员要认真执行各项操作规程，严格遵守安全注意事项、防火防爆守则和防污染规则，严禁违章作业、违章指挥，防止各类事故的发生。

（四）船员要遵守船舶值班制度和其他有关规定，保证船舶安全。

（五）船员值班时要坚守岗位，按规定着装，佩戴标志，不做与值班无关的事情，当班人员向接班人员交代工作要清楚。未经部门长同意严禁私自调换值班时间。

（六）船员在工作时，必须穿着工作服，并佩戴好劳动防护用品。

第十章　奖励和惩处

第三十三条　基本规定

公司依据国家相关法律，法规，以及本公司制定的有关奖惩规章制度及公司制定的奖惩实施办法和劳动合同（或劳务协议）的有关条款，给予船员奖励和惩处。

第三十四条　公司应根据实际情况，制定奖惩实施细则。

第三十五条　执行原则

对船员的奖惩，必须把思想政治工作同经济手段结合起来。对表现突出的船员要坚持精神鼓励和物质奖励相结合。对违反纪律的船员，要坚持以思想教育为主，惩处为辅的原则，并做到惩前毖后，奖罚分明。

第十一章　附　　则

第三十六条　各相关部门可以依据本办法，结合部门实际，制定实施细则。

第三十七条　本办法由公司船员管理部门负责解释和修订。

第三十八条　本办法自颁布之日起执行。

参 考 文 献

[1] 范晓彪.内河引航技术[M].北京:人民交通出版社,2003.
[2] 蒋维清.船舶原理[M].大连:大连海事大学出版社,1998.
[3] 吴兆麟,朱军.海上交通工程[M].大连:大连海事大学出版社,2004.
[4] 李红喜.船舶交通管理系统[M].大连:大连海事大学出版社,2012.
[5] 唐海源.海上无线电通信[M].大连:大连海事大学出版社,2000.
[6] 王宁,鲍君忠.海上搜救与溢油应急处置技术[M].大连:大连海事大学出版社,2012.
[7] 孙琦.船舶操纵[M].大连:大连海事大学出版社,2008.
[8] 丁继民,黄志英.救生艇筏和救助艇操作及管理[M].武汉:武汉理工大学出版社,2013.